Marihuana Botanica

**Un Estudio Avanzado:
La Propagación y la Cría
de Cannabis Distintivo**

de Robert Connell Clarke

**RONIN PUBLISHING. Inc
Box 3436 Oakland CA 94609
www.roninpub.com**

Marihuana Botánica
ISBN 978-1-57951-294-1 [Paperbook]
ISBN 978-1-57951-295-8 {Ebook}
Copyright @ de autor: 2021 Robert Connell Clarke

RONIN Publishing, Inc.
PO Box 3436 Oakland, Ca 94609
www.roninpub.com

Coordinador del proyecto: Beverly Potter
Editor-Spanish: Yandex Translator & Fiverr
Diseño de portada: Carlene Schnabel & Brian Groppe
Diseño del libro: Suellen Ehnebuskp
Fotografía de portada: Robert Connell Clarke
Ilustraciones: Robert Connell Clarke, Cherlyn Yee, Pam Elias
Gráficos y diagramas: Ingo Werk
Formato de Gráfico e ilustración: Phil Gardner

Agradecimientos especiales a:
Mark E. Engel Dr, Richard Schultes
Nicolas Flamel James E. Smith
Mel Frank Dr. Carlton E. Turner
Y a otros demasiado numerosos para mencionarlos:
Muchas gracias! Su ayuda y apoyo son muy apreciados.

Impreso en los Estados Unidos de América
Distribuido al comercio del libro por Ingram/Publishers Group West

Tabla de Contenidos

AVISO AL LECTOR:

Se aconseja a los lectores que revisen las leyes en su área. El editor y el autor no abogan por violar ninguna ley o usar drogas. El material de este libro se presenta como información que debe estar disponible al público, bajo los términos de la Primera Enmienda de la Constitución de los Estados Unidos.

Prólogo

Es bien reconocido que *Cannabis satiua* representa uno de los hombre más antiguo de plantas cultivadas—tal vez la más antigua-que se remontan a los inicios de la agricultura en el Antiguo Mundo de 10.000 años o más. Durante estos milenios, ha adquirido múltiples usos: como una fuente de fibra, medicina popular, comestible, de aquenio, un aceite, y un narcótico. Se ha llevado a través de los continentes, que se cultivan en muchos entornos diferentes, escapó ampliamente como una mala hierba y, al menos en ciertas áreas de Asia central, puede tener hibridó con *C. indica*. Todos estos y otros factores se han combinado para hacer de las especies de uno de los más de modo enigmático complejo y variable de hombre, de las plantas cultivadas.

Se ha hecho mucho en la investigación de muchos de los aspectos de la botánica y la agronomía de *Cannabis*. Los resultados de estos estudios están ampliamente dispersos y a menudo se publican en oscuras revistas difíciles de localizar. En este volumen, Clarke valientemente ha intentado reunir una impresionante masa de datos de este tipo y se ha tratado de interpretar su significado a los problemas prácticos de la *Cannabis* cultivo.

Mientras que algunas de sus interpretaciones en ocasiones puede ser abierto a la pregunta, la utilidad de su espléndido esfuerzo será muy apreciado. Su *Marijhana Botancia* será constantemente consultado por una amplia variedad de investigadores en los años venideros.

Richard Evans Schultes

Rob Connell Clarke es nativo de California. Él escribió e ilustró *La Botánica y la Ecología de Cannabis* como su tesis de pregrado en la Universidad de California en Santa Cruz, donde se graduó con honores. Más tarde él mismo publicó su tesis y comenzó Vainas de Prensa en Ben Lomond, California.

Clarke ha publicado artículos en *La Revista High Times* y otras revistas sobre su tema favorito. Como un conocido de Cannabis fotógrafo, sus fotos y las ilustraciones han aparecido en numerosas revistas, libros, carteles y calendarios.

Clarke sigue a viajar por todo el Oeste de entrevistar a los cultivadores y sus colegas investigadores. Clarke lleva en correspondencia con el principales Cannabis investigadores de todo el mundo y esto se refleja en la profundidad y la precisión de sus escritos sobre Cannabis.

Introducción

Cannabis, comúnmente conocido en los Estados unidos como la marihuana, es una maravillosa planta de una antigua planta—y un aliado de la humanidad por más de diez mil años. El profundo impacto *Cannabis* ha tenido en el desarrollo y la propagación de la civilización y, por el contrario, los profundos efectos que hemos tenido en la planta de su evolución acaba de ser descubierto.

Cannabis fue uno de los primeros y más importantes plantas colocadas bajo cultivo en la prehistoria por pueblos Asiáticos. Prácticamente cada parte de la planta es utilizable. De la madre viene de cáñamo, muy largo, fuerte fibra que se utiliza para hacer una cuerda, tela y papel de renombre para la durabilidad. Las hojas secas y las flores se convierten en el euforizante, la marihuana, y junto con la raíz, se utilizan también para numerosos medicamentos. Las semillas son un alimento básico en la antigua China, uno de sus principales "granos". *Cannabis* las semillas son algo difícil de digerir y ahora se cultiva principalmente para el aceite o para la alimentación animal. El aceite es similar a la de linaza y se utiliza para la pintura y el barniz de decisiones, de combustible y lubricación.

Cultivado *Cannabis* se extendió rápidamente hacia el oeste desde su nativo de Asia y por los tiempos de los Romanos era el cáñamo se cultiva en casi todos los países Europeos. En África, la marihuana fue el producto preferido, ahumado, tanto ritual y de placer. Cuando los primeros colonos llegaron a América que, naturalmente, trajo semillas de cáñamo con ellos para hacer cuerdas y casa-hilado de la tela. La fibra de cáñamo para las embarcaciones, aparejos era tan importante para la marina inglesa, que los colonos fueron pagados recompensas para cultivar cáñamo y en algunos estados, las penas fueron impuestas a los que no. Antes de la Guerra Civil, la industria del cáñamo, sólo por detrás de algodón en el Sur.

Hoy en día, *Cannabis* crece en todo el mundo y es, de hecho, considerado el más ampliamente distribuido de todas las plantas cultivadas, como un testimonio de la planta de la tenacidad y de adaptación de la naturaleza, así como su utilidad y valor económico. A diferencia de muchas plantas, *Cannabis* nunca perdió la capacidad de florecer sin la ayuda del hombre, a pesar de que, tal vez, de seis milenios de cultivo.

Cuando ecológica que las circunstancias lo permitan, las plantas fácilmente "escapar" el cultivo de convertirse en maleza y el establecimiento de "salvaje" de las poblaciones. Enmalezado *Cannabis,* descendió de la pasada de la industria del cáñamo, crece en todos, pero la más de las zonas áridas de los Estados unidos. Por desgracia, estas malas hierbas suelen hacer una muy mala calidad de la marihuana.

Tal adaptable de la planta, llevó a una amplia gama de entornos, y cultivado y criado por una multitud de productos, comprensiblemente desarrollado un gran número de distintas cepas o variedades, cada una de las únicas a la medida de las necesidades locales y las condiciones de cultivo. Muchas de estas variedades se pueden perder a través de la extinción y la hibridación, a menos que se haga un esfuerzo concertado para preservarlos. Este libro proporciona la base para tal empresa.

Hay probablemente más de las variedades de marihuana que se cultiva o se la mantiene como semillas en este país que en cualquier otro. Mientras tradicionales de los cultivadores de marihuana en Asia y África, normalmente, a crecer de la misma, de una sola variedad de sus antepasados creció, productores de América buscar y abrazar variedades de todas las partes del mundo. Muy potente, de floración temprana variedades son especialmente valiosos porque pueden completar la maduración, incluso en el más septentrional de los estados.*Cannabis* stock en las Naciones Unidas, del banco de semillas es lo mejor, empobrecido y en desorden. Productores de américa están en la mejor posición para evitar una mayor pérdida de variedades valiosas por el ahorro, la catalogación y la propagación de sus semillas.

Marijuana Botany—la Propagación y Reproducción de los rasgos Distintivos de Cannabis es un importante y la mayoría de la recepción del libro. Su principal objetivo es la presentación de la ciencia y la horticultura principios, junto con sus aplicaciones prácticas, necesarias para la reproducción y propagación de *Cannabis* y, en particular, de la marihuana. Este libro será de interés no sólo para los investigadores profesionales, sino para el entusiasta de la marihuana o cualquier persona con un ojo para el futuro de *Cannabis* productos.

Para los cultivadores de marihuana que deseen mejorar o actualizar sus variedades, el libro es una valiosa referencia. Teorías básicas y prácticas para la cría de pura cepa o híbridos, la clonación, el injerto, o de cría para mejorar la cali-los lazos tales comos la potencia o el rendimiento, están cubiertos de una manera clara, fácil de seguir el texto, que es abundantemente complementa con dibujos, tablas y gráficos por el autor. Rob Clarke dibujos reflejan su amor de *Cannabis*. Que delicadeza de captura de la planta de la elegancia y siempre cambiante de la belleza, mientras que la de ser siempre informativo y precisión prestados.

El lector no familiarizado con términos botánicos necesidad de no dejarse intimidar por un rápido vistazo al texto. Todos los términos están definidos cuando se introducen y también hay un glosario con las definiciones orientadas al uso. Cualquiera que esté familiarizado con la planta fácilmente adoptar los términos botánicos.

Años a partir de ahora, muchos de los de un fumador de marihuana, sin saberlo, puede estar en deuda con este libro para las variedades exóticas que serán preservados y a los nuevos que serán desarrollados. Los productores aprecian especialmente la información de expertos sobre la marihuana a la reproducción y cría de modo atractivo y claramente presentado.

Mel Frank
Autor
Los Cultivadores De Marihuana' Guía

La clave para Cubrir las Fotografías:

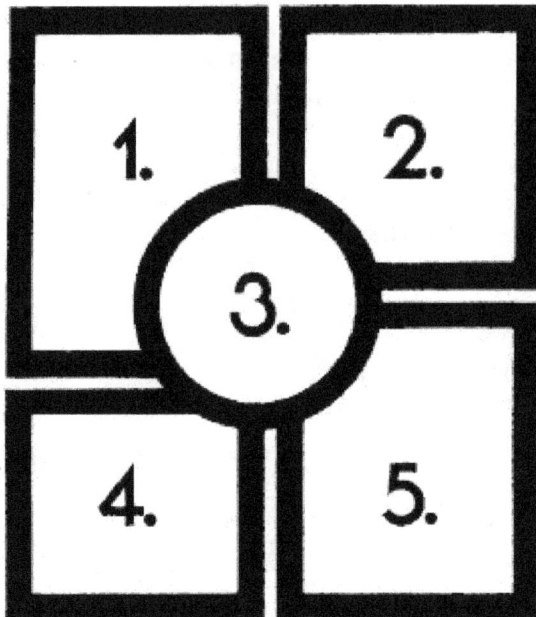

1. *Cannabis sativa* floral clúster.
2. Una variedad de California seleccione la cosecha.
3. Vista ampliada de cáliz.
4. Bolsas de polen utilizado para recoger y transferir el polen de un staminate planta a un femeninas de la planta para la cría selectiva.
5. *Cannabis indica* en flor.

Prefacio

Gire de nuevo a nuestra cautividad, Oh Señor,
como los arroyos de aguas en la tierra seca. Los que
sembraron con lágrimas, con regocijo segarán. Irá
andando y llorando, el que lleva la preciosa semilla,
será, sin duda, volver a venir con regocijo, trayendo
sus gavillas con él,   -Salmos 126: 4-6

Cannabis es uno de los más antiguos del mundo de las plantas cultivadas. En la actualidad, sin embargo, *Cannabis* el cultivo y el uso ilegal o legalmente restringido en todo el mundo. A pesar de las constantes de control oficial, *Cannabis* el cultivo y uso se ha extendido a todos los continentes y en casi todas las naciones. Cultivadas y silvestres *Cannabis* florece en zonas templadas y tropicales de climas en todo el mundo. Trescientos millones de usuarios en el formulario de una fuerte corriente subterránea debajo de la corriente de marea de la erradicación. A juzgar por el aumento de oficial de conciencia del potencial económico de *Cannabis,* la legalización parece inevitable, aunque lento. Sin embargo, como *Cannabis* se enfrenta a una eventual legalización es amenazada por la extinción. Autorizada por el gobierno y apoyado por la fumigación con herbicidas y otras formas de erradicación de haber perseguido a la antigua *Cannabis* las cepas de sus hogares.

Detalles de un macho Cannabis la planta de la Científicos Memoir de el Gobierno dedia (1904) por el Mayor D. Prain.

Cannabis tiene un gran potencial para muchos usos comerciales. Según una encuesta reciente de la investigación disponible por Turner, Elsohly y Boeren (1980) del Instituto de Investigación de Ciencias Farmacéuticas en la Universidad de Mississippi, *Cannabis* contiene 421 compuestos conocidos, y las nuevas que están constantemente siendo descubierto y reportado. Sin más la comprensión de las potencialidades de *Cannabis* como una fuente de fibra, combustible, alimentos, productos químicos industriales y de la medicina parece impensado para apoyar las campañas de erradicación.

El mundo de la política también amenazan *Cannabis*. Rural *Cannabis* el cultivo de las culturas de Oriente Medio, el Sudeste de Asia, Cenfundamental de África y América cara de la inestabilidad política y la agresión abierta. *Cannabis* las semillas pueden ser almacenadas para siempre. Si no se plantan y se reproduce cada año una cepa podría ser perdido. Las ballenas, los grandes felinos, y secuoyas son protegidos en conserva establecido por las leyes nacionales e internacionales. Los planes deben ser implementados para proteger *Cannabis* cultivos y cepas raras de una extinción segura.

La agroindustria está entusiasmada con la posibilidad de abastecer a América de 20 millones de *Cannabis* los usuarios con cultivado en el país comerciales de la marihuana. Como resultado, el desarrollo de uniforme híbrida patentada cepas multinacionales agrícolas de las empresas es inevitable. La moral de la planta de las leyes de patentes ha sido cuestionada por muchos años. Para que los seres humanos se vuelven a combinar y, a continuación, patente en el material genético de otro organismo vivo, sobre todo a expensas del organismo original, sin duda ofende el sentido moral de muchos ciudadanos interesados. ¿La ligera recombinación de una planta de material genético por un criador le dan el derecho a ser los dueños del organismo y de sus hijos? A pesar de público la resistencia expresada por los grupos de conservación, la Protección de las obtenciones Vegetales de la Ley de 1970 fue aprobada y actualmente permite el patentamiento de 224 cultivos de hortalizas. Nuevas enmiendas podría otorgar a los titulares de patentes de los derechos exclusivos para mayores de 18 años, para su distribución, importación, exportación y uso para fines de cría en su recién desarrollado cepas. Convenciones similares en todo el mundo podrían amenazar a los recursos genéticos. Debe patentado variedades de *Cannabis* convertirse en realidad podría ser ilegal el cultivo de cualquier cepa distinta de una variedad patentada, especialmente para los alimentos o los usos medicinales. Las limitaciones también podría imponerse de tal manera que sólo bajo de THC cepas sería patentable. Esto podría conducir a restricciones en pequeña escala creciente de *Cannabis;* los cultivadores comerciales no podía tomar la oportunidad de callejeros polinizaciones de parcelas privadas dañar una valiosa cosecha de semilla. Los defensores de la planta de patentamiento afirman que las patentes se fomenta el desarrollo de nuevas variedades. De hecho, las leyes de patentes fomentar la propagación de uniforme cepas carentes de la diversidad genética que permite mejoras. Las leyes de patentes también han fomentado una intensa competencia entre los ganaderos y la supresión de los resultados de la investigación que si se hace público podría acelerar el mejoramiento de los cultivos. Un puñado de grandes corporaciones celebrar la gran la mayoría de las patentes de planta. Estas condiciones hacen que sea imposible para los cultivadores de especies nativas para competir con la agroindustria y podría llevar a la mayor extinción de especies nativas ahora sobreviven en fincas de pequeños productores en América del Norte y Europa. La mejora de las plantas en sí mismo no presenta ninguna amenaza para las reservas genéticas. Sin embargo, el apoyo y la propagación de cepas mejoradas por las grandes corporaciones, podría resultar desastroso.

Como la mayoría de los principales cultivos, *El Cannabis* se originó fuera de América del Norte en el aún primitivo áreas del mundo. Hace miles de años los seres humanos empezaron a recoger las semillas de salvajes *Cannabis* y hacerlos crecer en los campos junto a la primera cultivada cultivos de alimentos. Las semillas de las mejores plantas fueron salvados para la siembra de la siguiente temporada. *Cannabis* se extendió por tribus nómadas y por el comercio entre culturas hasta ahora, aparece en ambos cultivaron y se le escaparon de las formas en muchas naciones. Las presiones de la humana y la selección natural han dado lugar en muchos distintas cepas adaptadas a lugares únicos en el ecosistema. Así, cada *Cannabis* las cepas poseen unas grupos de genes que contiene un gran potencial de la diversidad. En 'esta diversidad radica la fuerza de la herencia genética. A partir de diversos grupos de genes de criadores de extraer los rasgos deseables incorporado a las nuevas variedades. La naturaleza también llamadas en el gen de la piscina para asegurarse de que una cepa de sobrevivir. Como el cambio climático y la más fuerte de las plagas y enfermedades aparecen, *Cannabis* evoluciona nuevas adaptaciones y defensas.

Módem de la agricultura está tratando de cambiar este sistema natural. Cuando *Cannabis* se legalizó, la crianza y comercialización de variedades mejoradas para la agricultura comercial es cierta. La mayoría de las áreas adecuadas para el comercial *Cannabis* el cultivo ya harbor nativas propias cepas. Mejora de cepas con una adaptación de borde sigan la estela de la agricultura comercial y reemplazar raras especies nativas en los campos extranjeros. Especies nativas se hibridan con la introdujo cepas a través de por el viento, el polen de dispersión y de algunos genes será exprimido de la piscina de gene.

Aquí se encuentra un gran peligro! Desde cada cepa de *Cannabis* es genéticamente único y contiene al menos un par de genes que no se encuentran en otras cepas, si una cepa se extingue la única genes se han perdido para siempre.

Uno de los primeros Occidentales ilustraciones de Cannabis, a partir de las obras de Dioscórides (Siglo i)

Una temprana grabado en madera de Cannabis por el botánico Leonhardt Fuchs, que apareció en el herbario Kreuterbuch publicado en 1543.

Debe genética debilidades surgir de la excesiva endogamia de las cepas comerciales, las nuevas variedades no podría ser resistentes a un reconocido previamente amenaza para el medio ambiente. Una enfermedad puede propagarse rápidamente y aniquilar a toda campos a la vez. Una falta generalizada de cultivos podría resultar en una gran pérdida económica para el agricultor y la posible extinción de la totalidad de las cepas.

En 1970, para el horror de los agricultores y los fitomejoradores, en el Sur de hoja de maíz-tizón (*Helminthosporium maydis*) se extendió rápidamente y de forma inesperada lo largo de los cultivos de maíz y atrapó a los agricultores fuera de guardia con ninguna defensa. *H. maydis* es un hongo que causa menor a la pudrición y los daños en la cosecha de maíz y anteriormente había tenido ningún impacto económico. Sin embargo, en 1969 una virulenta cepa mutante del hongo apareció en Illinois, y por el final de la siguiente temporada de su por el viento, las esporas se había extendido y arruinado cultivos desde los Grandes Lagos hasta el Golfo de México. Aproximadamente el 15% de América de la cosecha de maíz fue destruido. En algunos estados, más de la mitad de la cosecha se perdió.

Afortunadamente los únicos campos severamente infectados fueron los que contienen cepas descendientes de los padres de lo que los cultivadores de maíz llamado "Texas cepa." Las plantas descienden de padres de previamente desarrollado cepas fueron sólo ligeramente infectados. El descubrimiento y la difusión de la Texas cepa había revolucionado la industria del maíz. Debido a que el polen de esta cepa es estéril, plantas femeninas no tienen que ser detasseled a mano o a máquina, el ahorro de los agricultores millones de dólares anuales. Desconocido para los cultivadores de maíz, oculto en esta mejora de la cepa fue una extrema vulnerabilidad a los mutantes de la hoja-tizón hongo.

Desastre Total fue evitado por el alrededor del reloj de los esfuerzos de los criadores de plantas a desarrollar una variedad comercial de otro que de Texas plantas. Todavía tardó tres años para desarrollar y reproducir lo suficientemente resistente a la semilla para el suministro de todos los que lo necesitaban. También somos afortunados de que los cultivadores de maíz podría afrontar el reto y ha mantenido sus reservas de semillas para la reproducción. Si híbrida patentada cepas de *Cannabis* son producidos y ganar popularidad, la misma situación podría surgir. Muchos patógenos son conocidos por infectar *Cannabis* y cualquiera de ellos tiene el potencial de alcanzar proporciones de epidemia en una uniformidad genética de los cultivos. No podemos y no debe dejar de programas de mejora de plantas y el uso de variedades híbridas. Sin embargo, se debe proporcionar una reserva de material genético en caso de requerirse en el futuro. Los criadores sólo puede combatir problemas en el futuro, apoyándose en la primitiva grupos de genes contenidos en especies nativas. Si el gen nativo piscinas han sido excluidos por la competencia de patentado comercial de híbridos de que el criador es impotente. Las fuerzas de la mutación y la selección natural tomar miles de años para modificar grupos de genes, mientras que un *Cannabis* tizón podría extenderse como un reguero de pólvora.

Como *Cannabis* los conservacionistas, debemos luchar contra la nueva modificación de la planta de las leyes de patentes para incluir *Cannabis,* e iniciar programas de inmediato a reunir, catalogar y difundir de fuga de las cepas. *Cannabis* conserva son necesarios donde cada cepa puede ser libremente cultivadas en áreas que se asemeja a los hábitats nativos. Esto ayudará a reducir la presión selectiva de una introducido medio ambiente y preservar la integridad genética de cada cepa. Actualmente dicho programa está lejos de convertirse en una realidad y cepas raras están desapareciendo más rápido de lo que puede ser salvado. Sólo un puñado de investigadores dedicados, los cultivadores y los conservacionistas están preocupados con el destino genético de *Cannabis*. Es trágico que una planta con tal promesa debe ser atrapados en una edad cuando la extinción a manos de los seres humanos es algo muy común. La responsabilidad es de la izquierda con los pocos que tienen la sensibilidad para final genocidio y la prevision para preservar *Cannabis* para las generaciones futuras.

Marijuana Botany se presenta el conocimiento científico y las técnicas de propagación utilizado para preservar y multiplicar la fuga *Cannabis* las cepas. También se incluye la información relativa a *Cannabis* la genética y el mejoramiento usa para iniciar programas de mejora de plantas. Es hasta el uso de esta información de manera reflexiva y responsable.

C. Yee

1
Sinsemilla
Ciclo de Vida
de Cannabis

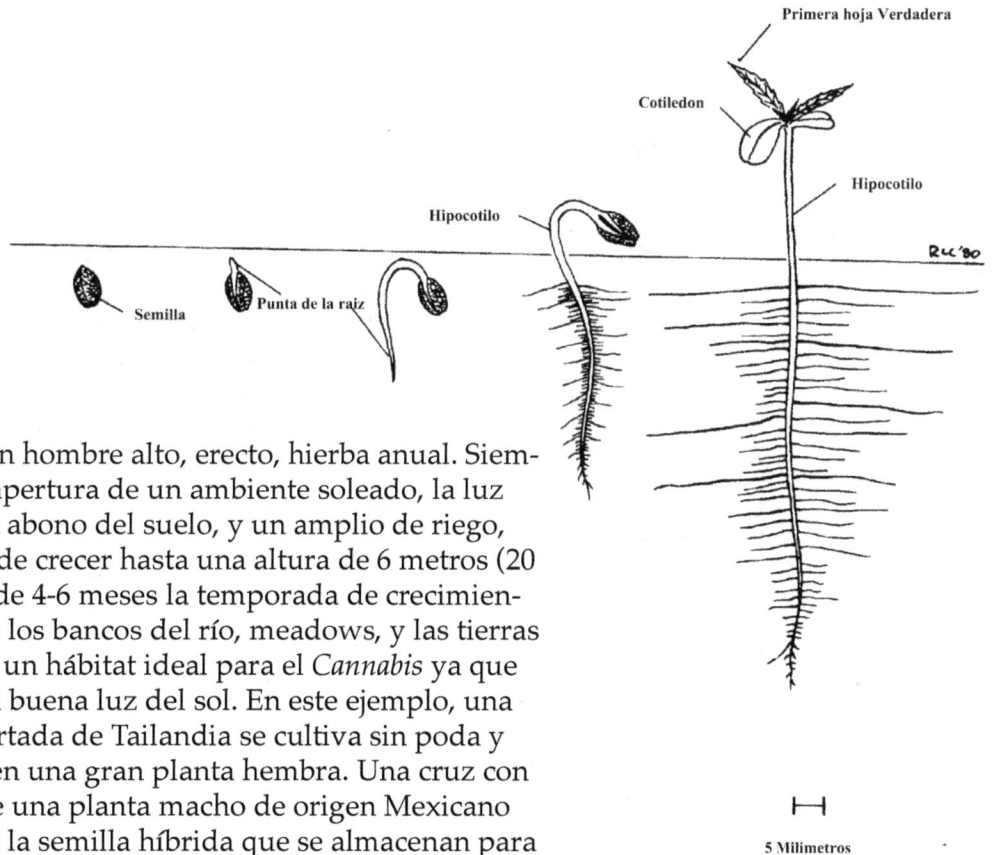

Primera hoja Verdadera

Cotiledon

Hipocotilo

Hipocotilo

RLC '80

Semilla

Punta de la raiz

⊢—⊣

5 Milimetros

Cannabis es un hombre alto, erecto, hierba anual. Siempre con una apertura de un ambiente soleado, la luz bien drenado abono del suelo, y un amplio de riego, *Cannabis* puede crecer hasta una altura de 6 metros (20 pies) en una de 4-6 meses la temporada de crecimiento. Expuestos los bancos del río, meadows, y las tierras agrícolas son un hábitat ideal para el *Cannabis* ya que todos ofrecen buena luz del sol. En este ejemplo, una semilla importada de Tailandia se cultiva sin poda y se convierte en una gran planta hembra. Una cruz con un esqueje de una planta macho de origen Mexicano resultados en la semilla híbrida que se almacenan para su posterior plantación. Este ejemplo es representativo de la al aire libre crecimiento de *Cannabis* en los climas templados.

Las semillas se plantan en la primavera y suelen germinar en 3 a 7 días. La plántula emerge desde el suelo por la erección de la *hipocotilo* (madre embrionarias). El los *cotiledones* (las hojas de semilla) son ligeramente desiguales en tamaño, estrechado en la base y redondeadas o contundente a la punta.

Primera hoja Verdadera

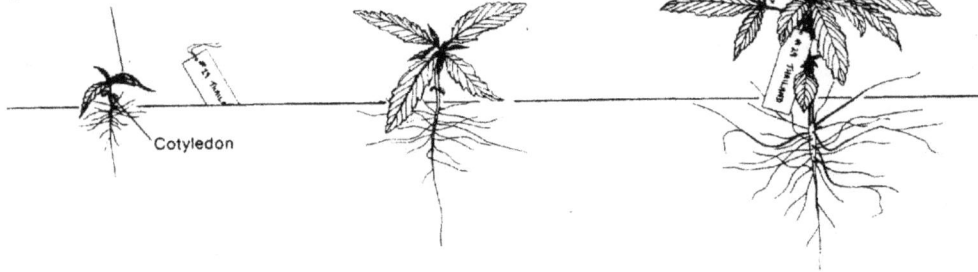

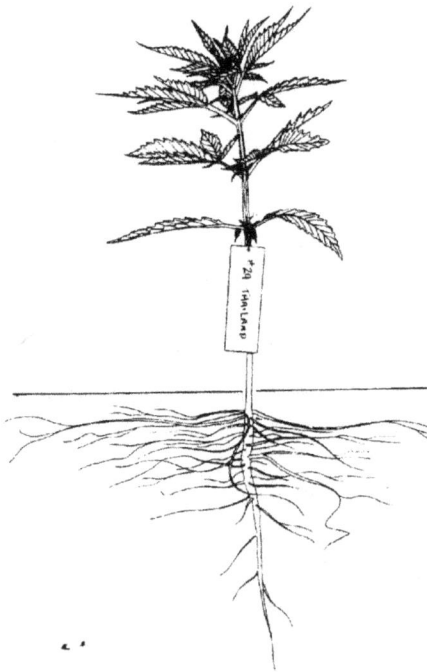

Cotyledon

Petiole

El hipocotilo rangos de 1 a 10 centímetros (Vi a 3 pulgadas) de longitud. Unos 10 centímetros o menos por encima de los cotiledones, las primeras hojas verdaderas surgir, un par de cargas orientadas único de los folletos de cada uno con una distinta *pecíolo* (tallos y hojas) girar un cuarto de vuelta de los cotiledones. Posterior pares de hojas surgir en la parte de enfrente de la formación y diversas formas de la hoja de secuencia se desarrolla con el segundo par de hojas con 3 folíolos, el tercero 5 y así sucesivamente hasta el 11 de folletos. Ocasionalmente el primer par de hojas en 3 de los folletos de cada uno en lugar de 1, y el segundo par, 5 de los folletos de cada uno.

Si una planta no está lleno de gente, las extremidades crecerá a partir de los brotes pequeños (que se encuentra en la intersección de los pecíolos) a lo largo del tallo principal. Cada *sinsemilla* (sin pepitas de drogas *Cannabis*) planta está provista con un montón de espacio para crecer a largo axial extremidades y extensas raíces finas para aumentar la producción floral. Bajo condiciones favorables *Cannabis* crece hasta 7 centímetros (2xh pulgadas) un día en la altura durante los largos días de verano.

Cannabis muestra una doble respuesta a la longitud del día; durante los primeros dos a tres meses de crecimiento responde a la creciente luz, pero con un crecimiento más vigoroso, pero en la misma temporada, la planta requiere de los días más cortos a la flor y completar su ciclo de vida.

Cannabis las flores cuando están expuestos a un *crítica a la duración* del día que varía con la cepa. Crítico de la luz, pero sólo se aplica a las plantas que no de flores bajo iluminación continua, ya que aquellos que flor bajo iluminación continua no tienen crítico de la luz. La mayoría de las cepas tienen un requisito absoluto de *inductivo fotoperíodos* (días cortos o largos noches) para inducir la fértil de la floración, y menos que esto resultará en la formación de células no diferenciadas primor-dia (informe flores) solamente.

El tiempo que toma la forma de primordios varía con la longitud de la perspectiva de fotoperiodo. Dado 10 horas por día, de la luz de una cepa puede demorar de 10 días a la floración, mientras que si se les da 16 horas por día, puede tomar hasta 90 días. Inductivo fotoperíodos de menos de 8 horas por día no parecen acelerar la formación de primordios. Oscuro (noche) ciclos debe ser ininterrumpido para inducir la floración (véase el apéndice).

Cannabis es un dioico de la planta, lo que significa que las flores masculinas y femeninas se desarrollan en plantas separadas, aunque monoico ejemplos con ambos sexos en una planta se encuentran. El desarrollo de las ramas que contienen la floración de los órganos varía mucho entre hombres y mujeres: las flores masculinas colgar en largo, suelto, múltiples ramificaciones, agrupados en ramas de hasta 30 centímetros (12 pulgadas) de largo, mientras que las flores femeninas están estrechamente apiñados entre las pequeñas hojas.

Nota: Femenino Cannabis las flores y las plantas se conoce como femeninas y las flores masculinas y las plantas se conoce como staminate en el resto de este texto. Esta convención es más preciso y hace de ejemplos de complejos aberrantes de la sexualidad más fácil de entender.

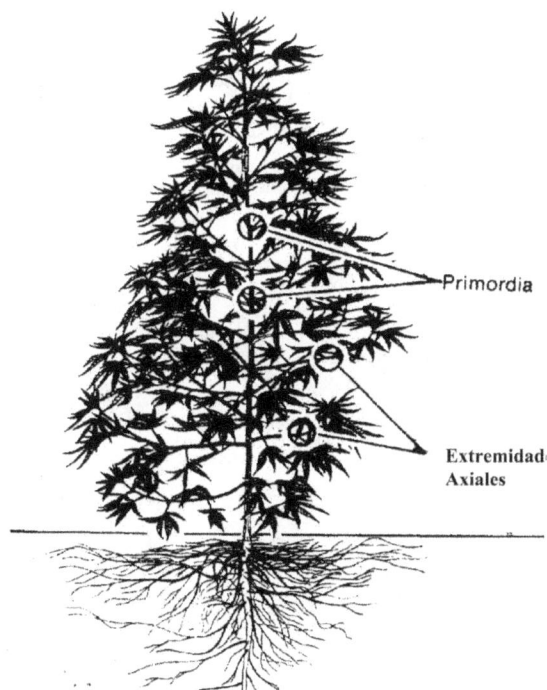

Primordia

Extremidad Axiales

El primer signo de la floración en *Cannabis* es la aparición de células no diferenciadas primordios florales a lo largo del tallo principal en el los nodos (intersecciones) de la el *pecíolo*, detrás de la *estípula* (hoja espolón). En el prefloral fase, los sexos de *Cannabis* son indistinguibles, excepto para las tendencias generales en la forma.

Cuando los primordios aparecen primero son sexualmente indiferenciado, pero pronto los machos pueden ser identificados por sus curvas de forma de garra, seguido muy pronto por la diferenciación de ronda señaló brotes de la flor tiene cinco segmentos radiales. Las hembras son reconocidos por la ampliación de una simétrica tubular *cáliz* (floral de la vaina). Son más fáciles de reconocer a una edad temprana que los varones de primordios. La primera mujer cálices tienden a falta emparejado *pistilos* (polen de la captura de los apéndices) aunque la inicial de las flores masculinas a menudo maduro y derramó polen viable. En algunos individuos, especialmente los híbridos, los pequeños no la floración de las extremidades se forman en los nodos y son a menudo confundidos con los hombres de primordios. Los cultivadores esperar hasta que las flores de forma positiva de determinar el sexo de *Cannabis.*

Las plantas femeninas tienden a ser más cortos y tiene más ramas a la de los varones. Las plantas femeninas son de hoja en la parte superior con muchas hojas que rodean las flores, mientras que los machos tienen menos hojas cerca de la parte superior con pocos, si alguno, de las hojas a lo largo de la extendida de la floración de las extremidades.

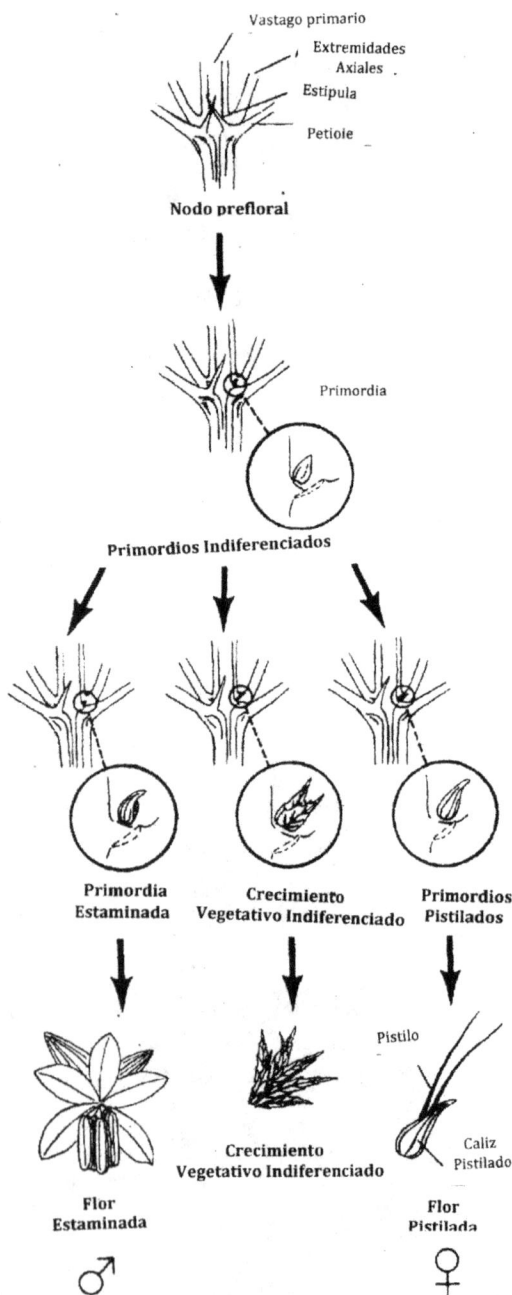

Vastago primario
Extremidades Axiales
Estipula
Petiole

Nodo prefloral

Primordia

Primordios Indiferenciados

Primordia Estaminada   **Crecimiento Vegetativo Indiferenciado**   **Primordios Pistilados**

Pistilo

Crecimiento Vegetativo Indiferenciado   Caliz Pistilado

Flor Estaminada   **Flor Pistilada**
♂   ♀

*El término pistilo ha desarrollado un significado especial con respecto a *Cannabis* que difiere ligeramente de la precisa definición botánica. Esto ha venido principalmente por el gran número de cultivadores que han casual conocimiento de la anatomía vegetal, pero un intenso interés en la reproducción de *Cannabis*. La definición precisa de pistilo se refiere a la combinación de ovario, estilo y estigma. En el más informal de uso, pistilo se refiere a la fusionada estilo y el estigma. El sentido informal se utiliza en todo el libro, ya que se ha convertido en práctica común entre los *Cannabis* los cultivadores.

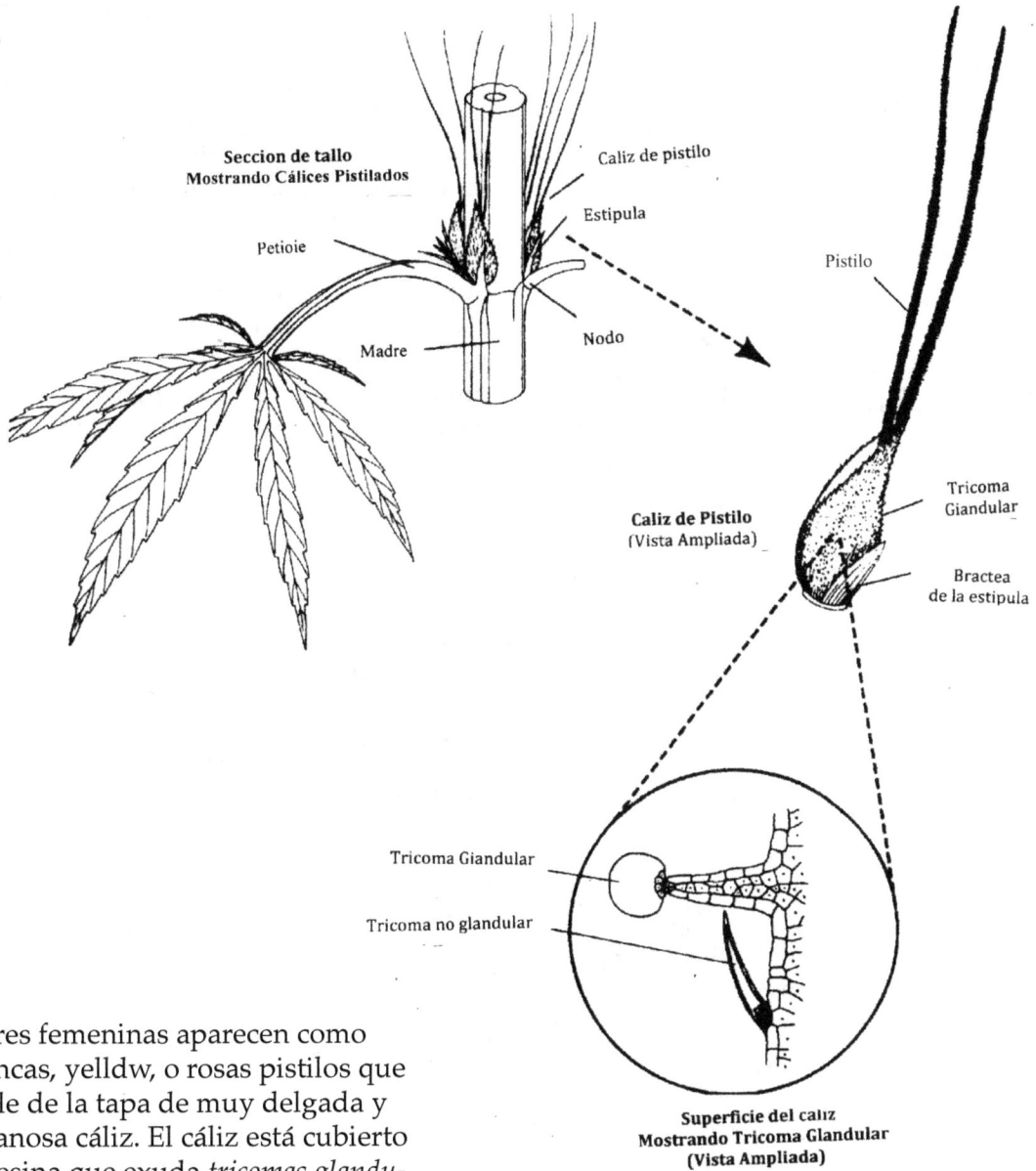

Seccion de tallo
Mostrando Cálices Pistilados

Petioie

Madre

Caliz de pistilo

Estipula

Nodo

Pistilo

Caliz de Pistilo
(Vista Ampliada)

Tricoma
Giandular

Bractea
de la estipula

Tricoma Giandular

Tricoma no glandular

Superficie del caliz
Mostrando Tricoma Glandular
(Vista Ampliada)

Las flores femeninas aparecen como dos blancas, yelldw, o rosas pistilos que sobresale de la tapa de muy delgada y membranosa cáliz. El cáliz está cubierto con la resina que exuda *tricomas glandulares* (pelos). Las flores femeninas nacen en pares en los nodos, uno en cada lado del pecíolo detrás de la estípula de *brácteas* (reducción de las hojas) que esconden las flores. El cáliz medidas de 2 a 6 milímetros de longitud y está estrechamente se aplica a, y contiene por completo, el ovario.

Ciclo de vida del Cannabis

En las flores masculinas, de cinco pétalos (aproximadamente 5 milímetros, o de 3/16 de pulgada de largo) forman el cáliz y puede ser de color amarillo, blanco o verde en color. Se cuelgan hacia abajo, y cinco estambres (aproximadamente 5 milímetros de largo) emerge, que consta de slender anteras (sacos de polen), la división de arriba de la punta y suspendido en los filamentos delgados. La superficie exterior de la staminate cáliz está cubierto con no tricomas glandulares, Los granos de polen son casi esférica, ligeramente amarillo, y de 25 a 30 micras (ju) en el diámetro. La superficie es lisa ai^i exhibiciones de 2 a 4 germen de los poros.

Brote Floral Estaminado
(Seccion Transversal)

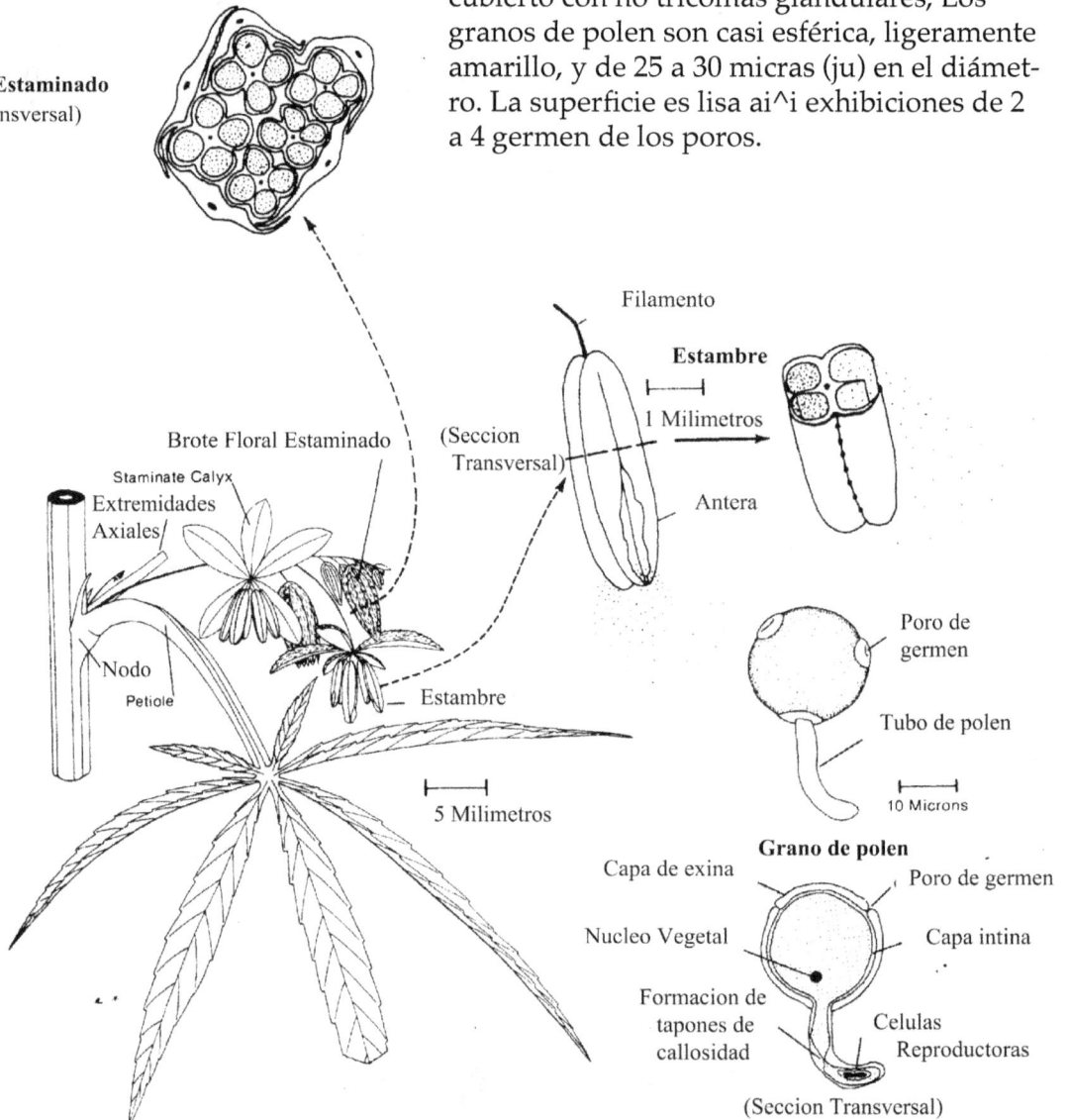

Brote Floral Estaminado

Staminate Calyx

Extremidades Axiales/

Nodo

Petiole

Estambre

5 Milimetros

Filamento

Estambre

1 Milimetros

(Seccion Transversal)

Antera

Poro de germen

Tubo de polen

10 Microns

Grano de polen

Capa de exina

Poro de germen

Nucleo Vegetal

Capa intina

Formacion de tapones de callosidad

Celulas Reproductoras

(Seccion Transversal)

9-Leafiet Hoja

7-Leafiet Hoja

5-Leafiet Hoja

3-Leafiet Hoja

1-Leafiet Hoha

Cotiledon
(Decussate)
Pre-floral Phyllotaxy

Rejuvenation Leaflet

1-Leaflet Leaf

3-Leaflet Leaf

5-Leaflet Leaf

7-Leaflet Leaf

RCC'80
(Alternate)
Floral Phyllotaxy

Staminate
Floral
Clusters

Pollen
Grains

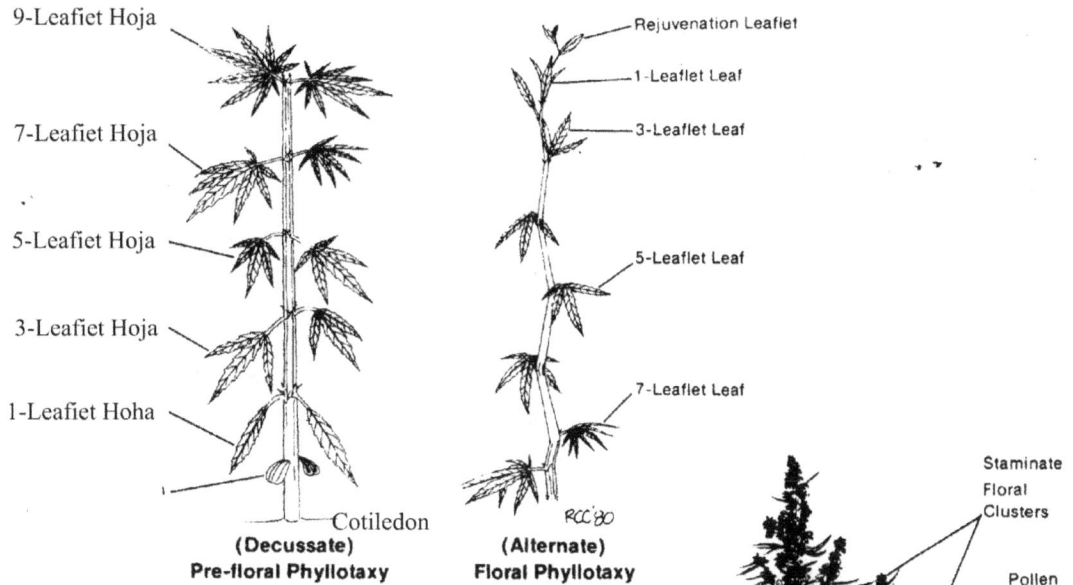

Antes del inicio de la floración, la *phyllotaxy* (hoja acuerdo) se invierte y el número de folíolos por hoja disminuye hasta un pequeño folleto aparece debajo de cada par de los cálices. El phyllotaxy también los cambios de *decusadas* (opuesto) a *alternativa* (escalonados) y por lo general sigue siendo suplente en todo el florales etapas independientemente del tipo sexual.

Las diferencias en los patrones de floración de plantas machos y hembras se expresa de muchas maneras. Poco después de la *dehiscencia* de la (polen vertimiento) la staminate planta muere, mientras que la femenina de la planta pueden madurar hasta cinco meses después viable flores se forman si poco o no se produce la fecundación. En comparación con la femenina plantas, staminate las plantas muestran un más rápido incremento en la altura y una más rápida disminución en el tamaño de la hoja para que las brácteas que acompañan a las flores. Staminate plantas tienden a flor de hasta un mes antes que las femeninas de las plantas; sin embargo, femeninas plantas suelen diferenciar los primordios de una a dos semanas antes de staminate plantas.

2 Milimetros
Flores Estaminadas

Polen

Pistilo
(Estigma y Estilo
Fusionados)

Granos de polen
(Engraandecida)

1 Milimetros
Caliz Pistilado
♀

Gametos

Ovulo

Sembrado Calyx

Muchos los factores que contribuyen a deter-minar ción de la sexualidad de una floración *Cannabis* de la planta. En condiciones medias con un ni mal inductivo fotoperiodo, *Cannabis* va a florecer y produ-cir un número aproximadamente igual de puro sta-minate y puro pistilo tarde plantas con un par de los *hermafroditas* (ambos sexos en la misma planta). Bajo condiciones de tensión extrema, tales como el exceso de nutrientes o de una deficiencia, de la mutilación, y la alteración de los ciclos de luz, las poblaciones han demostrado de parte en gran medida de la espera de uno-a-uno staminate a femeninas relación.

Justo antes de la dehiscencia, el polen el núcleo se divide para producir una pequeña repro-ducción de la célula reproductiva acompañado por un gran vegeta tiva de la célula, ambos de los cuales están contenidos dentro de la madurez del grano de polen. Germina ción se produce de 15 a 20 minutos después del contacto con un pistilo. Como el tubo polínico crece la célula vegetativa permanece en el grano de polen, mientras que la generativo de la célu-la entra en el tubo de polen y migra hacia el óvulo. El generativa célula se divide en dos los *gametos* (células sexuales), ya que viaja a lo largo del polen el tubo.

La polinización de la flor femenina volver a los resultados en la pérdida de los pares de pistilos y una hinchazón de la cáliz tubular, donde el óvulo es la ampliación. El staminate las plantas se mueren después de derramar el polen. Después de aproxima-damente 14 a 35 días de la semilla es madurado-y de las gotas de la planta, dejando el seco cáliz en sujetos a la madre. Esto completa el ni mally de 4 a 6 meses de ciclo de vida, que puede tomar tan poco como 2 meses o 10 meses. Las semillas frescas enfoque 100% viabil idad, pero esta disminuye con la edad.

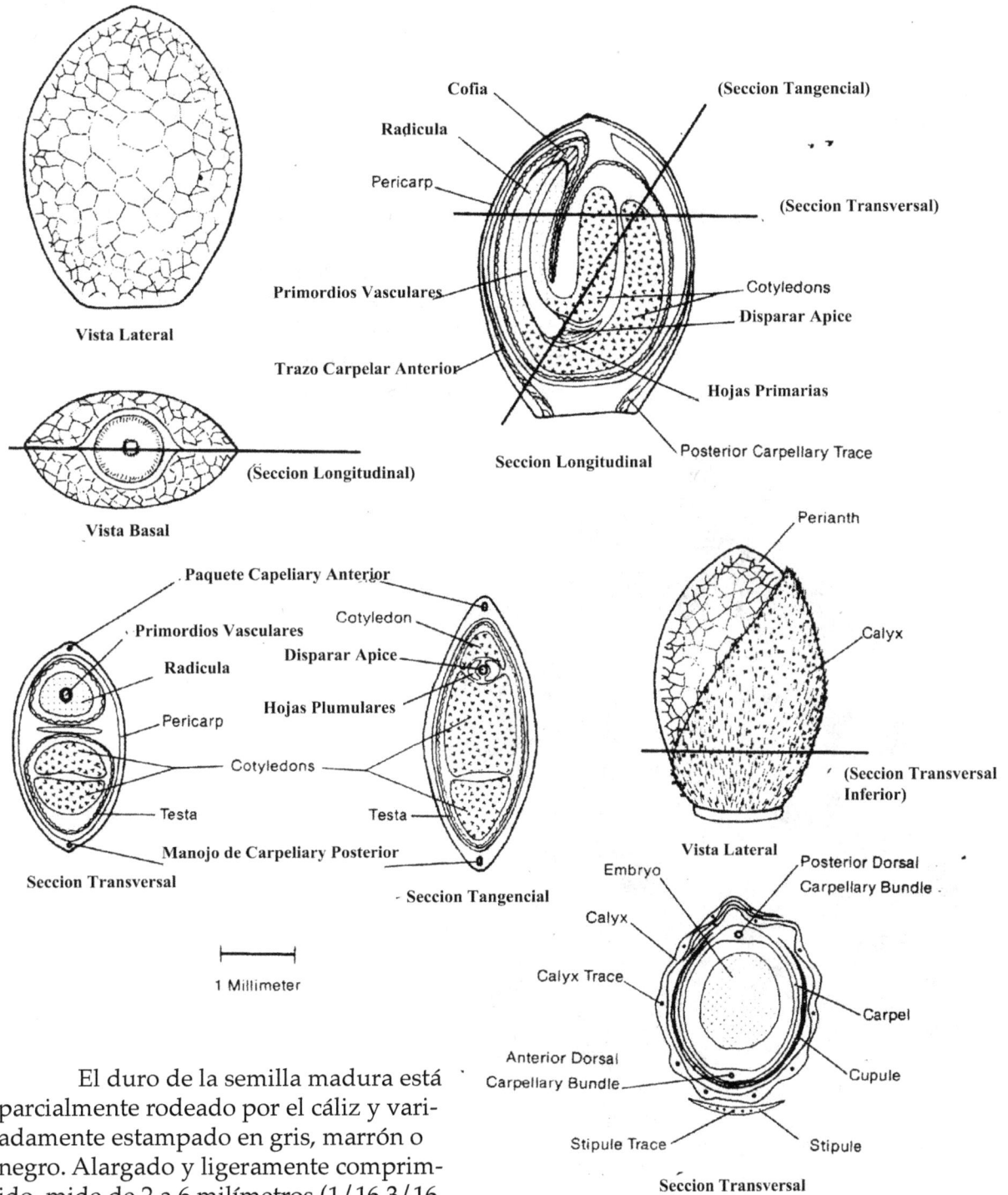

Vista Lateral

Cofia
Radicula
Pericarp
(Seccion Tangencial)
(Seccion Transversal)
Primordios Vasculares
Cotyledons
Disparar Apice
Trazo Carpelar Anterior
Hojas Primarias
Seccion Longitudinal
Posterior Carpellary Trace

(Seccion Longitudinal)

Vista Basal

Paquete Capeliary Anterior
Primordios Vasculares
Radicula
Pericarp
Testa
Manojo de Carpeliary Posterior
Cotyledon
Disparar Apice
Hojas Plumulares
Cotyledons
Testa

Seccion Transversal

Seccion Tangencial

Perianth
Calyx
(Seccion Transversal Inferior)

Vista Lateral

├─── 1 Millimeter ───┤

Embryo
Calyx
Calyx Trace
Anterior Dorsal Carpellary Bundle
Stipule Trace
Posterior Dorsal Carpellary Bundle
Carpel
Cupule
Stipule

Seccion Transversal

El duro de la semilla madura está parcialmente rodeado por el cáliz y variadamente estampado en gris, marrón o negro. Alargado y ligeramente comprimido, mide de 2 a 6 milímetros (1/16 3/16 pulgadas) de longitud y de 2 a 4 milímetros (1/16 a 1/8 de pulgada) de diámetro máximo.

Cuidado cerrado polinizaciones de una selección de algunas ramas de rendimiento cientos de semillas de conocida filiación, que se retiran después de que estén maduros y empieza a caer a partir de los cálices. El resto de los racimos florales son sinsemilla o sin pepitas y continuar a madurar en la planta. Como los cálices se hinchan, los tricomas glandulares en la superficie crecer y secretan aromáticos THC cargados de resina. La madura, picante, pegajoso racimos florales son cosechadas, secadas, y en las muestras. La anterior simplifica el ciclo de vida de sinsemilla *Cannabis* ejemplifica la producción de valiosas semillas sin comprometer la producción de semillas florales grupos.

C. Yee

2
La Propagación de Cannabis

Hacer la mayoría de las Semillas de Cáñamo Índico y siembre en todas partes.
—George Washington

Sexual frente de Propagación Asexual

Cannabis pueden ser reproducidos, ya sea sexualmente o asexualmente. Las semillas son el resultado de la propagación sexual. Porque *sexual* la propagación implica la recombinación de material genético de los dos padres esperamos para observar la variación entre plantas de semillero y de la descendencia con características diferentes de las de los padres. Métodos de propagación vegetativa (*clonación*) como *cuttage, layerage,* o *la división de raíces* son *asexual* y permitir la réplica exacta de la de los padres de la planta sin la variación genética. Propagación Asexual, en teoría, permite que las cepas se mantengan sin cambios a través de muchas temporadas y cientos de personas.

Cuando la diferencia entre sexual y reproducción asexual es bien entendido, a continuación, el método adecuado se pueden elegir para cada situación. Las características únicas de una planta, el resultado de la combinación de los genes de los cromosomas presentes en cada célula, conocidos colectivamente como *la genotipo* de ese individuo. La expresión de un genotipo, influenciados por el medio ambiente, crea un conjunto de características visibles que nos colectivamente término de la *el fenotipo.* La función de propagación es preservar especial genotipos por la elección de la técnica adecuada para garantizar que la replicación de las características deseadas.

Si dos clones de un femeninas *Cannabis* la planta se colocan en diferentes entornos, la sombra y el sol para en-

| GENOTYPE (Maquillaje Genetico) | Determone el Potencial Genetico → | REACCIONES FISICOQUIMICAS INTERNAS | Interaccion Express → | FENOTIPO Rendimiento Vegetative y Repoductive Neto |

La interacción del genotipo y los factores ambientales en la determinación del fenotipo.

postura, sus genotipos serán idénticas. Sin embargo, el clon crecido en la sombra va a crecer alto y delgado, y maduran tarde, mientras que el clon cultivado a pleno sol se mantendrá a corto y tupido y madura mucho antes.

Sexual La Propagación De

Sexual la propagación requiere la unión de staminate polen y femeninas óvulo, la formación de semillas viables, y la creación de los individuos con los nuevos genotipos recombinantes. El polen y los óvulos se forman por la reducción de las divisiones (meiosis) en el que el 10 pares de cromosomas no replicar, de modo que cada uno de la hija de dos células contiene la mitad de los cromosomas de la célula madre. Esto se conoce como *la haploides* (1n) condición donde 1n = 10 cromosomas. El *diploide* la condición se restaura después de la fertilización resulta en diploides (2n), los individuos con un conjunto haploide de cromosomas de cada progenitor. Crías pueden parecerse a los de la staminate, femenina, ambos, o ninguno de los padres y de la considerable variación en la descendencia es de esperar. Los rasgos pueden ser controlados por un solo gen o de una combinación de genes, lo que resulta en la posibilidad de una mayor diversidad.

Los términos *homocigotos* y *heterocigotos* son útiles para describir el genotipo de una planta en particular. Si los genes que controlan un rasgo son los mismos en uno de los cromosomas como aquellos en el lado opuesto miembro del par de cromosomas (cromosomas homólogos), la planta es *homocigotos* y "raza true" para que el rasgo de si autógamas o cruzado con una persona de idéntico genotipo para ese rasgo. Los rasgos poseídos por los homocigotos de los padres se transmite a la descendencia, que se asemejan unos a otros y el padre de familia. Si los genes de un cromosoma se diferencian de los genes en su cromosoma homólogo, a continuación, la planta se denomina heterocigoto; la resultante de las crías no pueden poseer los padres de los rasgos y muy probablemente serán diferentes unos de otros. Importado El Cannabis las cepas normalmente exhiben una gran diversidad de plántulas para la mayoría de los rasgos y muchos tipos de ser descubierto.

Para minimizar la variación en las plántulas y asegurar la preservación de la deseable rasgos de los padres en los hijos, ciertos cuidadoso seguimiento de los procedimientos, como se ilustra en el Capítulo III. Los mecanismos reales de propagación sexual y la producción de semilla serán explicadas a fondo aquí.

El Ciclo De Vida y Sinsemilla Cultivo

Un salvaje El Cannabis la planta crece a partir de semillas en un semillero, a un prefloral de menores, ya sea de polen o semillas de rodamiento de adultos, siguiendo el patrón usual de desarrollo y la reproducción sexual. La fibra y la producción de drogas interfieren con el ciclo natural y bloquear las vías de la herencia. Fibra de cultivos generalmente se cosechan en la juvenil o prefloral etapa, antes de semillas viables se produce, mientras que sinsemilla o sin pepitas cultivo de marihuana elimina la polinización y posterior producción de semillas. En el caso de los cultivos de El Cannabis los cultivos, las técnicas especiales debe ser utilizado para producir semillas viables para el año siguiente sin poner en peligro la calidad del producto final.

Moderno o de fibra de cáñamo a los agricultores a utilizar comercialmente producido alto contenido de fibra de las cepas de incluso la maduración. Monoico de las cepas se utiliza a menudo porque maduran más uniformemente que dioico de las cepas. El cáñamo criador establece las parcelas de prueba donde los fenotipos pueden ser registrados y controlados cruces pueden ser hechas. Un agricultor puede dejar una parte de su cosecha para desarrollar las semillas maduras que recoge para el año siguiente. Si un híbrido de la variedad que se cultiva, la descendencia no todos se asemejan a la de los padres de los cultivos y características deseables pueden perderse.

Los productores de semillas de marihuana para fumar o hachís recogen grandes cantidades de semillas que caen de las flores durante la cosecha, el secado y procesamiento. Una madura femenina de la planta puede produqe decenas de miles de semillas si polinizadas libremente. Sinsemilla la marihuana se cultiva mediante la eliminación de todos los staminate plantas de un parche, eliminando toda fuente de polen, y permitiendo que las femeninas de las plantas para producir enormes racimos de flores no fecundadas.

Varias teorías han surgido para explicar el inusual potentes propiedades psicoactivas de los El Cannabis, En general, estas teorías tienen como tema central la extraordinariamente largo, frustrado lucha de los femeninas de la planta para reproducirse, y muchas teorías son tanto retorcido y romántico. Lo que realmente sucede cuando un femeninas de la planta permanece sin fertilizar durante toda su vida y cómo esto afecta en última instancia a la cannabinoides (clase de moléculas que se encuentran sólo en Cannabis) y terpeno (una clase de compuestos orgánicos aromáticos) los niveles sigue siendo un misterio. Se supone, sin embargo, que la siembra de los recortes de la vida de la planta a corto y THC (tetrahidrocannabinol, el principal compuesto psicoactivo de Cannabis) no tiene suficiente tiempo para acumular. Los cambios hormonales asociados con la siembra definitivamente afectan a todos los procesos metabólicos dentro de la planta, incluyendo la biosíntesis de los cannabinoides. La naturaleza exacta de estos cambios es desconocida, pero probablemente se debe a un desequilibrio en los sistemas enzimáticos control de la producción de cannabinoides. Sobre la fertilización de la planta energías se canalizan en la producción de semilla en vez de aumentar la producción de resina. Sinsemilla plantas continúan para producir nuevos racimos florales hasta finales de otoño, mientras que las plantas sembradas cesar floral de producción. También se sospecha que el capitado-acechado producción de tricomas puede cesar cuando el cáliz es fertilizado. Si este es el caso, entonces sinsemilla puede ser más alta en THC porque ininterrumpida floral de crecimiento, los tricomas de la formación y la producción de cannabinoides. Lo que es importante con respecto a la reproducción es que una vez más el agricultor ha interferido con el ciclo de vida y no de forma natural fertilizado semillas se han producido.

El cuidado propagador, sin embargo, puede producir muchas semillas de los tipos puros como sea necesario para el futuro de la investigación sin riesgo de polinización de las preciosas cultivo. Staminate padres exhiben características favorables están reproductivamente aisladas, mientras que el polen es cuidadosamente recogido y aplicado sólo a los seleccionados de las flores de los femeninas padres.

Muchos cultivadores pasar por alto la staminate de la planta, considerando que es inútil si no es perjudicial. Pero el staminate de la planta contribuye a la mitad del genotipo se expresa en la descendencia. No sólo son staminate plantas preservadas para la cría, pero se les debe permitir a maduro, desinhibida, hasta que sus fenotipos puede ser determinada y el más favorable de los individuos seleccionados. El polen también puede ser almacenado por períodos cortos de tiempo para su posterior reproducción.

La biología de la Polinización

La polinización es el caso de polen de aterrizaje en un stig-matic de la superficie, tales como el pistilo, y la fertilización es la unión de la staminate cromosomas del polen con los femeninas cromosomas del óvulo.

La polinización comienza con la dehiscencia de la (liberación de polen) de staminate flores. Millones de granos de polen en el aire flotan en brisas ligeras, y muchos de la tierra en el estigmático superficies de cerca de las plantas femeninas. Si el pistilo está maduro, el grano de polen germinan y se envíe un largo tubo de polen tanto como una semilla que empuja una raíz. El tubo contiene un haploides (1n) núcleo generativo y crece hacia abajo, hacia el óvulo en la base de los pistilos. Cuando el tubo polínico llega al óvulo, el staminate haploides núcleo se fusiona con la femenina núcleo haploide y diploide condición es restaurado. La germinación del grano de polen se produce de 15 a 20 minutos después del contacto con la superficie estigmático (pistilo), la fertilización puede tardar hasta dos días en temperaturas más frías. Después de la fertilización, los pistilos se marchitan como el óvulo y rodea cáliz comienzan a hincharse. Si la planta está debidamente regado, la semilla se forma y la reproducción sexual es completa. Es crucial que no forman parte del ciclo de ser interrumpida o de semillas viables no se formará. Si el polen es sometido a condiciones extremas de temperatura, humedad o la humedad, se producirá a germinar, el tubo polínico va a morir antes de la fecundación, o el embrión será capaz de desarrollar en una semilla madura. Técnicas para el éxito de la polinización han sido diseñados con todos estos criterios en mente.

Controlado frente al Azar Polinizaciones

Las semillas con las que la mayoría de los cultivadores de comenzar representan diversas genotipos incluso cuando proceden de la misma floral clúster de la marihuana, y no todos de estos genotipos resultará favorable. Semillas recolectadas a partir de la importación de los envíos son el resultado de totalmente al azar polinizaciones entre muchos genotipos. Si la eliminación de la polinización de los intentos, y sólo unas pocas semillas aparecen, la probabilidad es muy alta de que estos polinizaciones fueron causados por una floración tardía staminate planta o un hermafrodita, afectando el genotipo de la descendencia. Una vez que los descendientes de las cepas importadas están en manos de un competente criador, selección y replicación de los fenotipos favorables por el control de la reproducción puede comenzar. Sólo uno o dos individuos de muchos puede resultar aceptable como padres. Si el cultivador permite al azar de la polinización a ocurrir de nuevo, la población no sólo no mejora, incluso puede degenerar a través naturales y accidentales de selección de rasgos desfavorables. Por tanto, debemos recurrir a las técnicas de polinización controlada por el cual el criador intenta tomar el control y determinar el genotipo de los futuros descendientes.

La Recolección De Datos

Mantener notas precisas y registros es una de las claves para el éxito de la planta de cría. Cruces entre las diez cepas puras (diez staminate y diez femeninas padres) resultado en diez puro y noventa híbrido de cruza. Es un interminable e ineficaz a la tarea de intentar recordar el significado de cada número y el color de la etiqueta asociada a cada cruz. El bien

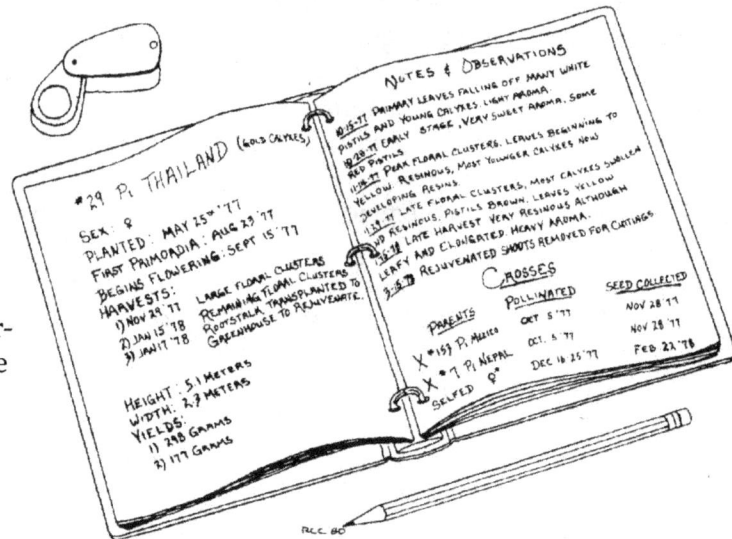

Datos de la notebook.
El cultivo y la cría de la información es registrada durante el crecimiento de la planta para su posterior análisis.

organizado criador va a liberarse de esta carga mental y la posible confusión mediante la introducción de datos vitales sobre las cruces, los fenotipos, y las condiciones de crecimiento en un sistema con un número correspondiente a cada uno de los miembros de la población.

La única tarea más importante en la recopilación de datos es establecer innegable credibilidad. La memoria falla, y el recuerdo de los pasos que posiblemente podría haber llevado a la producción de una favorable cepa no constituyen los datos necesarios para que la reproducción de la cepa. Los datos siempre por escrito; no está en la memoria registro confiable. Un libro que contiene una página numerada para cada planta, y cada uno por separado cruz está etiquetado en la femenina de los padres y se registra como sigue: "la semilla de la femenina padre X polen o staminate de los padres." También la fecha de la polinización está incluido y la habitación está a la izquierda para la fecha de la semilla de la cosecha. Las muestras de los padres de las plantas se guardan como especímenes de muestra para su posterior caracterización y análisis.

La Polinización De Las Técnicas De

Controlada la polinización manual consta de dos pasos básicos: recolección de polen de las anteras de la staminate de los padres y de la aplicación de polen para el receptivo estigmático las superficies de las femeninas de los padres. Ambos pasos son cuidadosamente controlados, de modo que no hay polen escapa a causa aleatoria polinizaciones. Desde El Cannabis es un viento de polinización de las especies, los recintos son empleados que aislar el maduro flores del viento, de la eliminación de la polinización, pero a la vez permite la suficiente penetración de la luz y circulación de aire para el polen y las semillas para desarrollar sin sofocante. Papel y muy bien tejida

paño parecen ser los materiales más adecuados. Paño grueso permite que
el polen de escapar y de materiales plásticos tienden a recoger el agua que
ocurrió y la pudrición de las flores. La luz de color opaco o translúcido,
materiales reflectantes, siendo más fresco en el sol de la oscuridad o de
materiales transparentes, que absorben el calor solar directa o crear un efecto
invernadero, el calentamiento de la flores en el interior y matar al polen. La
polinización, las bolsas están construidos fácilmente por pegando pergamino vegetal (un fuerte transpirable de papel para cocinar los vegetales al
vapor) y nylon transparente horno bolsas (para la observación de windows)
con silicona. Transpirable telas sintéticas como el Gore-Tex son utilizados con gran éxito. La producción de semillas requiere tanto el éxito de la
polinización y la fecundación, por lo que las condiciones en el interior de los
recintos debe permanecer adecuado para el polen de tubo de crecimiento y
la fertilización. Es más conveniente y eficaz de utilizar el mismo recinto para
recoger el polen y la aplica, reducción de la contaminación durante el polen
de transferencia. Controlada "libre" polinizaciones también puede ser hecho
si sólo uno de polen de los padres se le permite permanecer en un área
aislada del campo y no polinizaciones se causado por los hermafroditas o
de maduración tardía, staminate plantas. Si el seleccionado staminate padre
gotas de polen, cuando sólo hay un par de primordial flores en la femenina
de la semilla de los padres, sólo un par de semillas se forman en la parte basal de las flores y el resto de la flor de clúster será sin pepitas. Principios de
la fertilización también podría ayudar a solucionar el sexo de los femeninas
de la planta, ayudando a prevenir hermaphrodism. Más tarde, de la mano
polinizaciones se pueden realizar en el mismo femeninas de los padres
mediante la eliminación de las primeras semillas de cada una de las extremidades de volver a ser polinizadas, evitando así la confusión. Hermafrodita o
monoicas plantas pueden ser aislado del resto de la población y les permite
libertad de auto-polinizan si puro de cría de la descendencia que se desee
conservar un rasgo seleccionado. Se autopolinizan hermafroditas suelen dar
lugar a hermafrodita descendencia.

El polen puede ser recopilada de varias maneras. Si el predicador
tiene una zona aislada donde staminate las plantas pueden crecer separados unos de otros para evitar la mutua contaminación y puede ser permitido arrojar polen sin poner en peligro el resto de la población, a continuación directa de la colección puede ser utilizado. Un pequeño frasco
de cristal o espejo se mantiene por debajo de un recientemente inaugura-
do staminate flor que parece ser la liberación de polen, y que el polen es
desalojado por tocar las anteras. El polen también puede ser recogida mediante la colocación de extremidades o de los grupos de staminate flores
en un pedazo de papel o de vidrio y permite que se sequen en un lugar
fresco, siendo el lugar. El polen se caen de algunas de las anteras como de
que se seque, y esto puede ser raspada y almacenado por un corto tiempo
en un lugar fresco, oscuro, seco irregular. Un método sencillo es colocar el
abierto de polen vial o de papel doblada en una mayor sellar con-

tainer con una docena o más de fresco, seco, galletas de soda o una taza de seco de arroz blanco. El contenedor sellado se almacena en el refriger- ador y las galletas de arroz o de actuar como un desecante, la absorción de humedad del polen.

Cualquier brisa puede interferir con la recolección y la causa de la contaminación con polen de las plantas vecinas. Temprano en la mañana es el mejor momento para recoger el polen ya que no ha sido expuesto al calor del día. Todo el equipo utilizado para la colección, incluyendo las manos, debe ser limpiado antes de continuar a la siguiente fuente de polen. Esto asegura la protección de cada muestra de polen de la contam- inación con polen de diversas plantas.

Staminate flores a menudo se abrirá varias horas antes de la apa- rición de polen de liberación. Si las flores son recogidas en este momento se pueden colocar en una cubierta de la botella donde se van a abrir y lib- erar el polen dentro de dos días. Una cuidadosamente sellado de cubierta de papel permite la circulación del aire, facilita la liberación de polen, y evita que el moho.

Ambos de los métodos descritos anteriormente de recolección de polen son susceptibles a las rachas de viento que pueden causar prob- lemas de contaminación si la staminate polen de las plantas a crecer cerca de las restantes plantas femeninas. Por lo tanto, un método que ha sido diseñado de manera que controlaba la recolección de polen y la solicitud se puede realizar en la misma área, sin necesidad de desplazarse stami- nate plantas de su ubicación original. Además de las ventajas de comodi- dad, el polen de los padres maduro bajo las mismas condiciones como la semilla de los padres, por lo tanto más precisa de expresar sus fenotipos.

El primer paso en la recolección de polen es, por supuesto, la selección de un staminate o el polen de los padres. Los individuos sanos con bien desarrollado racimos de flores son elegidos. La aparición de la primera staminate primordios o de sexo masculino de signos a menudo trae una sensación de pánico ("stamenoia") para el cultivador de semillas Cannabis, y el potencial de polen padres prematuramente eliminado. Staminate el primordio de la necesidad de desarrollar de una a cinco semanas antes de que las flores se abren y el polen es liberado. Durante este período seleccionado el polen de las plantas son cuidadosamente vigilado, diaria o cada hora si es necesario, para el desarrollo de las tasas varían considerablemente y el polen puede ser liberado muy pronto en algunas cepas. El resto de staminate plantas que no son aptas para la cría son destruidos y el polen de las plantas especialmente etiquetados para evitar confusiones y trabajo extra.

Como las primeras flores comienzan a hincharse, se retiran antes de la liberación de polen y destruido. Echarlas en el sue- lo es ineficaz porque pueden liberar el polen mientras se secan. Cuando el staminate planta entra en su completa floral condición y más madura, flores aparecen a lo que puede ser fácilmente

controlada, las extremidades con la más madura de las flores son los elegidos.
Generalmente, es más seguro para recoger el polen de las dos extremidades de
cada la intención de la cruz, en caso de que uno no puede desarrollar. Si hay
diez prospectivo de la semilla de los padres, el polen de veinte miembros del
polen de los padres se recoge. En este caso, el veinte la mayoría de las flores de
las extremidades consejos son seleccionados y todo el resto de la floración en
racimos en la planta se eliminan para evitar la perdida PQllinations. Grandes
hojas se dejan en el resto de la planta, pero se quitan en la extremidad consejos
para minimizar la condensación de vapor de agua publicado el interior del
recinto. Las porciones quitado el polen de los padres se guardan para su posterior análisis y caracterización del fenotipo.

La polinización de los recintos están asegurados y la planta se verifica
para cualquier dispara en la que las flores pueden desarrollar fuera del recinto.
La caja abierta se desliza sobre la extremidad de la punta y se fija con un apretado pero estirable sello como una banda de goma, elástico, plástico o planta
de lazo de cinta para asegurar un sello hermético y evitar el aplastamiento de
los tejidos vasculares del tallo. De cadena y de cable se evitan. Si los recintos
están ligados a la debilidad de las extremidades pueden ser apoyados, las
bolsas también se mantendrá más fresco si están en la sombra. Las manos son
siempre lavarse antes y después de la manipulación de cada muestra de poler
para prevenir accidentes de transferencia de polen y la contaminación.

Recintos de recolección y aplicación de polen y la prevención de la
perdida de la polinización son simples en su diseño y construcción. Bolsas de
papel hacen conveniente recintos. Largo y estrecho bolsas como la de la luz-in
dicador de un cuarto de la botella de bolsas, el gigante de palomitas de maíz
bolsas de panadería o bolsas proporcionan una forma conveniente para cubrir
la extremidad de la punta. Cuanto más fino sea el papel que se utiliza más la
circulación de aire está permitido, y la mejor de las flores se desarrollan. Muy
gruesa de papel o bolsas de plástico se utilizan nunca. La mayoría de los disponibles bolsas están hechas con pegamento soluble en agua y puede desmon-
tarse después de la lluvia o de riego. Todas las costuras están selladas con cinta
impermeable o de silicona y las bolsas no deben ser manipulados cuando está
mojado, ya que se rompa fácilmente. Bolsas de Gore-Tex de tela o pergamino
vegetal no va a romper cuando está mojado. Bolsas de papel hacer etiquetado
fácil y cada bolsa está marcado en tinta impermeable con el número de la persona polen de los padres, la fecha y hora en que el recinto estaba garantizado,
y ningún notas útiles. La habitación está a la izquierda para añadir la fecha de
recolección de polen y la información necesaria sobre el futuro de las semillas
de los padres va a polinizar.

El polen de lanzamiento es bastante rápido en una de las bolsas, y
después de dos días a una semana de las extremidades pueden ser removidos
y secar en un lugar fresco y oscuro, a menos que las bolsas se colocan demasiado temprano o el polen de los padres se desarrolla muy lentamente. Para
inspeccionar el progreso de polen de la liberación, de una linterna se mantiene
detrás de la bolsa en la noche y las siluetas de la apertura de las flores

Planta estami-
nada embolsada
para la colección
de polen que se
utilizará más
adelante en
experimentos de
reproducción.

visto fácilmente. En algunos casos, de nylon limpia de windows se instalan con silicona para una mayor visibilidad. Cuando la floración está en su apogeo y muchas flores que acaba de abrirse, de la colección se completa, y la extremidad, con su bolsa adherida, se corta. Si la extremidad está cortado demasiado pronto, las flores no han arrojado ningún polen; si la bolsa permanece en la planta de demasiado tiempo, la mayoría del polen se deja caer dentro de la bolsa, donde el calor y la humedad va a destruir. Cuando la floración está en su apogeo, millones de granos de polen son liberados y muchas más flores abiertas después de las extremidades se recogen. Las bolsas se recogen temprano en la mañana antes de que el sol tiene tiempo para el calor de ellos. Las bolsas y su contenido se secan en un lugar fresco y oscuro para evitar el moho y el polen de la corrupción. Si el polen llega a ser húmeda, germinan y se echan a perder, por lo tanto, el almacenamiento en seco es imprescindible.

Después de la staminate extremidades se han secado y el polen de la liberación se ha detenido, las bolsas se agita vigorosamente y se deja sedimentar, y cuidadosamente desvinculado. Las extremidades y suelta las flores son removidas, ya que son una fuente de humedad que podría promover el crecimiento de moho y el polen de las bolsas se cierran. Las bolsas pueden ser almacenados como están hasta que las semillas de los padres está listo para la polinización, o el polen puede ser removido y almacenado en un lugar fresco, seco, oscuro viales para su uso posterior y de la mano de la aplicación. Antes de almacenar el polen, cualquier otras partes de la planta actual se quitan con una pantalla. Un pieza de combustible filtro de detección colocado en la parte superior de un frasco de vidrio funciona bien, ya hace un buen de malla colador de té.

Ahora un femeninas de la planta es elegida como la semilla de los padres. Una flor femenina grupo está maduro para la fertilización tanto tiempo como pálido, delgado pistilos emergen de los cálices. Seca, oscura pistilos que sobresale de la hinchada, de resina, con incrustaciones de cálices son un signo de que la reproductiva pico ha pasado de largo. El Cannabis las plantas pueden ser polinizadas con éxito tan pronto como los primeros primordios mostrar pistilos y hasta justo antes de la cosecha, pero el mayor rendimiento de uniforme, sano semillas se logra por la polinización en el pico floral etapa. En este momento, la semilla de la planta está cubierta con gruesas grupos de pistilos blancos. Unos pistilos son de color marrón y seca, y la producción de resina, apenas ha comenzado. Este es el. la mayoría de los receptivo tiempo para la fertilización, todavía es temprano en la semilla de la planta de la vida, con un montón de tiempo que queda para que las semillas maduras. Saludables, además de flores inferior extremidades en el lado sombreado de la planta seleccionada. La sombra de cogollos no de calor hasta en las bolsas, tanto como las yemas en el sol caliente, y esto ayudará a proteger la sensible pistilos. Cuando sea posible, dos racimos terminales de flores femeninas son elegidos por cada uno de polen de la bolsa. De esta manera, con dos bolsas de polen para cada semilla padres y dos racimos de flores femeninas por cada bolsa, hay cuatro opciones para realizar la cruz con éxito. Recuerde que los producción de semillas viables requiere el éxito de la polinización, la fecundación y el desarrollo del embrión. Desde interferir con cualquier parte de este ciclo impide el desarrollo de la semilla, fertilización fracaso está protegido contra por la duplicación de todos los pasos.

Antes de que el polen se utilizan bolsas, la semilla de información de los padres se agrega el polen de los padres de datos. Se incluye el número de la semilla de los padres, la fecha de la polinización, y comentarios acerca de los fenotipos de ambos padres. También, para cada uno de los femeninas clusters, una etiqueta que contenga la misma información y se asegura a la extremidad por debajo del cierre de la bolsa. Un cálido viento de la tarde es elegido para la polinización de modo que el tubo de polen tiene tiempo para crecer antes de la salida del sol. Después de la eliminación de la mayoría de las hojas de sombra a partir de las sugerencias de los miembros para ser polinización, el polen es aprovechado lejos de la boca de la bolsa. La bolsa se abren cuidadosamente y se deslizó a lo largo de dos invertida de la extremidad consejos, teniendo cuidado de no liberar el polen, y atado de forma segura con un ampliable banda. La bolsa se agita vigorosamente, por lo que el polen se dispersa uniformemente a lo largo de la bolsa, facilitando completa de la polinización. Fresco bolsas se utilizan a veces, ya sea cargada con el polen antes de ser colocado sobre la extremidad de la punta, o se inyecta con el polen, el uso de una jeringa grande o atomizador, después de que la bolsa se coloca. Sin embargo, el riesgo de polinización accidental con la inyección es mayor.

Si sólo una pequeña cantidad de polen está disponible, puede ser utilizado más escasamente por diluir con un neutra en polvo, tales como harina antes de ser usado. Cuando puro polen es utilizado, muchos granos de polen de mayo de tierra en cada pistil cuando sólo una es necesaria para la fertilización. Diluido polen podrá ir más allá y todavía producir altas tasas de fertilización. Diluir 1 parte de polen con 10 a 100 partes de harina común. Polvo de fungicidas puede también ser utilizado ya que esto ayuda a retardar el crecimiento de mohos en la maduración, sin semillas, de flores, racimos.

Bolsa de polen Se utiliza para transferir polen de un estímulo a un pistilado plantar y hacer cruces genéticos definidos.

Las bolsas pueden permanecer en la semilla de los padres por algún tiempo; semillas por lo general comienzan a desarrollar dentro de un par de días, pero su desarrollo va a ser retardado por las bolsas. El propagador de espera de tres días soleados, a continuación, retira cuidadosamente y esteriliza o destruye las bolsas. De esta manera, hay pocas posibilidades de desviarse de la polinización. Cualquier viable polen que no polinizan las semillas de los padres va a germinar en el húmedo y cálido de la bolsa y mueren dentro de tres días, junto con muchos de los siendo no polinizados pistilos. En particular fresco o condiciones de cielo nublado a la semana puede ser necesario, pero la bolsa es eliminado a las primeras momento seguro para garantizar el correcto desarrollo de la semilla sin perdida polinizaciones. Tan pronto como la bolsa es eliminado, los cálices comienzan a hincharse con la semilla, lo que indica el éxito de la fecundación. La semilla de entonces, los padres necesitan un buen riego o de desarrollo será retardado, lo que resulta en pequeños, inmaduros, y no viables semillas. Las semillas se desarrollan más rápido en el clima cálido y toma generalmente de dos a cuatro semanas para madurar completamente. En clima frío, las semillas pueden tardar hasta dos meses para madurar. Si las semillas de mojarse en las lluvias de otoño, que puede germinar. Las semillas son extraídas cuando el cáliz se empieza a secar y la oscuridad brillante perianto (cubierta de la semilla) se puede observar que sobresalen del secado del cáliz. Las semillas son etiquetados y almacenados en un lugar fresco, oscuro y seco.

Este es el método empleado por los criadores para crear semillas de conocida filiación utilizado para estudiar y mejorar El Cannabis la genética.

La Selección De La Semilla

Casi todos los cultivada El Cannabis de la planta, no importa cuál sea su futuro, que comenzó como una germinación de la semilla; y casi todos los El Cannabis cultivadores, no importa cuál sea su intención, empezar con las semillas que son un regalo de un compañero de cultivador o extraídos a partir de la importación de los envíos de marihuana. Muy poco de verdad de control puede ser ejercido en la selección de la semilla, a menos que el cultivador de viajes para seleccionar el cultivo de plantas con características favorables y personalmente polinizarlas. Esto no es posible para la mayoría de los agricultores o de los investigadores y que normalmente dependen de las semillas importadas. Estas semillas son de padres desconocidos, el producto de la selección natural o de la reproducción de la original agricultor. Ciertos problemas básicos que afectan a la pureza genética y la previsibilidad de la recogida de semillas,

1.- Si un El Cannabis la muestra está fuertemente cabeza de serie, a continuación, la mayoría de las plantas macho se deja madurar y liberar el polen. Desde El Cannabis es el viento-polinizadas, muchos de polen de los padres (incluyendo temprana y tardía maduración de stami-nate y plantas hermafroditas) contribuirá a las semillas en cualquier lote de flores femeninas. Si las semillas son todas tomadas de un grupo de flores con características favorables, entonces al menos la femenina o la semilla de los padres es el mismo para todas las semillas, a pesar de que el polen puede tener provienen de diferentes padres. Esto crea una gran diversidad en la descendencia.

2.- Muy a la ligera sin semillas o casi sinsemilla El Cannabis, la polinización en gran medida ha sido impedido por la eliminación de staminate los padres antes de la liberación de polen. Las pocas semillas que se forman a menudo el resultado de polen de plantas hermafroditas que no fue detectado por el agricultor o al azar por el viento, el polen de las plantas silvestres o de un campo cercano. Hermafrodita los padres a menudo producen herrnaphrodite descendencia y esto puede no ser deseable.

3.- La mayoría de internos El Cannabis las cepas son aleatorios híbridos. Este es el resultado de una selección limitada de polen de los padres, impuro condiciones de cría, y la falta de un espacio adecuado para aislar el polen de los padres del resto de la cosecha.

Cuando la selección de semillas, el propagador con frecuencia a buscar semillas de plantas que han sido cuidadosamente criados localmente por otro propagador. Incluso si son híbridos que hay una mejor oportunidad de éxito que con las semillas importadas, siempre se siguen ciertas pautas:

1.- El secado sembradas racimos de flores son libres de staminate flores que podrían haber causado hermafrodita polinizaciones.

2.- La floración de los clústeres son probados rasgos deseables y semillas seleccionadas de los mejores.

3.- Sana y robusta semillas son seleccionadas. Grande, oscuro semillas son mejores, pequeñas, de color más pálido que las semillas son evitados ya que estos por lo general son menos maduros y menos viable.

4.- Si exacto no se dispone de información sobre el polen de los padres, luego de la selección de producto en el sentido común y la buena suerte. Las semillas maduras, con cálices secos en las porciones basales de los racimos florales a lo largo de los tallos principales se producen en las primeras flores femeninas aparecen y deben haber sido polinizadas por los principios de maduración del polen de los padres. Estas semillas tienen una alta probabilidad de producir maduración temprana de la descendencia. Por el contrario, las semillas maduras, seleccionados a partir de las puntas de los racimos florales, a menudo rodeada por las semillas inmaduras, se forman más tarde aparecen flores femeninas. Estas flores fueron probable polinizadas por maduración tardía staminate o hermafrodita polen de los padres, y sus semillas maduran más tarde y tienen una mayor posibilidad de producir hermafrodita descendencia. El polen de los padres también ejerce cierta influencia en la aparición de la resultante de la semilla. Si las semillas se recogen de la misma parte de un grupo de flores y seleccionado de similar tamaño, la forma, el color y el perianto patrones, entonces es más probable que las polinizaciones representan menos de genes diferentes piscinas y producirá más uniforme de la descendencia.

5.- Las semillas se recogen a partir de cepas que mejor se adapten a la localidad; estos por lo general vienen de similar climas y latitudes. La selección de la semilla de rasgos específicos se discute en detalle en el Capítulo III.

6.- Pura cepa semillas son seleccionadas a partir de los cruzamientos entre los padres de origen de la misma.

7.- Las semillas híbridas son seleccionados a partir de los cruces entre pura cepa padres de diferentes orígenes.

8.- Semillas de híbridos de plantas o semillas resultantes de la polinización por plantas híbridas, son evitarse, ya que estos no reproducir de forma fiable el fenotipo de uno de los padres.

Las existencias de semillas se clasifican por la cantidad de control ejercido por el colector en la selección de los padres. Grado #1 - la Semilla de los padres y el polen de los padres se conocen y no hay absolutamente ninguna posibilidad de que las semillas resultado de polen de la contaminación.

Grado #2 - Semilla de los padres es conocida pero varios conocidos stami-nate o hemaphrodite polen padres están involucrados. Grado #3 - Femeninas de los padres es conocido y polen de los padres son desconocidos.

Grado #4 - Ninguno de los padres es conocido, pero las semillas se recogen a partir de un arreglo floral de clúster, por lo que la femenina semilla de parentesco rasgos pueden ser caracterizadas.

Grado #5 - Filiación es desconocida, pero su origen es cierta, tales como la semilla recolectada en la parte inferior de una bolsa de importados El Cannabis.

Grado #6 - Filiación y origen son desconocidos.

Propagación Asexual

Propagación Asexual (clonación) permite la preservación de genoti po porque sólo normal de división celular (mitosis) se produce durante el crecimiento y la regeneración. El vegetativo (no reproductiva) tejido de El Cannabis tiene 10 pares de cromosomas en el núcleo de cada célula. Esto se conoce como el diploide (2n) condición en la que 2n = 20 cromosomas. Durante la mitosis cada par de cromosomas se replica y uno de los dos conjuntos idénticos de pares de cromosomas migran a cada célula hija, que ahora tiene un genotipo idéntico al de la célula madre. Por lo tanto, cada célula vegetativa en un El Cannabis la planta tiene el mismo genotipo y una planta resultante de la propagación asexual tienen el mismo genotipo de la planta madre y, para todos los propósitos prácticos, desarrollar de forma idéntica en las mismas condiciones ambientales.

En *Cannabis*, la mitosis se lleva a cabo en el ápice del brote (meristemo), meristemos de punta de raíz, y la meristemática de la capa de cambium del tallo. Un propagador hace uso de estas meristemáticos áreas para producir clones, que crecerá y se multiplicará. Propagación Asexual técnicas tales como cuttage, layerage, y de la división de raíces puede garantizar idénticas poblaciones tan grandes como el crecimiento y el desarrollo del material parental permitan. Los Clones pueden ser producidos a partir de incluso una sola célula, debido a que cada célula de la planta posee la información genética necesaria para regenerar una planta completa.

Propagación Asexual produce clones que perpetúan las características únicas de la planta madre. Debido a la heterocigotos de la naturaleza de El Cannabis, rasgos valiosos puede ser perdido por la propagación que pueden ser conservados y se multiplica por la clonación. La propagación de casi idénticos a las poblaciones de todo femeninas, de rápido crecimiento, maduración uniforme El Cannabis es posible a través de la clonación. Cualquier agrícolas o influencias ambientales afectarán a todos los miembros de ese clon igual.

El concepto de clon no significa que todos los miembros de el clon se tienen que aparecer necesariamente idénticos en todas sus características. El fenotipo que se observa en un individuo es influenciado por su entorno. Por lo tanto, los miembros de el clon se desarrollan de manera diferente bajo diferentes condiciones ambientales. Estas influencias no afectan el genotipo y por lo tanto no son permanentes. La clonación, teóricamente, puede preservar de un genotipo para siempre. Vigor poco a poco puede disminuir debido a la mala selección de los clones de material o la constante presión de la enfermedad o el estrés ambiental, pero esta tendencia inversa si las presiones son eliminados. Los cambios en la composición genética en ocasiones se producen durante la selección para el crecimiento vigoroso. Sin embargo, si las cepas parentales son mantenidos por poco frecuentes clonación, esto es menos probable. Sólo la mutación de un gen en una célula vegetativa que, a continuación, divide y pasa en el gen mutado va a afectar permanentemente el genotipo de el clon. Si esta mutado parte es clonado o reproducirse sexualmente, el genotipo mutante será más replicado. Las mutaciones en los clones suelen afectar a la dominación de las relaciones y por lo tanto son notado inmediatamente. Las mutaciones puede ser inducida artificialmente (pero sin mucha previsibilidad) por el tratamiento de meristemáticos de las regiones con los rayos X, la colchicina, o a otros mutágenos.

La uniformidad genética proporcionada por los clones ofrece un control de experimentos diseñados para cuantificar los efectos sutiles de medio ambiente y las técnicas culturales. Estas sutilezas son generalmente oscurecida por la extrema diversidad resultante de la propagación sexual. Sin embargo, clonal uniformidad también puede invitar a serios problemas. Si una población de clones es sometido a un repentino de la tensión ambiental, plagas, enfermedades o para el que no tiene defensa, todos los miembros de el clon es seguro que será afectada y toda la población puede ser perdido. Desde ya que la diversidad genética es encuentra dentro de el clon, la adaptación a nuevas tensiones puede ocurrir a través de la recombinación de los genes como sexualmente de multiplicación de la población.

En la propagación por cuttage o layerage sólo es necesario un nuevo sistema de raíces para formar, desde la meristemáticos ápice del brote proviene directamente de los padres de la planta. Muchas células, incluso en las plantas maduras, tienen la capacidad de producir raíces adventicias. De hecho, cada célula vegetativa de la planta contiene la información genética necesaria para una planta entera. Raíces adventicias aparecen de forma espontánea a partir de tallos y raíces viejas como contraposición a la raíces sistémicas que aparecen a lo largo del desarrollo del sistema radicular origen en el embrión. En condiciones de humedad (como en los trópicos o en un invernadero) raíces adventicias se producen de forma natural a lo largo del tallo principal, cerca de la tierra y a lo largo de las extremidades donde se decaer y tocar el suelo.

El Enraizamiento

Un conocimiento de la estructura interna de la madre es útil en la comprensión del origen de raíces adventicias.

El desarrollo de raíces adventicias se puede dividir en tres etapas: (1) el inicio de las células meristematicas situado justo a las afueras y entre los haces vasculares (la raíz de las iniciales), (2) la diferenciación de estas células meristematicas en primordios de raíces, y (3) el surgimiento y crecimiento de nuevas raíces por la ruptura de la vieja madre de los tejidos y el establecimiento de conexiones vasculares con el rodaje.

Como la raíz iniciales se dividen, los grupos de células que tome la apariencia de una pequeña punta de la raíz. Un sistema vascular de las formas con las adyacentes haces vasculares y la raíz sigue creciendo hacia el exterior a través de la corteza hasta que la punta emerge de la epidermis de la madre. La iniciación del crecimiento de la raíz, generalmente comienza dentro de una semana y jóvenes raíces aparecen dentro de las cuatro semanas. A menudo irregular de la masa de glóbulos blancos, llamados tejido de callo, se forman en la superficie de la madre adyacentes a las áreas de la raíz de la iniciación. Este tejido no tiene ninguna influencia en la formación de la raíz. Sin embargo, es una forma de tejido regenerativo y es una señal de que las condiciones son favorables para la raíz de la iniciación.

La base fisiológica de la raíz de la iniciación es bien entendido y permite muchas ventajas modificaciones de los sistemas de raíces. Natural de crecimiento de las plantas sustancias tales como las auxinas, citoquininas, ylas giberelinas son sin duda responsables para el control de la raíz de la iniciación y de la tasa de formación de la raíz. Las auxinas son considerados como los más influyentes. Auxinas y otras sustancias de crecimiento están involucrados en el control de prácticamente todos los procesos de planta: crecimiento del tallo, la formación de la raíz, yema lateral de la inhibición, de flores, de la maduración, el desarrollo de la fruta, y la determinación del sexo. Con gran cuidado en la aplicación de crecimiento artificial sustancias, por lo que en detrimento de reacciones encontradas, además de enraizamiento no se producen. Las auxinas parecen afectar a la mayoría relativa de especies de plantas de la misma forma, pero el mecanismo de este la acción aún no se entiende completamente.

Muchos compuestos sintéticos se ha demostrado que la auxina actividad y están disponibles comercialmente, tales como napthaleneacetic ácido (NAA), indolebutyric ácido (IBA), y 2,4-dichlorophenoxy ácido acético (2,4 DP A), pero sólo el ácido indolacético ha sido aislados de plantas. Naturalmente la auxina se forma principalmente en el plano apical de disparar meri-tallo y las hojas jóvenes. Se mueve hacia abajo después de su formación en el cultivo de ápices caulinares, pero la masiva concentración de auxinas en el enraizamiento de las soluciones de la fuerza de viaje hasta el tejido vascular. El conocimiento de la fisiología de la las auxinas ha llevado a las aplicaciones prácticas en el enraizamiento de los esquejes. Fue

Tticomas no grandulares

Epidermis

Colenquima

Floema Primario

Floema Primario Fibra

Cambium

Traqueida

Xylera Primaria

Medula

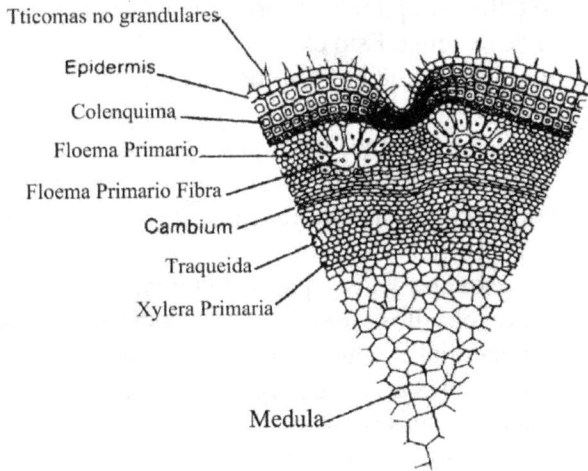

Sección transversal del tallo princi-pal de una joven Cannabis planta mostrando los haces de fibras.

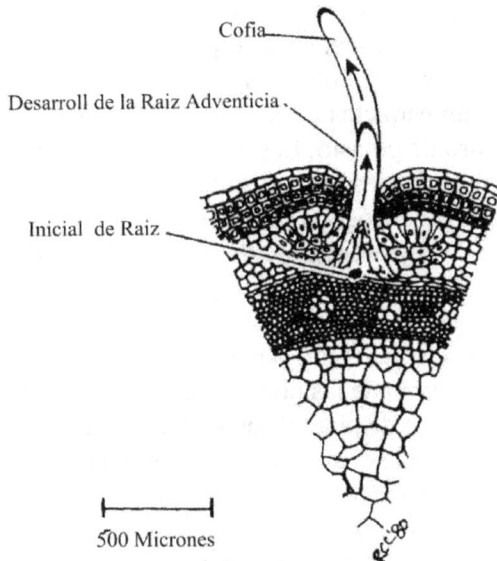

Cofia

Desarroll de la Raiz Adventicia

Inicial de Raiz

500 Micrones

Iniciación de raíces adventicias.

muestra originalmente por Fue y más tarde por Thimann y Fue que las auxinas promueven la formación de raíces adventicias en los esquejes de tallo. Desde la aplicación de origen natural o sintético de la auxina parece estimular la formación de raíces ad-venticias en muchas plantas, se supone que los niveles de auxina están asociados con la formación de la raíz iniciales. La investi-gación adicional Warmke y Warmke (1950) sugirió que los niveles de auxina puede determinar si las raíces adventicias o brotes se forman, con altos niveles de auxina promover el crecimiento de la raíz y los bajos niveles que favorecen los brotes.

Las citoquininas son chemi'caf compuestos que estimulan el crecimiento celular. En los esquejes de tallo, citoquininas suprimir el crecimiento de la raíz y estimular el crecimiento de la yema. Esto es lo contrario de la reacción causada por las auxinas, lo que sugiere que un equilibrio natural de los dos puede ser responsable de la regulación normal de crecimiento de la planta. Skoog, se analiza el uso de soluciones de igual concentración de auxinas y citoquininas para promover el crecimiento de callo indiferenciado de los tejidos. Esto puede proporcionar una útil fuente de células no diferenciadas material para celular de clonación.

Aunque *Cannabis* los esquejes y las capas de la raíz fácilmente, las variaciones en rootability existen y los tallos viejos pueden resistir el enraizamiento. Selección de enraizamiento material es muy importante. Joven, firme, brotes vegetativos, de 3 a 7 milímetros (1/8 a 1/4 de pulgada) de diámetro, de raíz más fácilmente. Débil, las plantas enfermas se evitan, junto con grandes ramas leñosas y tejidos reproductivos, ya que estos son más lentos a la raíz. Tallos de alto contenido de hidratos de carbono de la raíz más fácilmente. La firmeza es un signo de alta en carbohidratos, los niveles en los tallos, pero puede ser confundido con mayores tejidos leñosos. Una precisa el método para determinar el contenido de carbohidratos de los esquejes es el yodo con el almidón de la prueba. La recién cortado los extremos de un paquete de recortes que está sumergido en una solución débil de yodo en yoduro de potasio. Los esquejes que contiene el más alto contenido de almidón de manchas oscuras; las muestras se limpian y ordenan en consecuencia. Alto contenido de nitrógeno esquejes parecen a raíz más mal que los esquejes con un medio de bajo contenido de nitrógeno. Por lo tanto, de jóvenes, de rápido crecimiento, los tallos de alta en nitrógeno y bajo contenido de hidratos de carbono de la raíz inferior al de poco más de esquejes. Para el enraizamiento, las secciones son seleccionados que han dejado el alargamiento y están empezando crecimiento radial. Staminate las plantas tienen una mayor promedio de los niveles de hidratos de carbono de plantas femeninas, mientras que las femeninas de las plantas presentan mayores niveles de nitrógeno. Se desconoce si el sexo influye en el enraizamiento, pero esquejes de tejido vegetal se toma después de la determinación del sexo, mientras que los tallos son aún jóvenes. Para el enraizamiento de la clonación de stock de los padres o de las plantas, el saldo favorable (bajo nitrógeno a alta de hidratos de carbono) se logra de varias maneras:

1- Reducción del suministro de nitrógeno hará más lento el crecimiento del tallo y deje tiempo para que los hidratos de carbono se acumulan. Esto se puede lograr por *la lixiviación* (el lavado del suelo con grandes cantidades de agua dulce), la retención de fertilizantes nitrogenados, y permitiendo acciones a las plantas a crecer en plena luz del sol. El hacinamiento de las raíces se reduce el crecimiento vegetativo excesivo y permite la acumulación de carbohidratos.

2- Partes de la planta que es más probable que la raíz está seleccionado. Las ramas inferiores que han dejado de crecimiento lateral y comenzado a acumular almidón son los mejores. Los hidratos de carbono a nitrógeno la proporción se eleva a medida que se aleja de la punta de la extremidad, por lo que los esquejes no se hizo demasiado corto.

3.   - *Etiolation* es el crecimiento de la madre de tejido en la oscuridad
total, para aumentar la posibilidad de que la raíz de la iniciación. El
almidón caída de los niveles, el fortalecimiento de los tejidos y las
fibras empiezan a ablandarse, la pared celular se reduce el espesor,
el tejido vascular está disminuida, aumento de los niveles de auxina,
y indiferenciada del tejido comienza a formar. Estas condiciones son
muy favorables para la iniciación del crecimiento de la raíz. Si el
ciclo de luz puede ser controlada, la totalidad de las plantas puede
ser sometido a etiolation, pero por lo general solo los miembros son
seleccionados para la clonación y envuelto por varias pulgadas encima de la zona donde la corte se tomarán. Esto se realiza dos semanas
antes de enraizamiento. El ahiladas final puede entonces ser desen-
vuelto y se inserta en el medio de enraizamiento. Varios métodos de
capas y esquejes enraizados por debajo del nivel del suelo se basan
en parte en los efectos de la etiolation.

4.   - Rodeando de una madre cortando el floema con un cuchillo o
aplastarla con un trenzado de alambre puede bloquear la tendencia a
la baja movilidad de los hidratos de carbono y la auxina y el enraizamiento de los cofactores, el incremento de la concentración de
estos componentes valiosos de la raíz de la iniciación por encima de
la faja.

Hacer Esquejes

Los esquejes de relativamente joven vegetativo de las extremidades de
10 a 45 centímetros (4 a 18 pulgadas) están hechas con un cuchillo o cuchilla
de afeitar y de inmediato se coloca en un recipiente de agua limpia y pura por
lo que la corte los extremos están bien cubiertos. Es esencial que los esquejes
se colocan en el agua tan pronto como se quitan o una burbuja de aire *(embolia)* pueden entrar en el corte final y bloquear la transpiración de la corriente
en la corte, causando el marchitamiento. Los esquejes realizados bajo el agua
de evitar la posibilidad de una embolia. Si los trozos son expuestos al aire se
cortan de nuevo antes de ser insertado en el medio de enraizamiento.

El medio debe ser cálido y húmedo antes de que los esquejes son removidos de los padres de la planta. Filas de agujeros se realizan en el medio
de enraizamiento con un palo cónico, ligeramente más grande en diámetro
que la corte, dejando al menos 10 centímetros (4 pulgadas) de distancia
entre cada agujero. Los esquejes son eliminados del agua, el final arraigada
tratados con reguladores de crecimiento y fungicidas (como Rootone F o
Hormex), y cada corte se coloca en su agujero. El corte final de la sesión se
mantiene a un mínimo de 10 centímetros (4 pulgadas) de la parte inferior de
la media. El medio de enraizamiento es apisona ligeramente alrededor de la
corte, teniendo cuidado de no raspar los reguladores de crecimiento. Durante
los primeros días de los esquejes son revisados con frecuencia para asegurarse de que todo está funcionando correctamente. Los esquejes, a continuación, regamos con una suave solución nutritiva una vez por día.

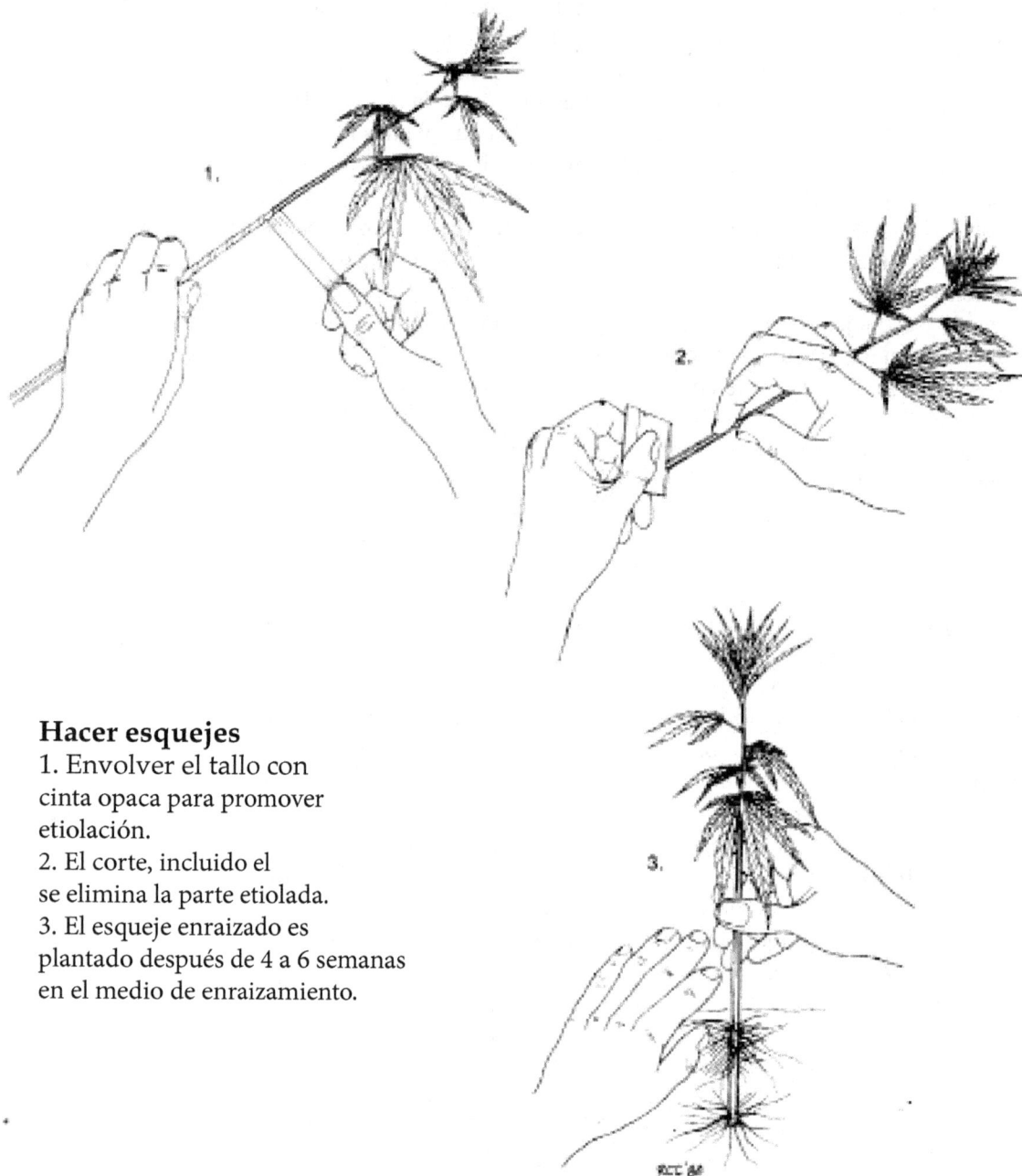

Hacer esquejes
1. Envolver el tallo con
cinta opaca para promover
etiolación.
2. El corte, incluido el
se elimina la parte etiolada.
3. El esqueje enraizado es
plantado después de 4 a 6 semanas
en el medio de enraizamiento.

Endurecimiento-off

Las cortes generalmente de desarrollar un buen sistema radicular y estará listo para el trasplante en tres a seis semanas. En este
momento el endurecimiento-off empieza el proceso, la preparación de
la delicada esquejes de una vida en la luz brillante del sol. Los esquejes
son extraídos y trasplantados a un lugar protegido como un invernadero hasta que empiezan a crecer en su propia. Es necesario regarlos con
un diluir la solución nutriente o alimento con el compost terminado
tan pronto como el endurecimiento proceso comienza. Jóvenes raíces
son muy suaves y con gran cuidado para evitar daños. Cuando vegetativo esquejes se colocan en el exterior bajo el predominante fotoperiodo
reaccionarán en consecuencia. Si no es el momento adecuado del año
para los esquejes para crecer y madurar correctamente (cerca de la época de la cosecha, por ejemplo) o si es demasiado frío para ellos a poner,
entonces pueden mantenerse en un estado vegetativo por complemen-
tar su luz para aumentar la luz. Alternativamente, pueden ser induci-
das a flor en interiores bajo condiciones artificiales.

Después de la reforma son seleccionados y preparados para la
clonación, se tratan y se coloca en el medio de enraizamiento. Desde
el descubrimiento en 1934 que auxinas como el IAA de estimular la
producción de raíces adventicias, y el posterior descubrimiento de que
la aplicación de auxinas sintéticas tales como NAA aumentar la tasa de
producción de raíz, muchas de las nuevas técnicas de tratamiento han
aparecido. Se ha encontrado que las mezclas de los reguladores de crecimiento son a menudo más eficaz que uno solo. IAA y NAA de un~e a
menudo combinado con un pequeño porcentaje de ciertos compuestos
fenoxi y fungicidas en los preparados comerciales. Muchos reguladores
de crecimiento se deterioran rápidamente, y nuevas soluciones se
hacen como sea necesario. Los tratamientos con vitamina Bj (tiamina)
parecen ayudar a las raíces a crecer, pero no hay efecto inductivo se ha
notado. Tan pronto como las raíces emergen, los nutrientes son necesarios; el rodaje no puede mantener el crecimiento por mucho tiempo
en sus propias reservas. Un complemento completo de nutrientes en
el medio de enraizamiento ayuda, sin duda, el crecimiento de la raíz;
el nitrógeno es especialmente beneficioso. Los esquejes son extremadamente susceptibles a los hongos, y las condiciones propicias para el
enraizamiento son también favorables para el crecimiento de hongos.
"Captan" es de larga duración, fungicida que se aplica a veces en forma
de polvo junto con reguladores de crecimiento. Esto se hace a rodar por
el extremo basal de la corte en el polvo antes de colocarlo en el medio
de enraizamiento.

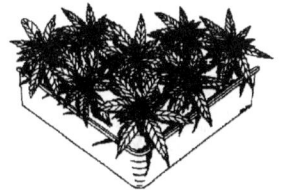

Bandeja de clones
Todos estos cortes fueron
tomado originalmente
de una planta.

El oxígeno y el Enraizamiento de los

La iniciación y el crecimiento de las raíces depende del oxígeno
atmosférico. Si los niveles de oxígeno son bajos, los brotes pueden

no producen raíces y el enraizamiento sin duda será inhibida. Es muy importante seleccionar una luz, bien aireados medio de enraizamiento. Además de la aireación natural de la atmósfera, el medio de enraizamiento puede ser enriquecido con oxígeno (O_2 el gas; enriquecido enraizamiento soluciones han demostrado aumentar el enraizamiento en muchas especies de plantas. No hay umbral de daño por el exceso de oxigenación se ha determinado, aunque excesiva oxigenación podría desplazar el dióxido de carbono que también es de vital importancia para la correcta raíz de la iniciación y el crecimiento. Si los niveles de oxígeno son bajos, las raíces se forman sólo cerca de la superficie del medio, mientras que con los adecuados niveles de oxígeno, las raíces tienden a formar a lo largo de toda la longitud de la implantados disparar, especialmente en el extremo cortado.

Enriquecimiento con oxígeno del medio de enraizamiento es bastante simple. Desde que disparar a los esquejes deben estar constantemente en contacto para garantizar un adecuado enraizamiento, la aireación del medio de enraizamiento puede ser facilitado por airear el agua utilizada en el riego. *Sistemas de rocío de* lograr esto de forma automática debido a que ofrecen una fina niebla (altas concentraciones de oxígeno disuelto) a las hojas, de donde gran parte de la que corre en el suelo, facilitar el enraizamiento. Enriquecimiento con oxígeno del agua de riego se logra mediante la instalación de un aireador en la línea principal de agua para que el oxígeno atmosférico puede ser absorbido por el agua. Un aumento en el oxígeno disuelto de sólo 20 partes por millón pueden tener una gran influencia sobre el enraizamiento. La aireación es una manera conveniente de añadir oxígeno al agua, ya que también añade dióxido de carbono de la atmósfera. El aire de una pequeña bomba o botellas de oxígeno también puede ser suministrado directamente al medio de enraizamiento a través de pequeños tubos con orificios de las clavijas, o a través de una piedra porosa, tales como los que se utilizan para airear los acuarios.

El Medio De Enraizamiento

El agua es un medio común para el enraizamiento. Es barato, se dispersa nutrientes de manera uniforme, y permite la observación directa del desarrollo de las raíces. Sin embargo, se plantean varios problemas. Un medio del agua permite que la luz para llegar a la sumergido madre, retrasando etiolation y la ralentización del crecimiento de la raíz. El agua también promueve el crecimiento de mohos acuáticos y otros hongos, apoya la corte mal, y restringe la circulación de aire a las raíces jóvenes. En un lugar bien aireado solución, raíces aparecerá en gran profusión en la base del tallo, mientras que en un mal aireados o el estancamiento de solución sólo algunas raíces se forman en la superficie, donde directa intercambio de oxígeno se produce. Si la raíz ings se realizan en el agua pura, la solución podría ser reemplazado regularmente con agua del grifo, la cual debe contener una cantidad suficiente de oxígeno para un corto período de tiempo. Si las soluciones de nutrientes, un sistema es necesario para oxigenar la solución. La solución de nutrientes se concentra por evaporación, y esto es visto. El agua pura es utilizado para diluir el enraizamiento de soluciones y vuelva a llenar el enraizamiento de los contenedores.

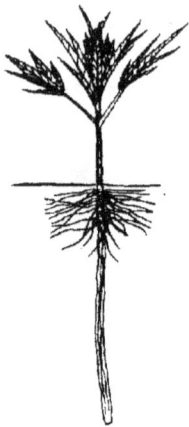

MEDIUM
NO AIREADO

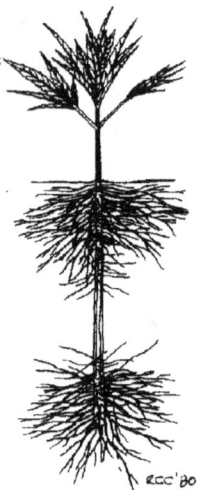

MEDIUM
AIREADO

El efecto del oxígeno sobre el enraizamiento. Las raíces sólo se desarrollan cerca de la superficie de un unaerated medio—cuando aireado, las raíces se desarrollan y crecen más rápidamente a lo largo de toda la corte.

El Tratamiento Del Suelo

Medios sólidos proporcionan los anclajes para los esquejes, un montón de oscuridad para promover etiolation y el crecimiento de la raíz, y la suficiente circulación de aire para las raíces jóvenes. Una alta calidad de suelo con buen drenaje, como la que se utiliza para la germinación de las semillas se utilizan a menudo, pero el suelo debe ser cuidadosamente esterilizados para evitar el crecimiento de bacterias patógenas y hongos. Una pequeña cantidad de suelo que puede fácilmente ser esterilizados mediante la difusión en una bandeja de horno y calentarlo en un horno a "baja", aproximadamente a 82°C (180°F), durante treinta minutos. Esto mata a la mayoría de los perjudiciales las bacterias y los hongos, así como los nematodos, insectos y la mayoría de las semillas de malezas. El sobrecalentamiento de la tierra causa la descomposición de los nutrientes y complejos orgánicos y la formación de compuestos tóxicos. Grandes cantidades de tierra de que puede ser tratada por los fumigantes químicos. Químicos de fumigación evita la descomposición de la materia orgánica por el calor y puede resultar en un mejor enraizamiento de la mezcla. El formaldehído es un excelente fungicida y mata a algunas semillas de malezas, nematodos e insectos. Un galón de comercial formol (40% de la fuerza) se mezcla con 50 galones de agua y poco a poco se aplica hasta que cada pie cúbico de suelo absorbe 2-4 litros de solución. Pequeños envases son sellados en bolsas de plástico; los pisos grandes y las parcelas están cubiertos con hojas de polietileno. Después de 24 horas, el sello es eliminado y el suelo se deja secar durante dos semanas o hasta que el olor de formaldehído no está presente. El suelo está empapado con agua antes de su uso. Los fumigantes como el formaldehído, bromuro de metilo o de otros gases letales son muy peligrosos y cultivadores uso de ellos sólo en el exterior, con la protección adecuada para los mismos.

Por lo general es mucho más simple y más seguro utilizar una artificial estéril medio para el enraizamiento. La vermiculita y la perlita se utilizan a menudo en la propagación debido a su excelente drenaje y neutral *pH* (un equilibrio entre la acidez y alcalinidad). La esterilización No es necesaria debido a que ambos productos son fabricados en calor alto y no contienen material orgánico. Se ha encontrado que una mezcla de partes iguales de medianas y grandes vermiculita o perlita promueve el mayor crecimiento de las raíces. Esto resulta de mayor circulación de aire alrededor de los pedazos más grandes. Una débil solución de nutrientes, incluyendo los micro-nutrientes, es necesario humedecer el medio, porque poco o ningún material de nutrientes es suministrada por estos medios artificiales. Las soluciones son revisados por el *pH* y corregido a neutro en la agricultura, la cal, la cal dolomita o conchas de limón.

Capas

Capas es un proceso en el que se desarrollan las raíces de una madre mientras permanece conectado, nutricional y sup-

portado por el padre de la planta. La madre entonces se separa y la meristemática de la punta se convierte en un nuevo individuo, que crecen
en sus propias raíces, llamado *la capa*. Capas difiere de la corte porque
el enraizamiento se produce mientras el brote sigue unido al padre. El
proceso es iniciado en capas por la madre de diversos tratamientos que
interrumpen el flujo descendente de *photosynthates* (los productos de
la fotosíntesis) de la punta del tallo. Esto provoca la acumulación de
auxinas, hidratos de carbono y otros factores de crecimiento. El enraizamiento se produce en esta zona tratada, incluso a pesar de que la
capa permanece unido al padre. El agua y los nutrientes minerales son
suministrados por la planta de los padres debido a que sólo el floema se
ha interrumpido; el xilema de los tejidos de conexión de la sesión para
los padres raíces permanecen intactos (ver ilust. 1, página 29). De esta
manera, el predicador puede superar el problema de mantener una corta-
da de corte de vivo, mientras que raíces, así grandemente el aumento de
las posibilidades de éxito. Viejo woody reproductiva de los tallos que,
como esquejes, podría secarse y morir, puede ser arraigado por capas.
La estratificación puede ser muy lento y es menos práctico para la masa
de la clonación de los padres de acciones de eliminación y la erradicación de decenas de esquejes. Capas, sin embargo, da la pequeña escala
propagador de alta éxito alternativa que también requiere menos equipo
que los esquejes.

Serpentina de capas.
    Una rama se ha doblado y
enterrados en varios lugares, se
desarrollan las raíces subterráneas
y los brotes se desarrollan sobre
el suelo.

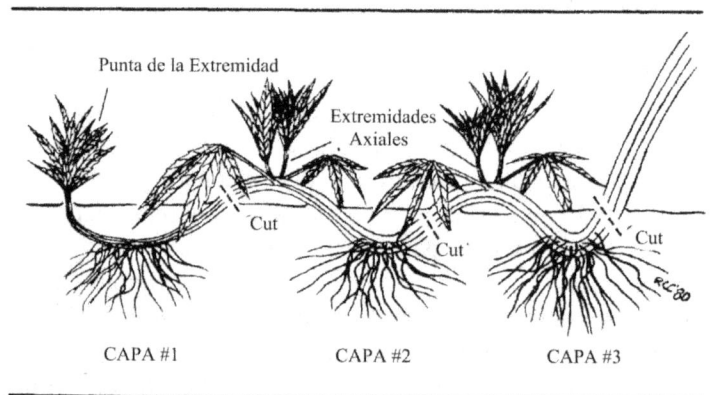

Técnicas de superposición de Capas

        Casi todas las capas técnicas se basan en el principio de etiolation.
Ambas capas del suelo y del aire de capas, involucrar a privar al enraizamiento parte de la madre de la luz, la promoción de enraizamiento.
Raíz de promoción de las sustancias y fungicidas resultar beneficiosa,
y se suelen aplicar un aerosol o en polvo. La formación de la raíz en las
capas depende de la constante de humedad, buena circulación de aire y
temperaturas moderadas en el sitio de enraizamiento.

Las Capas Del Suelo

Las capas del suelo se puede realizar de varias maneras. El más común es el conocido como *la punta de las capas*. Un largo, flexible vegetativo de las extremidades inferiores es seleccionado para capas, cuidadosamente doblados de manera que toque el suelo, y despojado de hojas y brotes pequeños donde el enraizamiento se llevará a cabo. Una zanja angosta, de 6 pulgadas a un pie de largo y de 2 a 4 pulgadas de profundidad, se excava en paralelo a la de las extremidades, que se coloca a lo largo de la parte inferior de la zanja, asegurado con alambre o estacas de madera, y enterrado con un pequeño montículo de tierra. El enterrado de la sección de tallo puede ser ceñidos por el corte, triturado con un asa de alambre, o trenzados para interrumpir el floema de los tejidos y causar la la acumulación de sustancias que promueven el enraizamiento. También puede ser tratada con reguladores de crecimiento en este momento.

Serpentina de capas puede ser utilizado para crear varias capas a lo largo de uno de los largos de las extremidades. Varias secciones despojadas de la extremidad están enterrados en distintas trincheras, asegurándose de que al menos un nodo se mantiene por encima de la tierra, entre cada conjunto de raíces para permitir que dispara a desarrollar. El suelo que rodea el tallo se mantiene húmedo en todo momento y puede requerir de mojar varias veces al día. Una pequeña piedra o un palo se inserta debajo de cada sección expuesta de la madre para evitar que el lateral disparar brotes de descomposición del contacto constante con el suelo húmedo de la superficie. La punta de capas y serpentina en las capas pueden ser comenzó en pequeños contenedores que se colocan cerca de los padres de la planta. El enraizamiento, generalmente comienza dentro de dos semanas, y las capas pueden ser removidos con una afilada navaja de afeitar o tijeras después de cuatro a seis semanas. Si las raíces han quedado bien establecido, el trasplante puede ser difícil, sin dañar la licitación del sistema de raíces. Dispara a las capas de seguir creciendo en las mismas condiciones que la de los padres, y se necesita menos tiempo para el clon para aclimatarse o endurecer y empiezan a crecer en su propio que con los esquejes.

En *aire de capas*, forma de raíces en la antena porciones de tallos que han sido ceñida, tratados con reguladores de crecimiento, y, envuelto con la húmeda medio de enraizamiento. Aire de capas es una antigua forma de propagación, posiblemente inventado por los Chinos. La antigua técnica de la *gootee* utiliza una bola de arcilla o suelo estucada en torno a una ceñida madre y celebró con una envoltura de fibras. Por encima de esta se suspende un recipiente pequeño de agua (como una sección de bambú) con una mecha, envuelto gootee; de esta manera el gootee se mantiene húmeda.

El único problema más difícil con capas de aire es la tendencia para que se sequen rápidamente. Cantidades relativamente pequeñas de enraizamiento de los medios de comunicación se utilizan, y la posición de las partes aéreas de la planta se expone a la desecación de los vientos y el sol. Muchos abrigos han sido probados, pero lo mejor parece estar claro de polietileno de material plástico, que permite que el oxígeno entrar y retiene bien la humedad. Las capas de aire son más fáciles de hacer en los invernaderos, donde la humedad es alta, pero también puede ser utilizado fuera de tiempo que se mantienen húmedos y no se congelan. Las capas de aire son más útiles para el aficionado propagador de obtentor, porque ocupan poco espacio y permiten la eficiente clonación de muchas personas.

Hacer una Capa de Aire que

Recientemente sexado de los jóvenes de la extremidad 3-10 mm (1/8 a 3/8 de pulgada) de diámetro seleccionado. El sitio de la capa es generalmente de un spot de 30 centímetros (12 pulgadas) o más de la extremidad de la punta. A menos que la madre es particularmente fuerte y woody, es de viruta mediante la colocación de un 30 centímetros (12 pulgadas) de palo de aproximadamente el mismo diámetro del tallo a ser en capas a lo largo del borde inferior del tallo. Esta férula es atado en el lugar en ambos extremos con un pedazo de elástico de la planta de lazo de cinta. Esto permite que el propagador para manejar la madre con más confianza. Un viejo, seco, *El Cannabis* madre funciona bien como una férula. Siguiente, la madre es ceñida entre los dos lazos con una torsión de alambre o un corte diagonal. Después rodea, la madre se pulveriza o espolvoreado con un fungicida y un regulador de crecimiento, rodeado de uno o dos puñados de sin trabajar musgo sphagnum, y bien envueltos con una pequeña hoja de plástico transparente de polietileno (de 4 a 6 mil). La película está ligado de forma segura en cada extremo, con fuerza suficiente para hacer un sello impermeable, pero no tan apretado que el floema tejidos son aplastados. Si el floema es aplastado, compuestos necesarios para el enraizamiento se acumulan fuera del medio de enraizamiento será ralentizado. De plástico de floristería, cinta adhesiva o cinta de electricista funciona bien para el sellado de las capas de aire. Aunque la película de polietileno retiene bien la humedad, el musgo se seca y finalmente se debe remoistened periódicamente. Desenvolver cada capa es práctico y podría perturbar las raíces, por lo que una jeringa hipodérmica se utiliza para inyectar el agua, los nutrientes, los fungicidas y reguladores de crecimiento. Si las capas se hacen demasiado húmeda la extremidad se pudre. Las capas son revisados regularmente por la inyección de agua hasta que se eyacula fuera y, a continuación, de forma muy ligera apretando el medio para eliminar cualquier exceso de agua. Pesadas capas delgadas extremidades son compatibles atando a un gran adyacentes de una extremidad o un palo pequeño anclado en el suelo. El enraizamiento comienza dentro de dos semanas y las raíces serán visibles a través del plástico transparente dentro de las cuatro semanas. Cuando las raíces aparecen adecuadamente desarrollada, la capa es removida, cuidadosamente envueltos, y trasplantados con el musgo y la férula intacta. La capa es bien regado y se coloca en un lugar con sombra para un par de días para permitir que la planta se endurezca y adaptarse a la vida en su propio sistema de raíces. Luego se coloca en el abierto. En clima caliente, las hojas grandes se retiran de la filmación antes de la eliminación de la capa para impedir la excesiva transpiración y el marchitamiento.

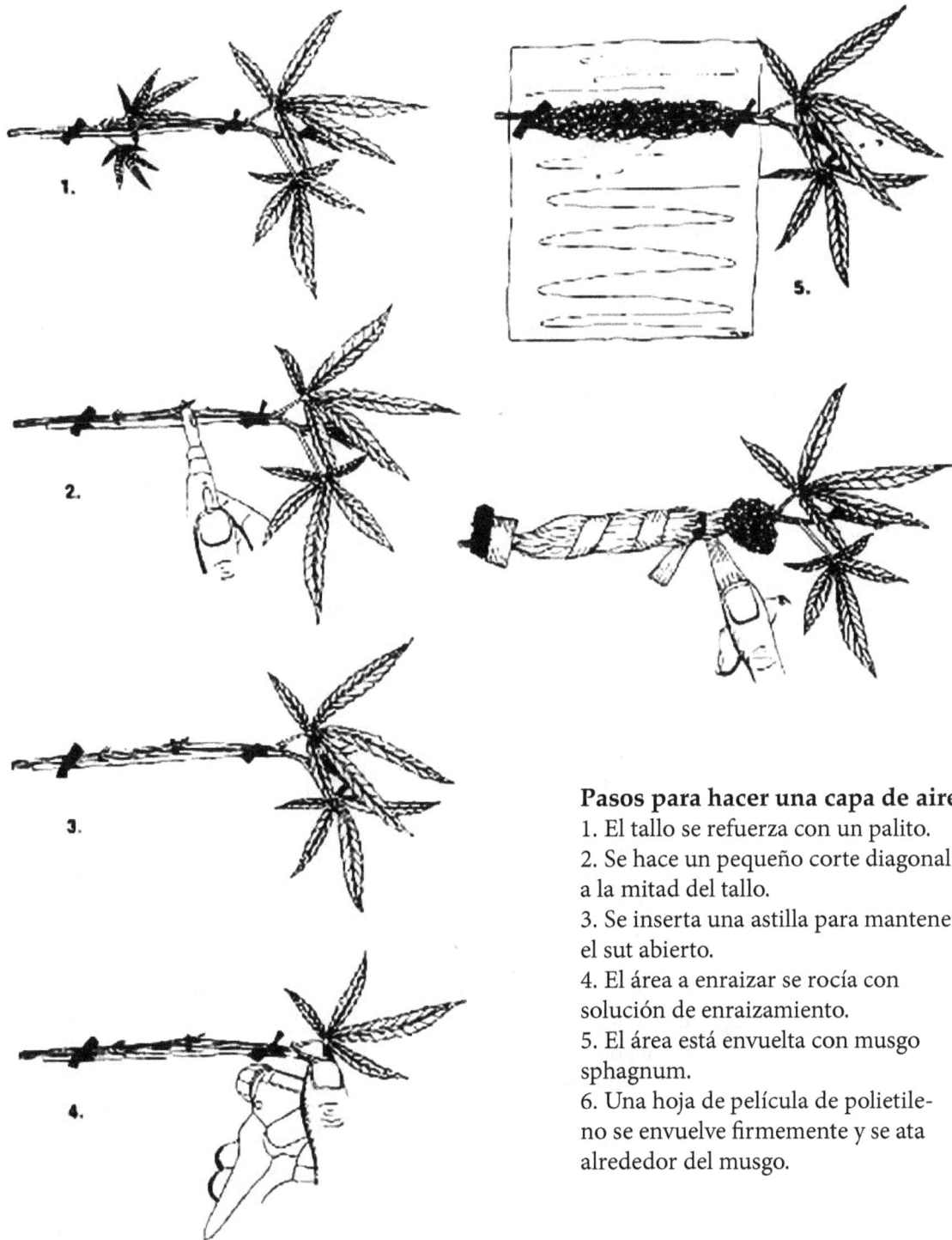

Pasos para hacer una capa de aire

1. El tallo se refuerza con un palito.

2. Se hace un pequeño corte diagonal a la mitad del tallo.

3. Se inserta una astilla para mantener el sut abierto.

4. El área a enraizar se rocía con solución de enraizamiento.

5. El área está envuelta con musgo sphagnum.

6. Una hoja de película de polietileno se envuelve firmemente y se ata alrededor del musgo.

Las capas de desarrollar más rápido después de la diferenciación sexual. Muchas capas pueden ser de staminate plantas con el fin de ahorrar pequeñas muestras de las mismas para la recolección de polen y para ahorrar espacio. Por el momento en que el polen de los padres empiezan a florecer profusamente, las capas se arraiga y se puede cortar y se retira a una zona aislada. Capas tomadas de plantas femeninas son utilizados para la cría o guarda y clonado para la siguiente temporada.

Capas que a menudo parece rejuvenecido cuando son retirados de la planta madre y comienzan a ser apoyados por sus propios sistemas de raíces. Esto podría significar que un clon seguirá creciendo más y maduran más tarde que su padre bajo las mismas condiciones. Capas eliminado de edad o sembradas padres seguirán para producir nuevos cálices y pistilos en lugar de completar el ciclo de vida junto con los padres. Rejuvenecido capas son útiles para el cierre de temporada de la producción de semilla.

Injerto

Intergenéricos injertos entre *Cannabis* y *Humulus* (saltos) han fascinado a los investigadores y a los cultivadores para décadas. Warmke y Davidson (1943) afirmó que *Humulus* tops injertados sobre *Cannabis* raíces producido ". . .tanto las drogas como las hojas de intactas las plantas de cáñamo, aunque deja intactos hop plantas son completamente no tóxico." De acuerdo a esta investigación, el ingrediente activo de *Cannabis* fue que se producen en las raíces y transportados a través del injerto a la *Humulus* tops. Después de la investigación por Crombie y Crombie (1975) totalmente refuta esta teoría. Los injertos fueron hechas entre la alta y la baja de THC de las cepas de *Cannabis* así como intergenéricos injertos entre *Cannabis* y *Humulus,* Detallado análisis cromatográfico se realizó en tanto los donantes para cada injerto y su control de las poblaciones. Los resultados mostraron ". . .no evidencia de transporte de productos intermedios o los factores críticos de cannabinoides de la formación a través de los injertos."

El injerto de *Cannabis* es muy simple. Varias plantas puede ser injertado en una sola para producir muy interesantes ejemplares de plantas. Un procedimiento se inicia mediante la plantación de una planta de semillero cada una de las distintas cepas juntos en el mismo recipiente, colocar el *stock* (la raíz de la planta) de la cruz en el centro de el resto. Cuando las plántulas son de cuatro semanas de edad están listos para ser injertado. Una diagonal.se hace un corte aproximadamente a mitad de camino a través de la bolsa de madre y uno del vástago (disparar) las plántulas en el mismo nivel. El corte de las porciones se deslizó junto tales que el interior de la superficie de corte se están tocando. Las juntas se llevan a cabo con un pliegue de la cinta de celofán. Un segundo vástago de un lado de la plántula puede ser injertado en el stock más alta de la madre. Después de dos semanas,

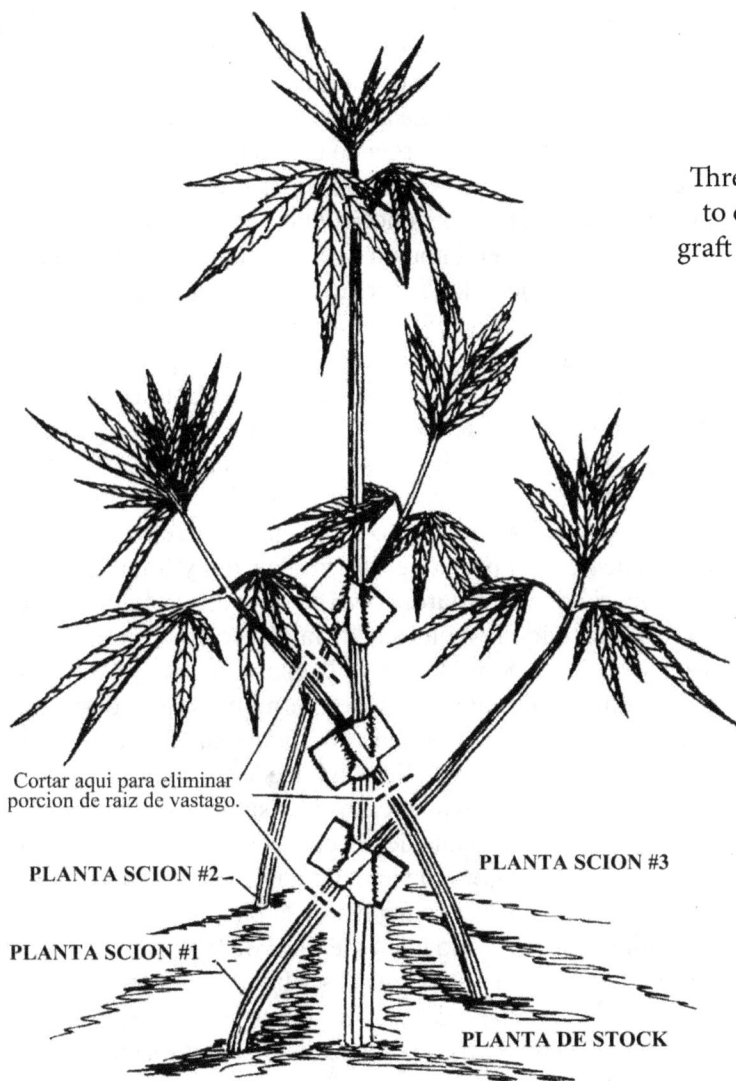

Injerto
Three scion plants are grafted
to one stalk plant. After the
graft takes, the unwanted scion
roots are removed.

Cortar aqui para eliminar
porcion de raiz de vastago.

PLANTA SCION #2

PLANTA SCION #3

PLANTA SCION #1

PLANTA DE STOCK

las porciones no deseadas de los injertos se cortan. De ocho a
doce semanas son necesarios para completar el injerto, y las
plantas se mantienen en un leve ambiente en todo momento.
Como el injerto de la toma, y la planta comienza a crecer, la
cinta se cae.

La poda

La poda de las técnicas comúnmente utilizadas por
Cannabis los cultivadores para limitar el tamaño de sus plantas
y promover la ramificación. Varias técnicas están disponibles,
y cada uno tiene sus ventajas y sus inconvenientes. El método
más común

es *meristemo de la poda* o madre de extracción de puntas. En este caso, el cultivo de la punta del tallo principal o de una extremidad se elimina aproximadamente el final de la longitud deseada para el tallo o de las extremidades. Por debajo del punto de extracción, el siguiente par de axial consejos de cultivo comienza a alargarse y se forman dos nuevos miembros. El crecimiento de la energía de una madre se divide en dos, y la difusión de crecimiento de los resultados de la energía en una planta más baja que se extiende de manera horizontal.

La auxina se produce en la punta del meristemo viaja por la madre e inhibe la ramificación. Cuando el meristemo es eliminado, la auxina es que ya no se fabrica y la ramificación puede proceder sin inhibiciones. Las plantas que normalmente son muy altas y delgadas pueden ser mantenidos a corto y tupido por el meristemo de la poda. Extracción de meristemos también elimina la recién formada tejidos cerca del meristemo que reaccionar a los cambios en los estímulos ambientales y de inducir la floración. La poda durante la primera parte del ciclo de crecimiento tendrá poco efecto en la floración, pero las plantas que se podan tarde en la vida, supuestamente para promover la ramificación y floral el crecimiento, la frecuencia de la flor tardía o no de flores en todo. Esto sucede porque el meristemic tejido responsable de la detección de cambio ha sido eliminado y la planta no mide que es la época del año en flor. Las plantas suelen madurar más rápido si se les permite crecer y desarrollarse sin la interferencia de la poda. Si a finales de la maduración de *El Cannabis* se desea, a continuación, amplia poda puede trabajar para retrasar la floración. Este es especialmente el caso si un staminate de la planta a partir de una maduración temprana de la cepa es necesario para polinizar una maduración tardía femeninas de la planta. El staminate planta se mantuvo inmaduros hasta que la femenina de la planta está madura y lista para ser polinizadas. Cuando los femeninas de la planta es receptivo, la staminate de la planta se desarrolle flores y liberar el polen.

Otras técnicas están disponibles para limitar el tamaño y la forma del desarrollo de un *El Cannabis* de la planta sin la eliminación de los tejidos meristemáticos. *Entutorado* es una forma común de modificación y se logra de varias maneras. En muchos casos, el espacio sólo está disponible a lo largo de una cerca o en el jardín de la fila. Los puestos de 1 a 2 metros (3 a 6 pies) de largo puede ser impulsado en el suelo de 1 a 3 metros (3 a 10 pies) de distancia y cables de tendido entre ellos en el de 30 a 45 centímetros (12 a 18 pulgadas) de intervalos, como una valla de alambre o de mosto de uva enrejado. Los enrejados son idealmente orientado en un eje este-oeste para la máxima exposición al sol. Las plántulas o femeninas clones se colocan entre los postes, y a medida que crecen poco a poco flexionadas y conectado al cable. La planta sigue creciendo hacia arriba en las puntas del tallo, pero los miembros son entrenados para crecer horizontalmente. Están espaciados uniformemente a lo largo de los cables conectando las puntas hacia arriba por el cable cuando son de 15 a 30 cm (6 a 12 pulgadas) de largo. La planta crece

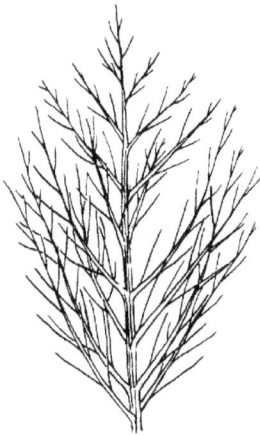

NATURAL PATRON DE CRECIMIENTO

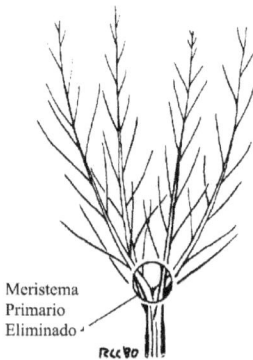

Meristema
Primario
Eliminado

PRUNED PATRON DE CRECIMIENTO

Los patrones de crecimiento.

La planta en la parte superior muestra un naturglbranching patrón. El de abajo ha tenido el meristemo primario quita para promover axial de ramificación. Esta popular técnica que habitualmente se produce un menor rendimiento.

y se extiende a cierta distancia, pero nunca se le permite crecer más de la parte superior de la fila de alambre. Cuando la planta empieza a florecer, los racimos florales se les permite crecer hacia arriba en una línea de alambre de donde reciben la máxima exposición al sol. Los racimos florales son apoyados por el alambre por encima de ellos, y que son resistentes a la intemperie daño. Muchos cultivadores sentir que en espaldera plantas, con un aumento de la exposición al sol y los meristemas intacta, producir un mayor rendimiento de independiente unpruned o poda de las plantas. Otros productores sienten que cualquier interferencia con el crecimiento natural los patrones de los límites del tamaño final y el rendimiento de la planta.

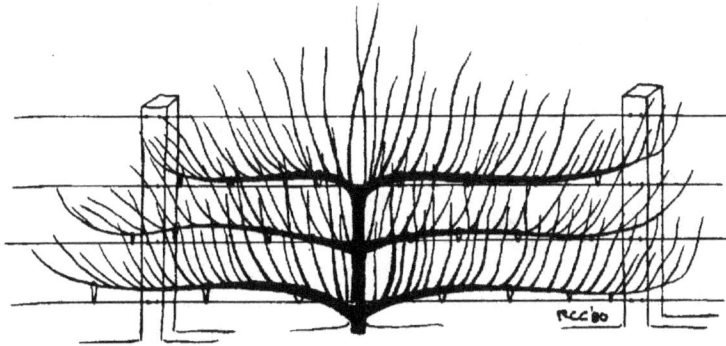

Enrejado
Las ramas han sido atadas a lo largo de alambres horizontales para aumentar el rendimiento.

Otro método de entutorado se utiliza cuando la exposición a la luz es especialmente crucial, como con sistemas de iluminación artificial. Las plantas se colocan bajo una horizontal o ligeramente inclinada de chapa plana de 2 a 5 centímetros (1 a 2 pulgadas) de aves de corral de compensación que está suspendido en un marco de 30 a 60 centímetros (de 12 a 24 pulgadas) de la superficie del suelo perpendicular a la dirección de la luz entrante o para el más bajo de la ruta del sol. Las plantas de semillero o clones comienzan a crecer a través de la red casi de inmediato, y los meristemas son empujados hacia atrás por debajo de los la compensación, lo que les obliga a crecer horizontalmente hacia afuera. Las extremidades son entrenados para que la planta madura cubrirá toda la trama de manera uniforme. Una vez más, cuando la planta empieza a florecer, los racimos florales se les permite crecer hacia arriba a través del cable hacia la luz. Esto podría ser factible el cultivo comercial de la técnica, desde el plano camas de racimos florales podría ser cosechada mecánicamente. Ya no meristemo que los tejidos se eliminan, el crecimiento y la maduración debe proceder con la programación. Este sistema también proporciona la máxima exposición a la luz para todos los racimos florales, ya que son crecer a partir de un plano perpendicular a la dirección de la luz.

Una malla espaldera.
Ramas extendidas
horizontalmente bajo
una capa de aves de
corral de las redes y los
racimos florales crecen
a través del alambre.

A veces las extremidades también atado, o plegado y
doblado para limitar la altura y promover el crecimiento axial sin
meristemo de la eliminación. Esta es una técnica muy útil para el
cultivo en invernaderos, donde las plantas a menudo alcanzan el
techo o en las paredes y quema o se pudren por el intenso calor y
la condensación de agua en el interior del invernadero. Para evitar
la descomposición y la quema dejando espacio suficiente para floral grupos para formar, las extremidades están doblados en menos
de 60 centímetros (24 pulgadas) por debajo del techo del invernadero. Atar las plantas más permite que entre más luz a la huelga
de la de la planta, la promoción axial de crecimiento. El engarce
de los tallos y la flexión de ellos sobre los resultados en más exposición a la luz, así como la inhibición del flujo de la auxina abajo
de la madre de la punta. Una vez más, como con el meristemo de
la eliminación, este promueve. axial de crecimiento.

Limbing es otro método común de poda *Cannabis*
plantas. Muchas ramas pequeñas se suelen crecer a partir
de las partes de la parte inferior de la planta, y debido a que
el sombreado se mantienen pequeñas y no se desarrollan
grandes racimos florales. Si estas atrofia de las extremidades inferiores son removidos, la planta puede dedicar

más de sus floral energías a las partes superiores de la planta con
la mayoría de la exposición al sol y la mayor probabilidad de
polinización. Surge la pregunta de si la eliminación de ramas enteras constituye un shock para el crecimiento de la planta, limitando su tamaño final. Parece en este caso que el shock es minimiza-
do por la eliminación de ramas enteras, incluyendo proporcional
cantidades de tallos, hojas, meristemas, y flores; probablemente
esto se traduce en menos desequilibrio metabólico que si sólo las
flores, las hojas, o meristemas fueron retirados. También, las extremidades inferiores son generalmente muy pequeñas y al parecer
de poca importancia en el metabolismo de la planta total. En las
plantas grandes, muchas de las ramas cerca de la central del tallo
también se convierten en la sombra y atrofiado y estos son también
a veces eliminado en un esfuerzo para aumentar el rendimiento de
grandes racimos florales en la soleada exterior de los márgenes.

Hojearlos es uno de los más incomprendidos técnicas de
droga *Cannabis* cultivo. En la mente del cultivador, existen varias
razones para la eliminación de las hojas. Muchos sienten que las
grandes hojas de sombra extraer energía de la floración de la planta, y por lo tanto la floración en racimos será menor. Se considera
que mediante la eliminación de las hojas, la energía excedente
estará disponible, y grandes racimos florales se forman. También,
algunos sienten que los inhibidores de la floración, sintetizados
en las hojas durante el largo noninductive días de verano, puede
ser almacenada en las hojas más viejas que se formaron durante el
noninductive foto periodo. Posiblemente, si estos inhibidor cargados de hojas se retiran, la planta va a proceder a la floración y la
maduración se acelera. Grandes hojas de sombra en el interior

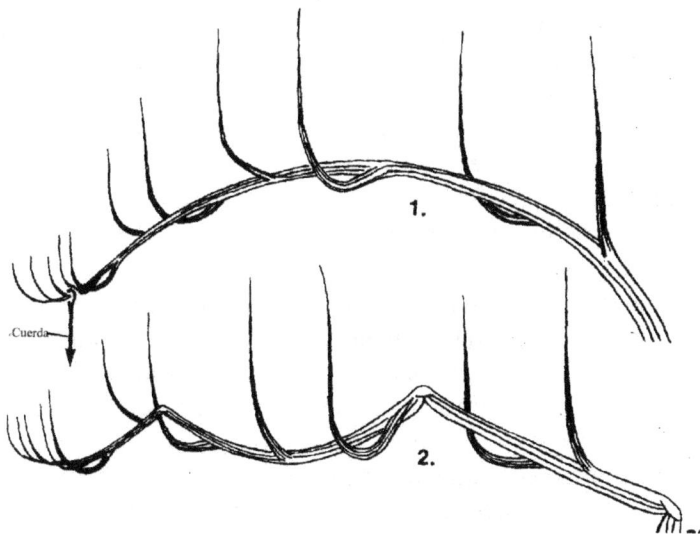

**Doblado y rizado para pro-
mover el crecimiento floral.**
1. Bent limbs are tied over.
2. Crimped limbs maintain a
horizontal position without tying.

partes de la planta, y los pequeños atrofiado floral clusters pueden comenzar a desarrollar si reciben más luz.

En la actualidad, pocos, si alguno, de las teorías detrás de la foliación dan ninguna indicación de la validez. De hecho, hojearlos, posiblemente, sirve para derrotar a su propósito original. Hojas grandes tienen una clara función en el crecimiento y desarrollo de *El Cannabis*. Grandes hojas sirven como photosynthetae fábricas para la producción de azúcares y otras sustancias de crecimiento. También se crea una sombra, pero al mismo tiempo se están recogiendo valiosa energía solar y la producción de alimentos que serán utilizados durante el desarrollo floral de la planta. La extracción prematura de las hojas puede causar retraso en el crecimiento, debido a que el potencial para la fotosíntesis se reduce. Como estas hojas edad y pierden su capacidad para realizar la fotosíntesis convierten *cloróticas* (amarillo) y caer a la tierra. En las zonas húmedas cuidado para quitar el amarillo o el marrón de las hojas, porque se podría invitar a los ataques de hongos. Durante la clorosis la planta se descompone sustancias, tales como las clorofilas, y se transloca a los componentes moleculares para un nuevo crecimiento de la planta, tales como las flores. La mayoría de los *El Cannabis* las plantas comienzan a perder sus hojas más grandes cuando entran en la etapa de floración, y esta tendencia continúa hasta la senescencia. Es más eficiente para que la planta de reutilización de la energía y de los diversos componentes moleculares de la existente clorofila que para sintetizar nuevas clorofila en el momento de la floración. Durante la floración, esta energía es necesaria para formar racimos florales y maduran las semillas.

La eliminación de grandes cantidades de hojas, puede interferir con el equilibrio del metabolismo de la planta. Si este cambio metabólico se produce demasiado tarde en la temporada, ya que podría interferir con el desarrollo floral y retraso de la maduración. Si cualquier floral inhibidores son removidos, el efecto de la aceleración de la floración probablemente será contrarrestado por metabólicos malestar en la planta. La eliminación de hojas de sombra no facilitar más la luz que alcanza el centro de la planta, pero si no hay suficiente energía de los alimentos producidos en las hojas, los pequeños racimos florales probablemente no crecer más grande. Eliminación de hojas también puede causar el cambio de sexo resultante de un cambio metabólico.

Si las hojas debe ser eliminado, el pecíolo es de corte, de modo que al menos una pulgada permanece unida al tallo. Debilidades en la extremidad del eje en el nodo de resultado si las hojas se quitó la capa de abscisión, mientras aún están verdes. El cuidado para ver que el menguante pecíolo no invite a los hongos.

Se debe recordar que, independientemente de la cepa o de las condiciones ambientales, la planta se esfuerza por reproducir, y la reproducción se ve favorecida por la maduración temprana. Este pro-

La poda de las extremidades inferiores.
Pequeño lechón se extraen las ramas de modo que más se canaliza la energía en el crecimiento de las grandes racimos florales.

genera una situación donde las plantas están tratando de maduran y
se reproducen tan rápido como sea posible. Aunque el propósito de
la foliación es la velocidad de maduración, lo que altera el natural
crecimiento progresivo de una planta probablemente interfiere con
su rápido desarrollo.

Cannabis crece más grande cuando se proporciona con abundantes nutrientes, luz solar y el agua y deja solo a crecer y madurar
de forma natural. Se debe recordar que cualquier alteración del ciclo
natural de vida de Cannabis va a afectar a la productividad. Imag-
inativas combinaciones y adaptaciones de las técnicas de propagación existen, basado en situaciones específicas de cultivo. Lógico,
se toman decisiones para dirigir el ciclo de crecimiento natural de
Cannabis a favor de la oportuna maduración de los productos busca-
dos por el cultivador, sin sacrificar la semilla o un clon de producción.

C. Yee

3
La genética y
la Cría de Cannabis

El mayor servicio que puede ser prestado a cual-
quier país es agregar un útil de la planta a su
cultura,

—Thomas Jefferson

La genética

Aunque es posible criar *Cannabis* con un éxito limitado, sin ningún conocimiento de las leyes de la herencia,
el potencial de diligencia de la cría, y la línea de acción
más probable que conducen al éxito, es realizado por los
criadores que han llegado a dominar un conocimiento de
trabajo de la genética.

Como ya sabemos, toda la información que se transmite de generación en generación debe estar contenida en
el polen de la staminate padre y el óvulo de la femenina
de los padres. La fertilización une a estos dos conjuntos de
información genética de una semilla de formas, y una nueva
generación que está comenzado. Tanto el polen y los óvulos
son conocidos como *los gametos,* y la transmisión de las
unidades de la determinación de la expresión de un perso-
naje que se conoce como *los genes*. Las plantas individuales
tienen dos conjuntos idénticos de genes (2n) en todas las
células, excepto los gametos, que a través de la reducción
de la división de tener sólo un conjunto de genes (En). Tras
la fecundación de un conjunto de cada uno de los padres se
unen para formar una semilla (2n).

En *Cannabis,* el *haploides* (En) el número de cromosomas es de 10 y el *diploide* (2n) en el número de cromosomas es de 20. Cada *el cromosoma* contiene cientos de
genes que influyen en cada una de las fases del crecimiento
y desarrollo de la planta.

Si polinización cruzada de dos plantas comparten un rasgo
genético (o auto-polinización de una hermafrodita) los resultados en

la primavera que todos presentan el mismo rasgo, y si todos los siguientes (puras) generaciones también *exhibición, a continuación,* decimos que la *cepa (es decir, la línea de descendencia* derivan de ancestros comunes) es *la verdadera cría,* o razas cierto, para ese rasgo. Una cepa de raza verdadero para uno o más rasgos mientras que la variación en las características de otros. Por ejemplo, los rasgos de aroma dulce y maduración precoz puede engendrar verdadera, mientras que la descendencia variar en tamaño y forma. Para una cepa de la raza verdadera para algún rasgo, tanto de los gametos, la formación de la descendencia debe tener un idéntico complemento de los genes que influyen en la expresión de ese rasgo. Por ejemplo, en una tensión que alimenta la verdad para hojas palmeadas, cualquiera de los gametos de cualquier padre de familia en el que la población va a contener el gen de hojas palmeadas, que nos va a indicar con la letra *w.* Ya que cada gameto lleva una media (De) de que el complemento genético de la descendencia, de ello se desprende que al momento de la fertilización tanto "de la hoja en forma de" genes de la (2n), los hijos serán *w.* Es decir, la descendencia, como ambos padres son *ww.* A su vez, los hijos de la raza cierto para hojas palmeadas porque solo tienen *w* los genes para transmitir sus gametos.

Por otro lado, cuando una cruz produce descendencia que no la raza verdadera (es decir, la descendencia no todos se parecen a sus padres) nos dicen que los padres tienen genes que segregar o son *híbridos.* Sólo como una cepa puede raza verdadero para uno o más rasgos, también puede segregar por una o más características; esto es a menudo visto. Por ejemplo, considere una cruz donde algunos de los hijos tienen hojas palmeadas y algunos tienen normal compuesto de hojas pinnadas. (Para continuar con nuestro sistema de notación que nos vamos a referir a los gametos de las plantas con compuestos de hojas pinnadas como *W* para ese rasgo. Ya que estos dos genes tanto la influencia de la forma de la hoja, se supone que están relacionados con los genes, por lo tanto el menor caso *w* y mayúsculas *W* la notación en lugar de *w* para palmeada y posiblemente *P* para pinnada.) Desde los gametos de una verdadera cría de tensión deben tener cada uno de los mismos genes para el rasgo, parece lógico que los gametos que producen dos tipos de descendencia debe tener genéticamente diferentes a los padres.

La observación de muchas poblaciones en las que la descendencia difieren en la apariencia de sus padres led de Mendel a su teoría de la genética. Si como sólo se produce a veces gusta, entonces ¿cuáles son las reglas que rigen el resultado de estos cruces? Podemos utilizar estas reglas para predecir el resultado de los futuros cruces?

Supongamos que nos separan dos true-poblaciones reproductoras de *Cannabis,* uno con palmeada y uno con compuesto de hojas pinadas formas. Sabemos que todos los gametos producidos por el palmeado-hoja padres se contienen los genes de la hoja en forma de *w* y todos los gametos producidos por el compuesto-pinnada los individuos tienen *W* los genes para la forma de la hoja. (La descendencia puede difieren en otras características, por supuesto).

Si hacemos una cruz con uno de los padres de cada uno de los verdaderos cría de cepas, vamos a encontrar que el 100% de la descendencia de los compuestos de hojas pinadas fenotipo. (La expresión de un rasgo en una planta o variedad es conocida como la *el fenotipo.*) ¿Qué pasó con los genes para cargar las hojas contenidas en el palmeado-hoja padre? Ya sabemos que hay tan muchos *w* los genes como *W* los genes combinados en la descendencia, la *W* gen debe enmascarar la expresión de la *w* gen. Que a largo plazo la *W* el gen de la *dominante* gen y decir que el rasgo de compuesto de hojas pinnadas es dominante sobre el *recesivo* rasgo de hojas palmeadas. Esto parece lógico ya que el fenotipo normal en el *Cannabis* ha compuesto de hojas pinnadas. Se debe recordar, sin embargo, que muchos rasgos útiles que crían en verdad son recesivos. La verdadera cría dominante o recesivo condición, *WW* o *ww,* se llama *homocigotos* condición; la segregación de híbrido condición *wW* o *Ww* se llama *heterocigotos.* Cuando cruzamos dos de los Pies (primera generación filial) descendencia resultante del cruce inicial de la P, (generación parental) podemos observar dos tipos de descendencia. El F$_2$ generación muestra una relación aproximada de 3:1, tres compuestas pinnadas tipo-a-uno con membranas tipo. Se debe recordar que el fenotipo de los coeficientes teóricos. Los resultados reales pueden variar de los esperados proporciones, especialmente en muestras pequeñas.

Efecto de Dominancia en los Homocigotos para el P1 Heterocigotos F1 Cruza

P-1	genotipo-	WW	ww
	fenotipo-	compuesto de hojas pinadas	hoja palmeada
	los gametos-	Varita W	w y w
F-1	genotipo-	100% Ww or wW	wW or Ww (otro F-1)
	fenotipo-	todas compuestas pinnadas	también compuestas pinnadas
	los gametos-	W y w	w y W
		(vea la Figura a)	
F-2	el genotipo	1 WW: 1 Ww: 1 wW: 1 ww or 1WW: 2Ww: 1ww	
	fenotipo -	3 compuesto de pinnada: 1 palmeado	

Figura a
Generacion F-1 el efecto
del domino en cruces
homocigotos P-1 y heterocigotos F-1.

Pinada

Palmeado

Figura b
Generacion F-2.

En este caso, compuesto de hojas pinadas es dominante sobre palmeadas hojas, así que cuando los genes w y W se combinan, el rasgo dominante W se expresa en el fenotipo. En el F_2 la generación de sólo el 25% de la descendencia son homocigotos para W tan sólo el 25% son *fijo* para W. El w rasgo sólo se expresa en el F_2 generación y sólo cuando dos w los genes se combinan para formar una doble recesiva, la fijación, el rasgo recesivo en el 25% de la descendencia. Si compuestas pinnadas mostró *dominancia incompleta* más curvados, los genotipos en este ejemplo seguiría siendo la misma, pero los fenotipos en la F_x generación de todos tipos intermedios que se asemeja tanto a los padres y la F_2 el fenotipo de la proporción será de 1 compuesto-pinnada:2 intermedia:! palmeados.

La explicación para la predicción proporciones de la descendencia, es simple y nos lleva a la primera ley de Mendel, la primera de las reglas básicas de la herencia:

I. Cada **de** los genes en **una relacionada con el** par **separar el uno del otro durante la formación de gametos.**

Una técnica común utilizada para deducir el genotipo de los padres es el *back-cruz*. Esto se realiza mediante el cruce de una de las Fj progenie de vuelta a uno de los verdaderos cría Pj padres. Si el resultado de la relación de los fenotipos es de 1:1 (uno heterocigotos para un Homocigoto) demuestra que los padres, de hecho, fueron homocigotos dominantes WW y homocigota recesiva ww.

La proporción de 1:1 se observó cuando el retrocruzamiento Fj a F_1 y el 1:2:1 proporción observada en la Fj F_x las cruces son las dos proporciones Mendelianas de la herencia de un carácter controlado por un par de genes. El astuto obtentor utiliza estos coeficientes para determinar el genotipo de los padres de las plantas y la importancia del genotipo para el mejoramiento futuro.

De regreso de la cruz para Determinar el Genotipo de los Padres

genotipo	F-1 **Ww** (heterocigotos)	P--1 **ww** (homocigoto recesivo)
fenotipo	compuesto-pinnada	palmeado
los gametos	**W** y **w**	**w** y **w**
el genotipo	1 Ww: 1 Ww: 1 ww: 1 ww o 1 Ww: 1 ww	
fenotipo	1 compuesto-pinnada: 1 palmeado	

(consulte la Figura c)

**Figura C
Retrocruzamiento
para determinar el
genotipo parental**.

Pinada

Palmeado

Este ejemplo simple puede ser extendida para incluir la herencia de dos o más relacionado con pares de genes a la vez. Por ejemplo, se podría considerar la posibilidad de la co-herencia de los pares de genes *T* (alto)/£ (corto) y *M* (la maduración temprana)/m (maduración tardía). Esto se llama una *polyhybrid* en lugar de *monohybrid* de la cruz. Mendel segunda ley nos permite predecir el resultado de polyhybrid cruza también:

II. Relacionado con pares de genes se heredan independientemente unos de otros.

Si la dominación completa es asumido por los dos pares de genes, el 16 posibles F_2 genotipo combinaciones formulario 4 F_2 fenotipos en un 9:3:3:1 relación, la más frecuente de las cuales es la de doble altura dominante/ estado inicial. Dominancia incompleta para los dos pares de genes podría resultar en 9 F_2 fenotipos en un 1:2:1:2:4:2:1:2:1 relación, que reflejan directamente el genotipo de la relación. Una mezcla de dominación condición resultaría en 6 F_2 fenotipos en un 6:3:3:2:1:1 relación. Así, vemos que la cruz de la participación de dos de forma independiente assorting pares de genes resulta en un 9:3:3:1 Mendeliana fenotipo relación sólo si la dominancia es completa. Esta proporción puede variar, dependiendo de la dominancia de las condiciones presentes en el original pares de genes. También, dos nuevos fenotipos, altura/tarde y a corto o temprano, se han creado en el F_2 géneros-

Otros problemas de la pc de forma

Independiente Assorting Pares de Genes

P-1   genotipo-   **TTMM**   **ttmm**
      fenotipo-   alto/temprano   corto/tardío
      los gametos-   todas **TM**   todas **tm**

F-1   genotipo-   100% **TMtm** or **TtMm**   **TiMm** (otro F-1)
      fenotipo-   todas alto/temprano   además alto/temprano
      los gametos-   **1 TM: 1Tm: 1tM: 1 tm**   **1TM: 1Tm; 1tM; 1 tm**
                     (vea la Figura d)

F-2   el genotipo   **1TTMM: 2 TTMm: 1TTmm;2 TtMM; 4 TtMm;**
                     2 Ttmm: 1ttMM; 2 ttMm; 1 ttmm
      fenotipo -   9 alto/temprano: 3 alto/tarde: 2 corto/temprano: 1 corto/tardío

                     (vea la Figura e)

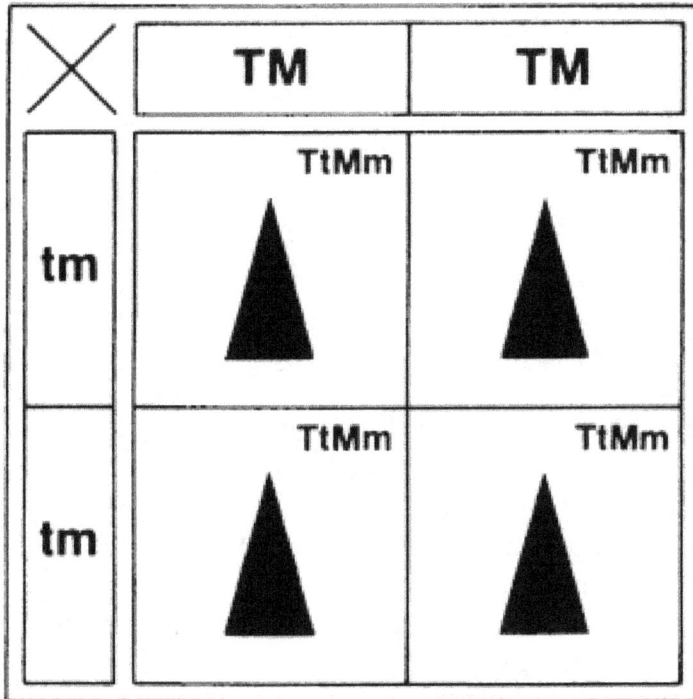

Figura d
Herencia de dos pares de
genes que se clasifican de
forma independiente.

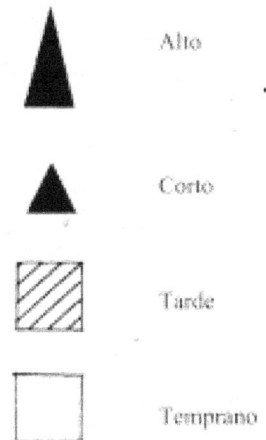

Figura e
Herencia de dos pares de
genes clasificados
independientes.

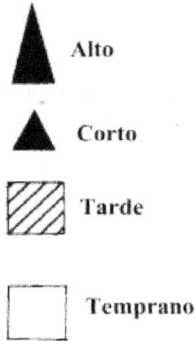

▲ Alto

▲ Corto

▨ Tarde

☐ Temprano

ción; estos fenotipos diferentes de ambos padres y de los abuelos. Este fenómeno se denomina la recombinación y explica la frecuente observación de que, como engendra gusta, pero no exactamente igual.

Un polyhybrid back-cruz con dos pares de genes no relacionados exhibe una proporción de 1:1 de los fenotipos como en el mono híbrido de back-cruz. Cabe señalar que a pesar de la dominancia, influencia, un Fj back-cruz con el Pj homocigótica recesiva de los rendimientos de la homocigótica recesiva fenotipo corto/tarde del 25% del tiempo, y por la misma lógica, una cruz con el homocigoto dominante padre dará el homocigoto dominante fenotipo de altura/principios del 25% del tiempo. De nuevo, la parte trasera de la cruz resulta invaluable en la determinación de la Fj y P! los genotipos. Dado que todos los cuatro fenotipos de la cruz de la progenie de contener al menos uno de cada uno de ambos genes recesivos o de uno de ambos genes dominantes, la parte trasera de la cruz fenotipo es una representación directa de las cuatro posibles gametos producidos por el Fj híbrido.

Hasta ahora hemos hablado de la herencia de los rasgos controlados por distintos pares de genes no relacionados. La interacción de los genes es el control de un rasgo por dos o más pares de genes. En este caso el genotipo proporciones seguirá siendo el mismo, pero el fenotipo de las ratios pueden ser alterados. Considere la posibilidad de un ejemplo hipotético donde 2 pares de genes dominantes Pp y Cc control a finales de la temporada de antocianinas de la pigmentación (color púrpura) en *Cannabis*. Si *P* está presente, solo las hojas de la planta (bajo la adecuada estímulos ambientales) se presentan acumulado de antocianinas pigmento y vuelta a un color púrpura. Si C está presente solo, la planta permanecen verdes durante todo su ciclo de vida a pesar de las condiciones ambientales. Si ambos están presentes, sin embargo, los cálices de la planta también se presentan los acumulados de antocianos y se vuelven de color púrpura como la

Espalda-cruz con Doe de forma Independente-Assorting Pares de Genes

Genotype - F(1)	**TtMm** [heterozygous]	P(1) **ttmm** [homozygous recessive]
Phenotype -	tall/early	short/late
Gametes -	**1 TM: 1 Tm: 1 tM: 1 tm**	**all tm**

Genotype -   **1 TtMm: 1   Ttmm: 1   ttMt: 1 ttmm**
Phenotype -   1 tall/early: 1 tall/late: 1 short/early: 1 short/late

(see Figure f)

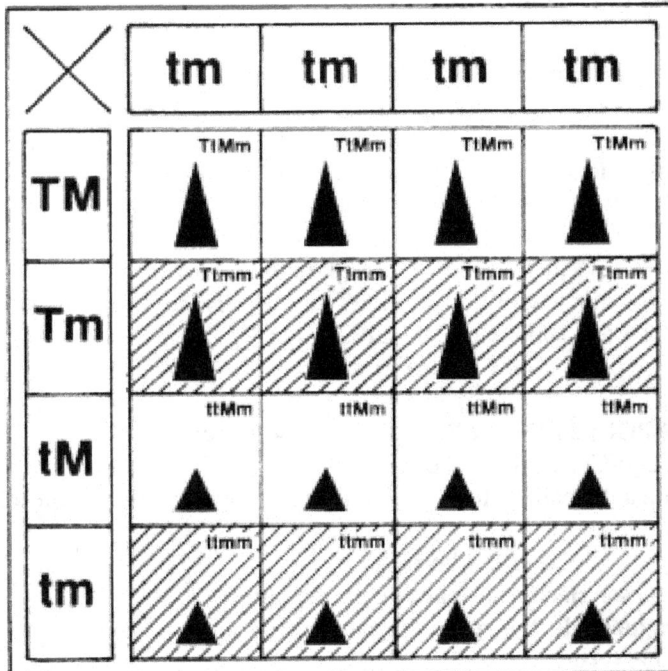

Figura f
Retrocruzamiento con dos pares de genes que se clasifican de forma\ independiente.

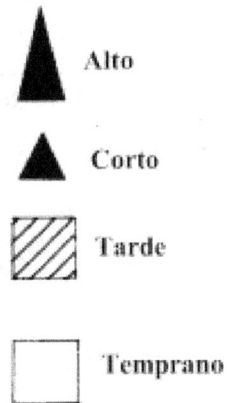

deja de hacer. Supongamos por ahora que esta puede ser una característica deseable en *El Cannabis* flores. ¿Qué técnicas de reproducción puede ser utilizado para producir este rasgo?

En primer lugar, dos homocigotos verdadera cría P_x tipos de cruzado y el fenotipo de la relación de las Fj descendencia es observado.

Los fenotipos de la F_2 la progenie de mostrar un poco fenotipo alterado la proporción de 9:3:4 en lugar de la esperada 9:3:3:1 de manera independiente assorting rasgos. Si *P* y *C* ambos deben estar presentes para cualquier pigmentación antociánica en las hojas o cálices, a continuación, aún más distorsionada fenotipo de la relación de las 9:7 aparecerá.

Dos pares de genes pueden interactuar de diversas maneras para producir diversos fenotipo de las proporciones. De repente, las simples leyes de la herencia se han vuelto más complejos, pero los datos todavía pueden ser interpretados.

Resumen de los Puntos Esenciales de la Cría de

1 - Los genotipos de las plantas son controlados por los genes que se transmiten inalterados de generación en generación.

Un Rasgo Controlado por la Interacción de los Genes

P-1 genotipo- PPCC   **ppcc**
el fenotipo púrpura cáliz y hoja   **verde del cáliz y de la hoja**
los gametos - todos los PC   **todos pc**

F-1 genotipo - todos los PpCc   **otro F, todos los PpCc**
el fenotipo morado cáliz y hoja   **también púrpura del cáliz y de la hoja**
de gametos - 1 PC: 1 Pc: 1 pC: 1 pc   **1 PC: 1 Pc: 1 pC: 1 pc**
(ver Figura g).

F-2 genotipo- 1 PPCC: 2 PPCc: 1 PPcc: 2 PpCC: 4 PpCc:
el 2 ppCc: 1 ppCC: 2 ppCC: 1 ppcc
fenotipo - 9 púrpura del cáliz y de la hoja: 3 de color púrpura de la hoja sólo:
4 verde
(vér la Figura h.)
o si P y C son necesarias para cualquier color
púrpura luego de 9 púrpura del cáliz y de la hoja:
7 todos los verdes
(vér la Figura i.)

Figure g.
One trait controlled by gene interaction.

Purple Leaf

Green Leaf

Purple Calyx

Green Calyx

Figure h.

**Figura i
Un rasgo controlado
por la interaccion genetica.**

Hoja Morada

Hoja Verde

Caliz Morado

-Caliz Verde

2.- Los Genes ocurren en pares, uno de los gametos de la staminate de los padres y uno de los gametos de los femeninas de los padres.

3.- Cuando los miembros de un par de genes difieren en su efecto sobre el fenotipo, la planta se denomina híbrido o heterocigotos.

4.- Cuando los miembros de un par de genes son iguales en su efecto sobre el fenotipo, a continuación, se denominan la verdadera cría o homocigotos.

5.- Los pares de genes que controlan diferentes rasgos fenotípicos son (generalmente) heredan de forma independiente.

6.- Dominio de las relaciones y la interacción de los genes puede alterar las proporciones fenotípicas de la F1(F2 y las generaciones posteriores.

La poliploidía

La poliploidía es la condición de varios conjuntos de cromosomas en una célula. *Cannabis* tiene 20 cromosomas en el vegetativo diploide (2n) condición. Triploide (3n) y tetraploides (4n) de las personas tienen tres o cuatro juegos de cromosomas y se denominan poliploides. Se cree que la condición haploide de 10 cromosomas era probable derivados de una reducción de un nivel superior (poliploides) ancestral número (Lewis, W. H. 1980). La poliploidía no se ha demostrado que

se producen de forma natural en *Cannabis;* sin embargo, puede ser inducida artificialmente con colchicina tratamientos. *Colchicine* es un venenoso
compuesto extraído de las raíces de ciertas *Colchicum* la especie; inhibe la
segregación de los cromosomas a l hija células y la formación de pared celular, resultando en mayor que el promedio de las células hijas, con múltiples
conjuntos de cromosomas. Los estudios de H. E. Warmke et al. (1942-1944)
parecen indicar que la colchicina elevado los niveles de la droga en *Cannabis*. Es lamentable que Warmke desconocimiento de la real psicoactivo
ingredientes de *Cannabis* y fue, por tanto, no se puede extraer el THC. Su
cruda extracto de acetona y las técnicas arcaicas del bioensayo uso de killis
y pequeños crustáceos de agua dulce están lejos de ser concluyentes. Fue,
sin embargo, capaz de producir tanto triploides y tetraploides de las cepas de
Cannabis con hasta el doble de la potencia de cepas diploides (en su capacidad para matar pequeños organismos acuáticos). El objetivo de su investigación era "producir una cepa de cáñamo con materialmente reducción de la
marihuana contenido" y sus resultados indicaron que la poliploidía elevado
a la potencia de *Cannabis* sin ninguna aparente aumento de la calidad de la
fibra o de rendimiento,

       Warmke del trabajo con poliploides arrojar luz sobre la naturaleza de
la determinación sexual de los *Cannabis*. También ilustra que la potencia
está determinada genéticamente mediante la creación de una menor potencia
de la cepa de cáñamo a través de la cría selectiva con baja potencia de los
padres.

       La investigación más reciente por A. I. Zhatov (1979) con la fibra
Cannabis mostró que algunos económicamente valiosos rasgos tales como
la cantidad de fibra puede ser mejorada a través de la poliploidía. Poliploides requieren más agua y son generalmente más sensibles a los cambios en
el medio ambiente. El crecimiento vegetativo de los ciclos de extendido de
hasta un 30-40% en poliploides. Un largo periodo vegetativo podría retrasar
la floración de poliploides de drogas cepas y de interferir con la formación
de racimos florales. Sería difícil determinar si los niveles de cannabinoides
había sido planteada por poliploidía si poliploides las plantas no eran ca-
paces de madurar completamente en el favorable de parte de la temporada,
cuando la producción de cannabinoides es promovido por la abundancia de
luz y temperaturas cálidas. Los invernaderos y la iluminación artificial puede
ser utilizado para ampliar la temporada y prueba de poliploides cepas.

       La altura de tetraploides (4n) *Cannabis* en estos experimentos, a
menudo sobrepasan la altura de la original de las plantas diploides en un
25-30%. Tetraploids eran de color intenso, de color verde oscuro de las hojas
y los tallos y bien desarrollado bruto fenotipo. El incremento de la altura y
el crecimiento vigoroso, como una regla, se desvanecen en las generaciones
posteriores. Tetraploide las plantas a menudo volver a la condición diploide,
lo que hace difícil para apoyar a poblaciones tetraploides. Frecuentes pruebas se realizan para determinar si ploidía está cambiando.

Triploide (3n) de las cepas fueron formados con gran dificultad por el cruce creado artificialmente tetraploids (4n) con los diploides (2n). Triploides resultó ser inferior a ambos diploides y tetraploids en muchos casos.

De Pasquale et al. (1979) realizaron experimentos con *Cannabis* que fue tratada con el 0,25% y 0,50% de las soluciones de la colchicina en el meristemo primario de siete días después de la generación. Las plantas tratadas fueron ligeramente más altos y poseía un poco más grande de las hojas de los controles. Las anomalías en el crecimiento de las hojas se produjo en el 20% y 39%, respectivamente, de los sobrevivientes de las plantas tratadas. En el primer grupo (0.25%) de los niveles de cannabinoides fueron más altas en las plantas sin anomalías, y en el segundo grupo (0.50%) de los niveles de cannabinoides fueron mayores en las plantas con anomalías. En general, las plantas tratadas mostraron un 166-250% de aumento en THC con respecto a los controles y una disminución de CDB (30-33%) y CBN (39-65%). *CDB* (cannabidiol) y *CBN* (cannabinol) son los cannabinoides implicados en la biosíntesis y degradación del THC. Los niveles de THC en el control de las plantas fueron muy bajos (menos del 1%). Posiblemente la colchicina o la resultante de la poliploidía interfiere con la biogénesis de los cannabinoides a favor de THC. En las plantas tratadas con deformada de la hoja de la lámina, el 90% de las células son tetraploides (4n = 40) y el 10% diploide (2n = 20). En las plantas tratadas sin que se deforme la lámina de un par de células tetraploides y el resto son triploides o diploide.

La transformación de las plantas diploides para el nivel tetraploide, inevitablemente, se traduce en la formación de un par de plantas con un desequilibrio en el conjunto de cromosomas (2n + 1, 2n — 1, etc.). Estas plantas se llaman *aneuploides*. Aneuploides son inferiores a los poliploides en cada económicos respeto. Aneuploides *Cannabis* se caracteriza por muy pequeña de las semillas. El peso de 1.000 semillas oscila de 7 a 9 gramos (1/4 a 1/3 de onza). En condiciones naturales, las plantas diploides no tienen semillas pequeñas y media de 14 a 19 gramos (1/2-2/3 onza) por 1.000 (Zhatov 1979).

Una vez más, poco énfasis se ha puesto sobre la relación entre la flor o de la producción de resina y poliploidía. Más investigación para determinar el efecto de la poliploidía en estos y otros económicamente valiosos rasgos de *Cannabis* es necesario.

La colchicina es vendido por el laboratorio de suministro de las casas, y los criadores han utilizado para inducir la poliploidía en *Cannabis*. Sin embargo, la colchicina es venenosa, la atención tan especial es ejercido por el obtentor en el uso de ella. Muchos clandestinos cultivadores han comenzado poliploides cepas con colchicina. A excepción de los cambios en la forma de la hoja y phyllotaxy, no excepcionales características se han desarrollado en estas cepas y la potencia que parece no estar afectada. Sin embargo, ninguna de las cepas han sido examinadas para determinar si en realidad son poli-

efecto. El tratamiento de semillas es la más efectiva y más segura manera de aplicar la colchicina.* De esta manera, la totalidad de la planta que crece a partir de una colchicine-semilla tratada podría ser poliploides y si cualquier colchicine existe al final de la temporada de crecimiento, la cantidad sería infinitesimal. La colchicina es casi siempre letal para *Cannabis* las semillas, y en el tratamiento hay una línea muy fina entre la poliploidía y la muerte. En otras palabras, si el 100 semillas viables, que son tratados con colchicina y 40 de ellos germinar es poco probable que la inducida por el tratamiento de la poliploidía en cualquiera de los sobrevivientes. Por otro lado, si 1.000 viable semillas tratadas dar lugar a 3 plantas de semillero, las probabilidades son mejores que ellos son poliploides ya que el tratamiento mató a todas las semillas, pero esos tres. Todavía es necesario determinar si las crías son en realidad poliploides por el examen microscópico.

El trabajo de Menzel (1964) nos presenta con un tosco mapa de los cromosomas de *Cannabis,* Los cromosomas 2 a 6 y 9 se distinguen por la longitud de cada brazo. El cromosoma 1 se distingue por una perilla grande en un extremo y un oscuro chromomere 1 micra de la perilla. El cromosoma 7 es extremadamente corto y denso, y el cromosoma 8 se supone que es el cromosoma sexual. En el futuro, el cromosoma

1.
Cannabis **los cromosomas. (Los hombreszel, 1964)**
1. Los cromosomas como aparecen en una célula reproductora haploide;
1. Esquematizado de la representación de los cromosomas de *El Cannabis*.

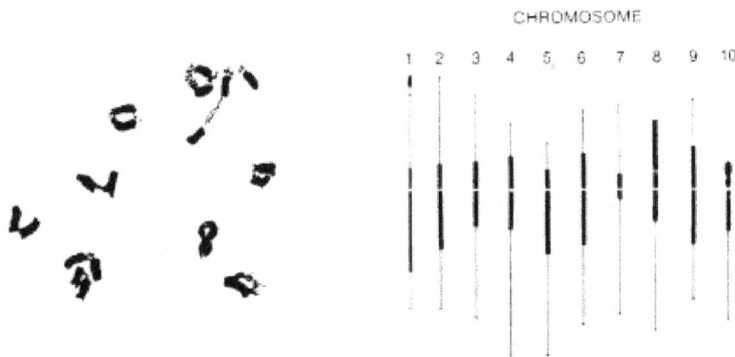

*La palabra "más segura" se utiliza aquí como un término relativo. La colchicina ha recibido reciente la atención de los medios como un peligroso veneno y mientras estas cuentas son probablemente un poco demasiado espeluznante, los verdaderos peligros de la exposición a la colchicina no han sido investigadas. La posibilidad de daño corporal existe y esto se multiplica cuando los criadores inexpertos en el manejo de las toxinas uso de la colchicina. El tratamiento de la semilla puede ser más seguro que la pulverización de un adulto de la planta, pero el método más seguro de todo es que no uso de la colchicina.

mapeo nos permitirá ver una imagen de la ubicación de los genes que influyen en el fenotipo de *Cannabis,* Esto permitirá que los genetistas para determinar y manipular las características importantes contenida en el gen de la piscina. Para cada rasgo, el número de genes de control será conocido, que los cromosomas llevan ellos, y dónde están ubicados a lo largo de los cromosomas.

La cría de

Todos los *Cannabis* se cultiva en América del Norte hoy en día se originaron en tierras extranjeras. De la diligencia de nuestros antepasados en su recolección y la siembra de las semillas de plantas superiores, junto con las fuerzas de la selección natural, han trabajado para crear un nativo de cepas con localizadas características de resistencia a plagas, enfermedades y condiciones climáticas. En otras palabras, se adaptan a determinados nichos de mercado en el ecosistema. Esta diversidad genética es la manera de la naturaleza de la protección de una especie. Apenas hay una planta más flexible que *Cannabis*. Como el clima, las enfermedades y las plagas cambio, la cepa evoluciona y selecciona nuevas defensas, programado en la genética de las órdenes contenidas en cada generación de semillas. A través de la importación en los últimos tiempos de la fibra y de la droga *Cannabis,* una gran piscina de material genético ha aparecido en América del Norte. La fibra Original de las cepas se han escapado y se convierten en *aclimatado* (adaptado para el medio ambiente), mientras que los nacionales de drogas de las cepas (a partir de la importación de semillas) tienen, por desgracia, hibridado y aclimatado al azar, hasta que muchas de las bellas combinaciones de genes de importados *Cannabis* se han perdido.

Los cambios en las técnicas agrícolas provocado por el tecnológico de presión, la codicia, y a gran escala de los programas de erradicación han alterado las presiones selectivas que influyen en *Cannabis* la genética. Grandes cargamentos de inferiores *Cannabis* contiene mala selección de las semillas que están apareciendo en América del Norte y en otros lugares, el resultado de los intentos por parte de los productores y traficantes para el suministro de un incremento en el mercado de la marihuana. Las variedades antiguas de *Cannabis,* asociado con patrones culturales de larga data, pueden contener genes que no se encuentran en las nuevas variedades comerciales. Como estas viejas variedades y sus correspondientes culturas extintas, esta información genética podría perderse para siempre. La creciente popularidad de *Cannabis* y los requisitos de la tecnología agrícola se llame para uniforme de híbridos de razas que son propensos a desplazar a poblaciones primitivas de todo el mundo.

Limitación de la diversidad genética es cierto que el resultado de concertada la endogamia para la uniformidad. Debe puras *Cannabis* ser atacado por algún previamente desconocido de plagas o de enfermedades, esta uniformidad genética podría resultar desastroso debido a que potencialmente resistentes a diversos genotipos de haber sido bajó de la población. Si este complemento genético de la resistencia no puede ser recuperada de la primitiva material parental, la resistencia no puede ser introducido en el devastado la población. También puede ser que actualmente no reconocido favorable de los rasgos de lo que podría ser irremediablemente cayó de la *Cannabis* el grupo de genes. La intervención humana puede crear nuevos fenotipos mediante la selección y recombinación genética existente variedad, pero sólo la naturaleza puede crear variedad en el gen de la piscina en sí, a través del lento proceso de mutación al azar.

Esto no significa que la importación de semillas y selectivo de la hibridación son siempre perjudiciales. De hecho, estos principios son a menudo la clave para el mejoramiento de los cultivos, pero sólo cuando se aplica con conocimiento y con cautela. La rápida búsqueda de mejoras no debe poner en peligro la piscina de la original de la información genética que la adaptación se basa. En este momento, el futuro de *Cannabis* se encuentra en el gobierno y clandestino de las colecciones. Estas colecciones son a menudo inadecuadas, mal seleccionados y en muy mal estado. De hecho, las Naciones Unidas *Cannabis* colección utilizados como el principal stock de semillas de todo el mundo gubernamentales de investigación está agotada y en mal estado.

Varios de los pasos deben ser tomados para preservar nuestra fuga de recursos genéticos, y la acción debe ser inmediata:

- Las semillas y el polen debe ser recogido directamente desde fiable y fuentes de conocimiento. Gobierno de convulsiones y de contrabando de envíos rara vez son confiables fuentes de semillas. Las características de ambos padres deben ser conocidos; en consecuencia, mezcla de pacas de forma aleatoria polinización de la marihuana no son las adecuadas fuentes de semillas, aunque el origen exacto de la muestra es cierta. El contacto directo con el agricultor-criador responsable para la realización de la reproducción de las tradiciones que se han producido en la muestra. Registros precisos de todos los posibles parámetros de el crecimiento debe ser conservado cuidadosamente almacenados por triplicado conjuntos de semillas.

-

- Desde *Cannabis* las semillas no siendo viable para siempre, incluso bajo las mejores condiciones de almacenamiento, las muestras de semillas deben ser reemplazados cada tercer año. Las colecciones deben ser plantadas en condiciones lo más similares posibles a su nicho original y le permite reproducir libremente a minimizar la selección natural y artificial de genes y asegurar la preservación de la totalidad de genes de la piscina. La mitad de la original colección de semillas deben ser retenidos hasta que la viabilidad de las futuras generaciones es confirmado, y a proporcionar material parental para la comparación y cruzamientos. Datos fenotípicos acerca de estos las generaciones subsiguientes deben ser cuidadosamente registrados para ayudar en la comprensión de los genotipos incluidos en la colección.

Favorable rasgos de cada cepa debe ser caracterizado y catalogados.

- Es posible que en el futuro, *Cannabis* el cultivo para la reventa, o incluso el uso personal, puede ser legal, pero sólo para los aprobados, *patentado* las cepas. Especial precaución es necesaria para la conservación de la variedad en el gen de la piscina debe el patentamiento de *Cannabis* las cepas de convertirse en una realidad.

-

- Favorable rasgos deben ser cuidadosamente integrado en cepas existentes.

-

La tarea descrita anteriormente no es fácil, dadas las actuales restricciones legales a la colección de *Cannabis* de la semilla. A pesar de esto, la conciencia de la cultivador está haciendo una contribución a la preservación y mejora de la genética de esta planta interesante.

Incluso si un productor no tiene ningún deseo de intentar el mejoramiento de los cultivos, el éxito de las cepas deben ser protegidos para que no degeneren y puede ser reproducido en caso de pérdida. De izquierda a las presiones selectivas de una introducido medio ambiente, la mayoría de las cepas se degeneran y pierden potencia ya que aclimatarse a las nuevas condiciones. Permítanme citar un ejemplo de un típico productor con buenas intenciones.

Un cultivador en las latitudes del norte seleccionado un lugar ideal para crecer un cultivo y preparado bien la tierra. Las semillas fueron seleccionadas de los mejores racimos florales de varias cepas disponibles en los últimos años, tanto importados como nacionales. Casi todos los staminate plantas se han eliminado madurado y casi sin pepitas cultivo de plantas hermosas resultado. Después de una cuidadosa consideración, algunas semillas de polinización accidental de las mejores flores se mantiene para la siguiente temporada. Estas semillas producen aún más grande y mejor de las plantas que en el año anterior y recolección de semillas fue se realiza como antes. La tercera temporada, la mayoría de las plantas no fueron tan grandes o deseable como la segunda temporada, pero hubo muchas buenas personas. Recolección de semillas y el cultivo de la cuarta temporada, el resultado en las plantas inferiores incluso a la primera cosecha, y esta tendencia continuó año tras año. ¿Qué salió mal? El productor de recogida de semillas de las mejores plantas de cada año y creció bajo las mismas condiciones. El cultivo mejorado el primer año. ¿Por qué la cepa degenerados?

Este ejemplo ilustra el inconsciente de selección de rasgos indeseables. La hipotética cultivador comenzó también por la selección de las mejores semillas disponibles y ayudarles a crecer correctamente. Las semillas seleccionadas para la segunda temporada de el resultado de azar híbrido polinizaciones por floración temprana o pasado por alto staminate de las plantas y de hermafrodita femeninas de las plantas. Muchos de estos aleatorio polen-los padres pueden ser indeseables para la cría, ya que puede pasar en las tendencias hacia la maduración prematura, retraso en la maduración, o hermaphrodism. Sin embargo, la recogida de semillas híbridas producen, en promedio, más grandes y más deseable, de la descendencia de la primera temporada. Esta condición se llama *el vigor híbrido* y los resultados de los híbridos en el cruce de dos diversos grupos de genes. La tendencia es que muchas de las características dominantes de ambos padres para ser transmitidos a la F_t descendencia, resultando particularmente grande y vigoroso de las plantas. Este aumento de vigor debido a la recombinación de genes dominantes a menudo se plantea el cannabinoide nivel de la Fj hijos, pero la hibridación también abre la posibilidad de que los indeseables (generalmente recesivo) los genes se pueden formar pares y expresar sus características en el F_2 la descendencia. El vigor híbrido también puede máscara inferior cualidades debido a anormalmente rápido crecimiento. Durante la segunda temporada, al azar de las polinizaciones de nuevo representaron un par de semillas que fueron recogidos. Esta selección se basa en una enorme piscina de genes y la posible F_2 las combinaciones son enormes. Por la tercera temporada de la piscina de genes se tiende hacia la maduración temprana de las plantas que están aclimatados a sus nuevas condiciones, en lugar de los productores de drogas condiciones de su ambiente nativo. Estos aclimatado a los miembros de la tercera cosecha tienen una mayor probabilidad de maduración de las semillas viables de los padres tipos, y al azar de las polinizaciones volverá a aumentar el número de aclimatarse a los individuos, y por lo tanto aumentar la probabilidad de que las características indeseables asociados con la aclimatación será transmitida a la siguiente F_2 de generación en generación. Este efecto se ve agravado de generación en generación y que finalmente resulta en un totalmente aclimatado malezas cepa de poco valor de la droga.

Con un poco de cuidado, el criador puede evitar estos peligros ocultos de una selección inconsciente. Las metas definidas son vitales para el progreso en la cría de *Cannabis*. Qué cualidades son deseables en una cepa que no la prueba? Qué características de una cepa de exhibición que son desfavorables y deben ser servidas a cabo? Las respuestas a estas preguntas sugieren metas para la cría. Además de un conocimiento básico de *Cannabis* la botánica, la propagación y la genética, el éxito de obtentor también se da cuenta de la mayoría de los minutos de las diferencias y similitudes en el fenotipo, la sensible relación se establece entre el criador y plantas y al mismo tiempo estricto que se sigan las pautas. Una explicación simplificada de la prueba del tiempo los principios de la mejora genética vegetal muestra cómo funciona esto en la práctica.

Selección es el primer paso y el más importante en el cultivo de cualquier planta. La obra del gran criador y de planta asistente de Luther Burbank erige como un faro para los criadores de especies exóticas de flores, frutas, y hortalizas fue el resultado de su meticulosa selección de los padres de cientos de miles de plántulas y adultos de todo el mundo.

> *Tener en cuenta que en la elaboración de la nueva planta, la selección juega el todo de una parte importante. En primer lugar, uno debe entrar claramente en mente el tipo de planta que se desea, a continuación, criar y seleccionar para ese fin, siempre la elección a través de una serie de años, las plantas que se están acercando más cercana a la ideal, y el rechazo de todos los demás.*
> —Luther Burbank (en Santiago, 1964)

La adecuada selección de los futuros padres sólo es posible si el criador está familiarizado con las características variables de *Cannabis* que pueden ser controlados genéticamente, tiene una manera de medir con precisión estas variaciones, y ha establecido objetivos para la mejora de estas características por la cría selectiva. Una lista detallada de la variación de los rasgos de *Erios* relativos a la crianza selectiva a favor o en contra, se encuentran al final de este capítulo. Seleccionando contra desfavorable de los rasgos de la selección, mientras que para los favorables, el inconsciente de la cría de los pobres de las cepas es evitado.

La parte más importante de Burbank mensaje en la selección le dice a los criadores para elegir las plantas que se están acercando más cercana a la ideal," y RECHAZAR TODAS las DEMÁS! Al azar polinizaciones no permiten el control necesario para rechazar la indeseables de los padres. Cualquier staminate planta que sobrevive a la detección y *revisión* (eliminación de la población), o cualquier perdida staminate rama de un femeninas hermafrodita puede convertirse en un polen de los padres de la siguiente generación. La polinización debe ser controlado de modo que sólo el polen y semillas, de los padres que han sido seleccionadas cuidadosamente para las favorables rasgos que dará lugar a la siguiente generación.

La selección se mejora mucho si uno tiene una muestra grande para elegir! La mejor planta recogido de un grupo de 10 tiene mucho menos posibilidades de ser significativamente diferentes de las de sus compañeros de plántulas de las mejores plantas seleccionadas a partir de una muestra de 100.000. Burbank a menudo hecho sus selecciones iniciales de los padres a partir de muestras de hasta 500.000 plantas de semillero. Surgen las dificultades para muchos criadores debido a que carecen de espacio para mantener suficiente cantidad de ejemplos de cada cepa para permitir una significativa selección. Un *Cannabis* del obtentor objetivos están restringidos por la cantidad de espacio disponible. La formulación de un objetivo bien definido, disminuye el número de individuos necesarios para realizar eficaz cruces. Otra técnica utilizada por los criadores, ya que el tiempo de Burbank es hacer que los principios de selecciones. Plantas de semillero ocupa mucho menos espacio que los adultos. Miles de semillas germinadas en un piso. Una plana ocupa la misma el espacio como un centenar de 10 centímetros (4 pulgadas) de brotes o dieciséis de 30 centímetros (12 pulgadas) de plántulas, o una de 60 centímetros (24 pulgadas) de menores. Una planta adulta puede fácilmente ocupar tanto espacio como una de las cien pisos. Aritmética Simple muestra que 10.000 brotes pueden ser examinados en el espacio requerido por cada planta madura, proporcionado suficiente de semilla. Las semillas de cepas raras son muy valiosos y exóticas; sin embargo, una cuidadosa selección aplicado a miles de personas, incluso de tales cepas comunes como los de Colombia o México, puede producir la mejor descendencia de plantas a partir de una cepa rara donde hay poca o ninguna oportunidad para la selección después de la germinación. Esto no significa que las cepas raras no son valiosos, pero una cuidadosa selección es aún más importante para el éxito de la reproducción. El azar polinizaciones que producen las semillas en la mayoría de los importados de marihuana asegurar un híbrido condición que resulta en una gran diversidad de plántulas. Distintivo de las plantas no son difíciles de descubrir si la plántula de la muestra es lo suficientemente grande.

Los rasgos se considera conveniente cuando la cría *Cannabis* a menudo implican la producción y la calidad del producto final, pero estas características sólo puede ser medido con precisión, después de que la planta ha sido cosechado y mucho después de que es posible seleccionar o la raza es. Temprano de las plántulas de selección, por lo tanto, sólo funciona para la mayoría de los rasgos básicos. Estos se seleccionan en primer lugar, y más tarde las selecciones de centrarse en las características más deseadas exhibida por los menores o de plantas adultas. A principios de los rasgos suelen dar pistas a maduro expresión fenotípica, y los criterios para la efectiva temprano de las plántulas de selección son fáciles de establecer. Como un ejemplo, muy alta y delgada plántulas podría llegar a ser buenos padres para pasta de papel o fibra de producción, mientras que las plantas de semillero de corta longitud de entrenudos y compuesto de ramificación puede ser más adecuado para la producción de flores. Sin embargo, muchos rasgos importantes para ser seleccionado en el *Cannabis* floral clusters no puede ser juzgado hasta mucho después de que los padres se han ido, por lo que muchos cruces se hacen temprano y selección de semillas en una fecha posterior.

La hibridación es el proceso de mezclar diferentes grupos de genes para producir la descendencia de la gran variación genética a partir de la cual distintivo de los individuos puede ser seleccionado. El viento realiza al azar de la hibridación en la naturaleza. Bajo cultivo, los criadores tomar para producir específicos, controlado híbridos. Este proceso es también conocido como *cruz-la polinización, la fecundación cruzada,* o simplemente *el cruce.* Si las semillas resultado, se producirá la cría de híbridos exhibiendo algunas de las características de cada uno de los padres.

Grandes cantidades de semillas híbridas son más fácilmente producida por la plantación de dos cepas de lado a lado, la eliminación de la staminate plantas de la cepa de semillas, y permitir que la naturaleza siga su curso. El polen o semillas estériles cepas podría ser develdesarrollado para la producción de grandes cantidades de semilla híbrida sin la mano de obra de adelgazamiento; sin embargo, los genes de esterilidad son raros. Es importante recordar que las debilidades de los padres se transmiten a la descendencia, así como las fortalezas. Debido a esto, las plantas más vigorosas y saludables siempre se utilizan para los híbridos de cruza.

También, *deportes* (plantas o partes de plantas que llevan y que expresan mutaciones espontáneas) más fácil de transmitir mutaciones de los genes a la descendencia si se utilizan como el polen de los padres. Si los padres representan diversos grupos de genes, *el vigor híbrido* los resultados, porque los genes dominantes tienden a llevar rasgos valiosos y los diferentes genes dominantes heredado de cada padre máscara recesiva rasgos heredados de la otra. Esto da lugar a una particularmente grande, los individuos sanos. Para aumentar el vigor híbrido de los hijos, los padres de familia de diferentes orígenes geográficos son seleccionadas ya que probablemente representan los más diversos grupos de genes.

Ocasionalmente la cría de híbridos resultará inferior a ambos padres, pero la primera generación todavía pueden contener genes recesivos para una favorable característica visto en un padre si el padre era homocigótico para ese rasgo. Primera generación (F_j) híbridos por lo tanto son puras para permitir que los genes recesivos para recombinar y expresar el deseado de los padres rasgo. Muchos criadores de parada con la primera cruz y nunca se dan cuenta del potencial genético de su cepa. Ellos no producen una F_2 generación por el cruce o la auto-polinización, Fj descendencia. Dado que la mayoría de internos *Cannabis* las cepas son F_x los híbridos para muchas características, gran diversidad y recesiva de la recombinación puede ser el resultado de la endogamia doméstica variedades híbridas. De esta manera, la cría de Fj híbridos ya ha sido logrado, y un año es salvado por ir directamente a la F_2 los híbridos. Estos F_2 los híbridos son más propensos a expresar recesiva de los padres de los rasgos. A partir de la F_2 híbrido de generación de las selecciones pueden ser hechas para los padres que se utilizan para iniciar de nuevo la verdadera cría de cepas. En Efecto, F_2 los híbridos pueden aparecer con más características extremas de cualquiera de las instrucciones de los padres. (Por ejemplo, P_1 alto contenido en THC X P_l bajo de THC rendimientos F_1 híbridos intermedios contenido de THC. La autofecundación el F_1 rendimientos F_2 los híbridos de ambos P_1 [altas y bajas de THC] fenotipos intermedios F_1 fenotipos y extra-alta THC así como de extra-baja de THC fenotipos.)

También, como resultado de la recombinación genética, Fj híbridos no son verdad y de cría debe ser reproducido del original de las cepas parentales. Cuando los criadores crear híbridos intentan producir semillas suficientes para durar por varios años consecutivos de cultivo. Después de las primeras pruebas de campo, indeseable semillas híbridas son destruidos y deseable híbrido de las semillas almacenadas para su uso posterior. Si los híbridos son para ser reproducida, un clon

VIGOR HIBRIDO
Los rasgos dominantes se heredan de ambos padres

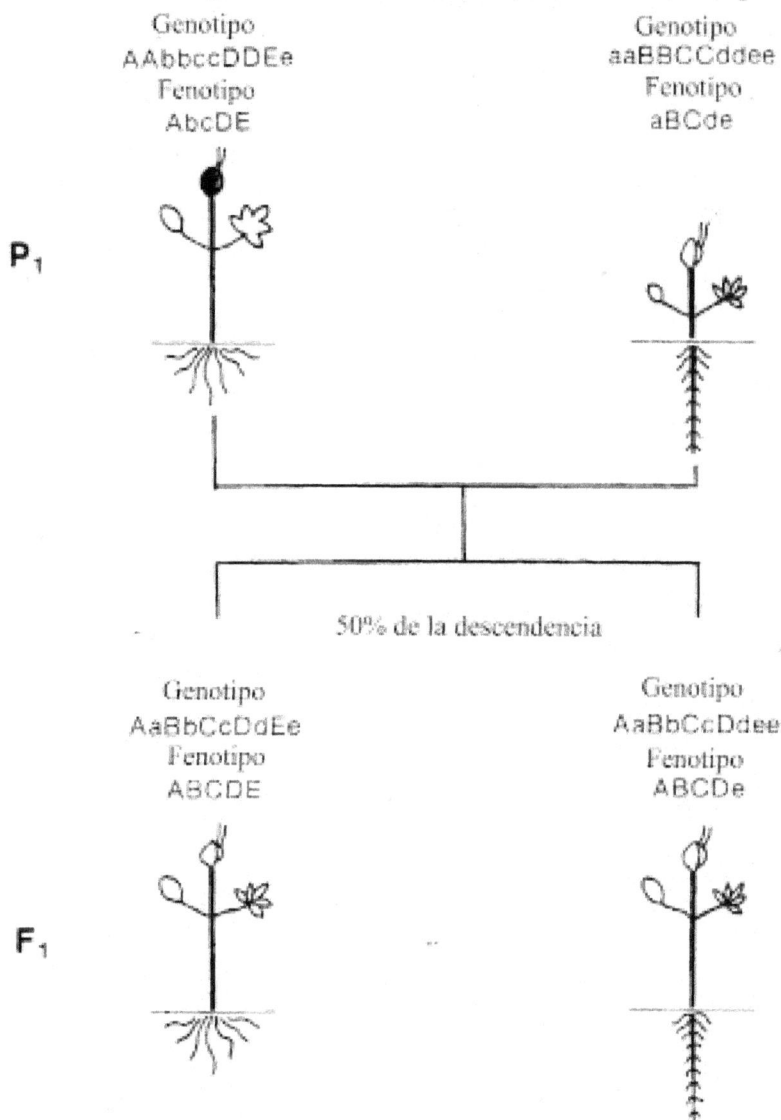

Genotipo
AAbbccDDEe
Fenotipo
AbcDE

Genotipo
aaBBCCddee
Fenotipo
aBCde

P₁

50% de la descendencia

Genotipo
AaBbCcDdEe
Fenotipo
ABCDE

Genotipo
AaBbCcDdee
Fenotipo
ABCDe

F₁

Rasgos dominantes/recesivos clave

MADRE	SALEDE	CALIZ	TAMANO DE SEMILLA	RAIZ
alto/bajo	pinnado/palmeado	verde/morado	gradne/pequeno	difuse/raiz primaria
A a	B D	C c	D d	E e

Nota: Las relaciones de dominancia que se muestran se basan en la observacion y no se han probado en forma absoluta.

se guarda de cada uno de los padres de la planta para conservar los originales de los padres de los genes.

El retrocruzamiento es otra técnica que se utiliza para producir descendencia con el armado de los padres características. En este caso, un cruce entre uno de los F_x o de los descendientes y de cualquiera de los padres que expresan el rasgo deseado. Una vez más, esto proporciona una oportunidad para la recombinación y la posible expresión de los seleccionados de los padres rasgo. El retrocruzamiento es una forma valiosa de la producción de nuevas cepas, pero es a menudo difícil debido a *Cannabis* es anual, por lo que se tiene un cuidado especial para guardar plantel parental para cruzar al año siguiente. Iluminación de interiores o invernaderos puede ser utilizado para proteger a los animales de cría de invierno. En las zonas tropicales, las plantas pueden vivir fuera de todo el año. Además del ahorro de padres de familia en particular, el éxito de un criador siempre guarda muchas de las semillas de la original P_t grupo que produjo la característica valiosa para que otros P_x las plantas también se expone el carácter puede ser cultivadas y seleccionadas para cruzar en un momento posterior.

Varios tipos de reproducción se resumen de la siguiente manera:

1. - Cruce de dos variedades de contar con excelentes calidades (hibridación).
2. - El cruce de los individuos de la F_t o la generación de autofecundación Fj personas a darse cuenta de las posibilidades de la cruz original (diferenciación).
3. - El retrocruzamiento para establecer original de los padres de los tipos.
4. El cruce de dos similares *la verdadera cría* (homocigotos) variedades para preservar un mutuo rasgo y restaurar el vigor.
5.

Cabe señalar que una planta híbrida es - no suele ser híbrido para todas las características ni tampoco una verdadera cepa de cría de la raza verdadera para todos los caracteres. Cuando se habla de cruces, estamos hablando de la herencia de uno o de unos pocos rasgos de sólo. La cepa puede ser cierto-cría sólo por unos pocos rasgos, híbrido para el resto. *Monohybrid cruces* implican un rasgo, *dihybrid cruces* involucrar a dos rasgos, y así sucesivamente. Las plantas tienen ciertos límites de crecimiento y reproducción, sólo se puede producir una planta que es una expresión de algunos genes ya presentes en el total de genes de la piscina. Nada es en realidad creado por la cría; es simplemente la recombinación de los genes existentes en nuevos genotipos. Pero las posibilidades de recombinación son casi ilimitadas.

El uso más común de la hibridación es el cruce de dos variedades. Los híbridos pueden ser producidos por el cruce de individuos seleccionados de diferentes de alta potencia cepas de diferentes orígenes, como Tailandia y México. Estos dos padres pueden compartir sólo la característica de alta psico-actividad y se diferencian en casi todos los demás aspectos. A partir de este gran intercambio de genes muchos fenotipos pueden aparecer en el F_2 de generación en generación. A partir de estos hijos de la criador selecciona

HYBRIDACION Y DIFERENCIACION

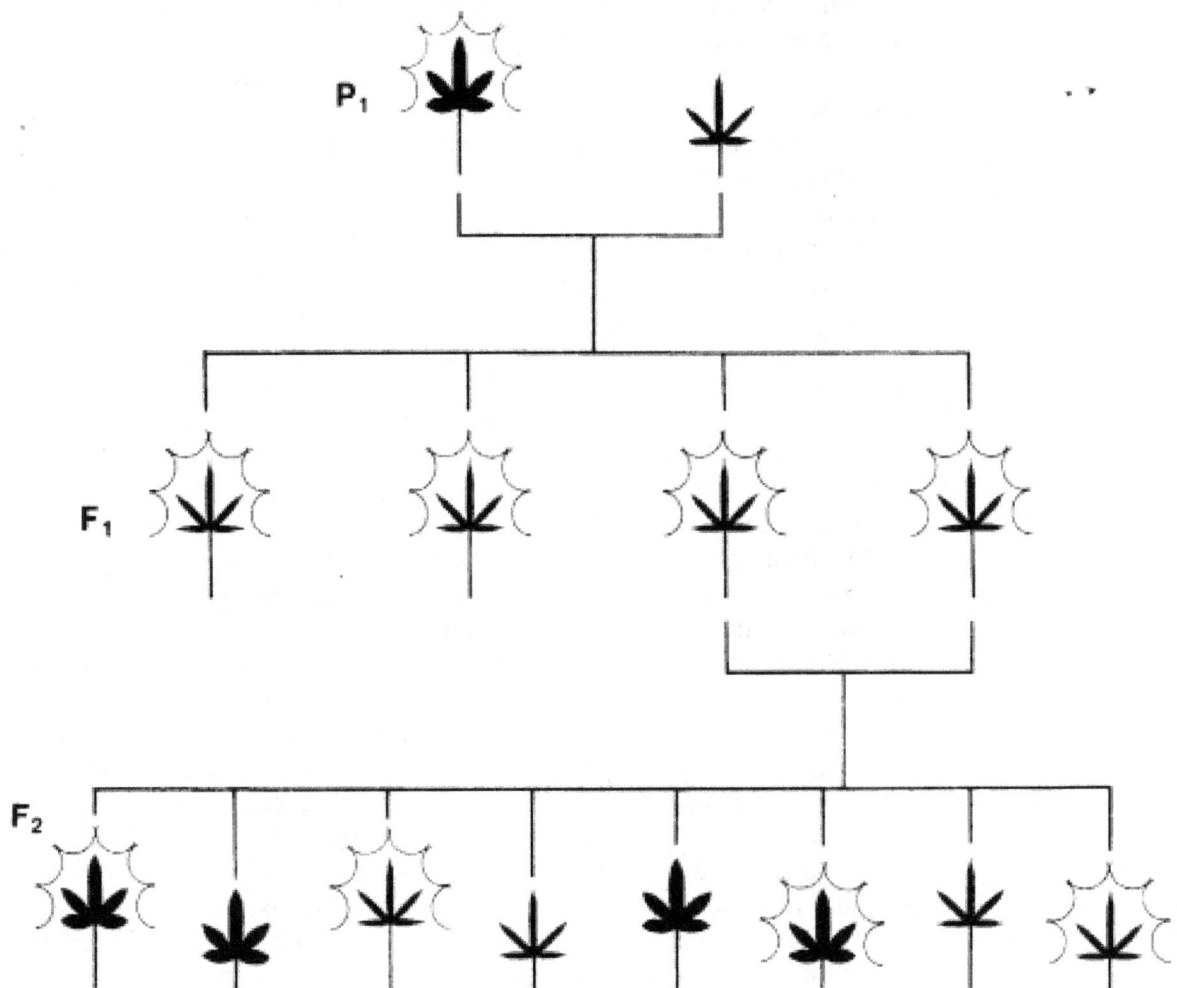

La hibridacion inicial da como resultado un fenotipo uniforme en la generacion F-1.
Hibridacion de la generacion F-1 consigo misma indiferenciacion, aparicion de nuevas
combinaciones de fenotipos.

CLAVE

| Palmeado Fenotipo | Pinada Fenotipo | Tall Phenotype | Corto Fenotipo | Elevado THC | Bajo THC |

los individuos que expresan las mejores características de los padres. Como un ejemplo, considere algunos de los descendientes del Pi (de los padres) de la cruz: México X Tailandia. En este caso, los genes de alto contenido de fármaco son seleccionados de ambos padres, mientras que otras características deseables puede ser seleccionado de cualquiera de ellas. Los Genes de gran talla y la maduración temprana son seleccionados a partir de los Mexicanos de semillas de los padres, y los genes de gran tamaño del cáliz y dulce aroma floral son seleccionados a partir de la Tailandés polen de los padres. Muchos de los F_t crías presentan varias de las características deseadas. Para promover aún más la segregación de genes, las plantas más cerca de acercarnos al ideal se cruzan entre sí. El F_2 la generación es una gran fuente de variación y la expresión recesiva. En el F_2 generación hay varias personas de muchos que exhiben todos los cinco de los caracteres seleccionados. Ahora el proceso de consanguinidad comienza, el uso de la deseable F_2 los padres de familia.

Si es posible, dos o más líneas se han iniciado, nunca lo que les permite cruzarse. En este caso, una aceptable staminate planta es seleccionado junto con dos plantas femeninas (o viceversa). Los cruces entre el polen de los padres y de las dos de la semilla de los padres resultado en dos líneas de herencia con un poco diferentes de la genética, pero cada uno expresa las características deseadas. Cada generación se producen nuevas, más aceptable combinaciones.

Si dos cepas puras se cruzan, F_t los híbridos serán menos variable que si dos variedades híbridas se cruzan. Esto viene de limitar la diversidad de los grupos de genes en las dos cepas se hibridan por medio de la endogamia. Más independiente de la selección y la endogamia de las mejores plantas para varias generaciones establecerá dos cepas que son verdaderas de cría para todos los seleccionados originalmente rasgos. Esto significa que toda la descendencia de los padres en la cepa de la que dará lugar a plántulas que todos exhiben los rasgos seleccionados. Los sucesivos endogamia puede que por esta vez han resultado en una disminución constante en el vigor de la cepa.

Cuando la falta de vigor interfiere con la selección de fenotipo-tipos de tamaño y resistencia, los dos por separado las cepas seleccionadas pueden ser luego cruzaron para recombinar no seleccionado los genes y restaurar el vigor. Esto probablemente no interferir con la cría para el seleccionado rasgos menos dos genes diferentes sistemas de control del mismo rasgo en dos líneas separadas, y esto es altamente improbable. Ahora que el obtentor haya producido un híbrido de la tensión que alimenta la verdad de gran tamaño, la maduración temprana, gran olor dulce cálices, y alto nivel de THC. Se ha alcanzado el objetivo!

La polinización del viento y dioicas la sexualidad a favor de un heterocigota del gen de la piscina en *Cannabis*. A través de la endogamia, los híbridos son una adaptación de un heterocigota del gen de la piscina a una homocigótica del gen de la piscina, proporcionando la estabilidad genética

necesarios para crear una verdadera cría de cepas. El establecimiento de
cepas puras, permite al criador para hacer híbridos de cruza con una may-
or probabilidad de predecir el resultado. Los híbridos pueden ser creados
que no son reproducibles en el F_2 de generación en generación. Variedades
comerciales de semillas podría ser desarrollado, que tendrían que ser
comprados cada año, porque el F_j híbridos de dos de raza pura líneas no
de la raza verdadera. Por lo tanto, un criador de semillas puede proteger la
inversión realizada en los resultados de la cría, ya que sería casi imposible
de reproducir los padres de F_2 semillas.

En este momento parece poco probable que la patente de una planta
podría ser otorgado por un pura cepa de cría de drogas *Cannabis*. En el
futuro, sin embargo, con la legalización del cultivo, es una certeza de que
las corporaciones con el tiempo, el espacio y el dinero para producir pura y
variedades híbridas de *Cannabis* se aplicará para las patentes. Puede ser legal que el crecimiento de ciertas patentado cepas que producen las grandes
empresas de semillas. ¿Será esta la forma como el gobierno y la industria
se combinan para controlar la calidad y cantidad de la "droga" *Cannabis?*

La aclimatación

Gran parte de la cría esfuerzo de América del Norte agricultores
es que se trate con *la aclimatación* alto contenido en THC de las cepas
de origen ecuatorial para el clima de su zona de cultivo, mientras que la
preservación de la potencia. De maduración tardía, lenta e irregularmente
flores cepas como los de Tailandia tienen dificultad con vencimiento en
muchas partes de América del Norte. Incluso en un greejn casa, puede no
ser posible para las plantas maduras a nativo de todo su potencial.

Para desarrollar una maduración temprana y rápida floración de la
cepa, un criador puede hibridar como en el ejemplo anterior. Sin embargo, si es importante para preservar la única importados de la genética, la
hibridación puede no ser recomendable. Alternativamente, un puro de la
cruz se realiza entre dos o más Tailandesa plantas que más estrechamente
acercarse al ideal de floración temprana. En este punto, el criador puede
ignorar muchas otras características y objetivo a la reproducción de un
estado anterior de maduración de la variedad de un Tailandés puro de la
cepa. Esta cepa puede todavía maduro considerablemente más tarde que es
ideal para la ubicación particular, a menos que la presión selectiva que se
ejerce. Si se cruza con varios individuos que cumplen otros criterios, tales
como alto contenido en THC, estos pueden ser utilizados para desarrollar
otro Tailandés puro de la cepa de alto contenido en THC. Después de estos
verdaderos-líneas de crianza se han establecido, un dihybrid puro de la cruz
puede ser hecho en un intento de producir una F, de la generación que contiene de maduración temprana, con alto contenido en THC de las cepas de
pura Thai genética, en otras palabras, un aclimatado de drogas de la cepa.

Los cruces realizados sin un objetivo claro en mente llevar a cepas
que aclimatarse mientras que la pérdida de muchos favorable de los perso-

CRIA PARA ACCLIMATIZAR

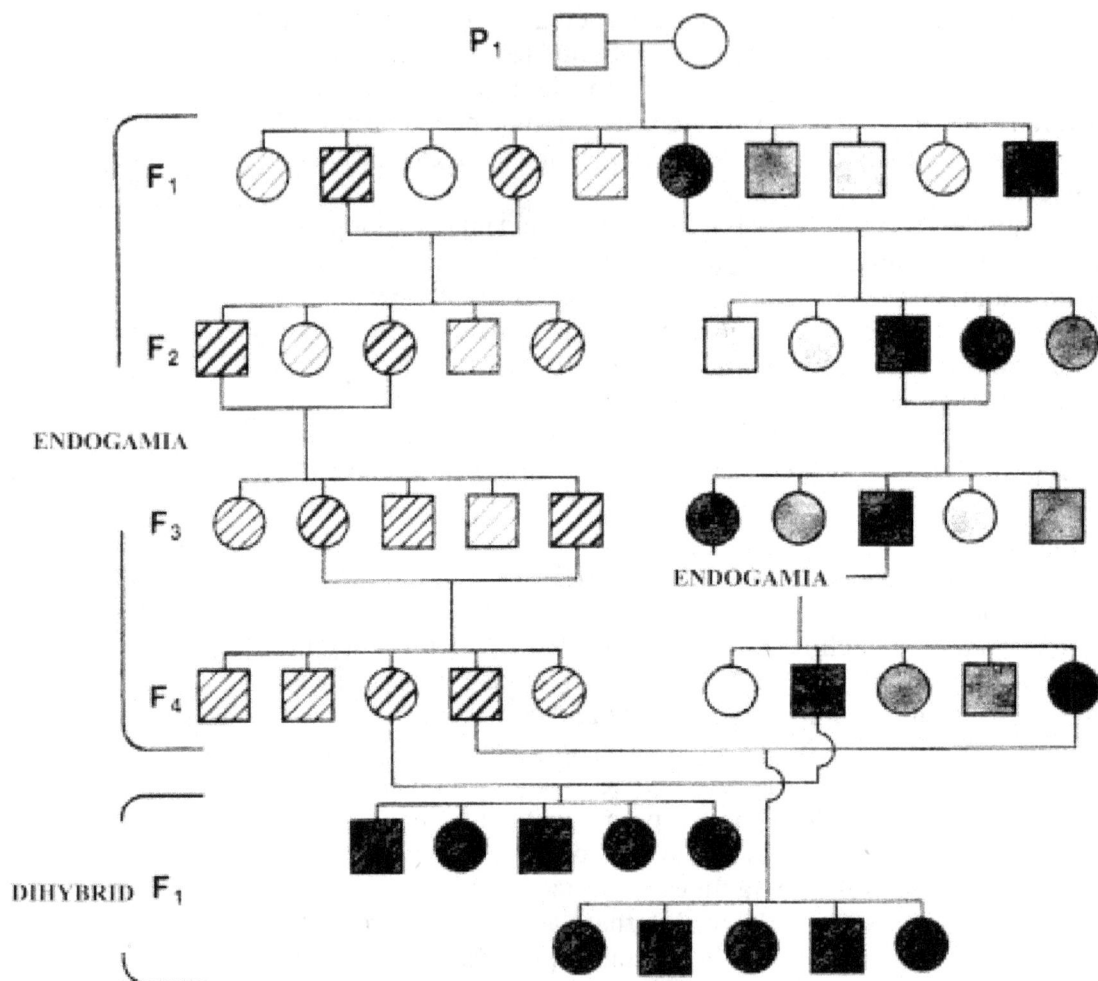

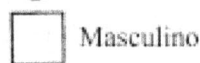

En este caso, se establecen lineas separado de alto contenido de THC y de maduracion temprana. Esto se hace seleccionando las plantas conmajor THC o las plantas de maduracion mas temprana como progenitoras para la proxima gewneracion. Luego se crean hibridos para expresar ambas caracteristicas.

CLAVE: ◯ Mujer   ◻ Masculino

NIVEL DE THC: Bajo ... Alto

TIEMPO DE MADURACION: Tarde ... Temprano

teristics. Un éxito reproductor es cuidado de no pasar por alto una característica que puede resultar útil. Es imperativo que los originales importados *Cannabis* la genética se conserva intacta para proteger las especies
de la pérdida de variedad genética, por el exceso de hibridación. Actualmente no reconocido de genes pueden ser responsables del control de la
resistencia a una plaga o enfermedad, y sólo podrá ser posible a la casta
de este gen por el cruce de cepas existentes a la original los padres de
grupos de genes. Una vez puro líneas de crianza se han establecido, los
fitomejoradores clasificar y analizar estadísticamente la descendencia
para determinar los patrones de herencia para ese rasgo. Este es el sistema utilizado por Gregor Mendel para formular las leyes básicas de la
herencia y de la ayuda a la moderno criador en la predicción del resultado de cruces.

- Dos líneas puras de *Cannabis* que difieren en un rasgo particular se
encuentra.

1. - Estos dos puro de cría líneas se cruzan para producir un Fj
   generación.
2. - El Fj generación es puras.
3. - La descendencia de la F_x y F_2 las generaciones se clasifican con
   respecto a la caracterstica que se estudia.
4. - Los resultados se analizaron estadísticamente.
5. - Los resultados se comparan con los patrones conocidos de la
   herencia, de tal modo que la naturaleza de los genes seleccionados para puede ser caracterizado.

La Fijación De Los Rasgos

La fijación de los rasgos (la producción de homocigotos descendencia) en *Cannabis* de las cepas es más difícil de lo que lo es en
muchas otras plantas de flor. Con monoicas cepas o hermafroditas es
posible fijar los rasgos por la auto-polinización de un individuo que
exhibe rasgos favorables. En este caso, una planta que actúa como la
madre y el padre. Sin embargo, la mayoría de las cepas de *Cannabis* son
dioicas, y a menos que hermafroditas reacciones puede ser inducida, otro
padre de familia que exhibe el rasgo es necesario para corregir el rasgo.
Si esto no es posible, el único individuo puede ser cruzado con una
planta no exhibe el rasgo, puras en el F_1 generación, y las selecciones de
los padres que exhibe el rasgo favorable hecho de la F_2 generación, pero
esto es muy difícil.

Si un rasgo es necesario para el desarrollo de un dioicas tensión
que podría ser descubierto en un monoico de la cepa y luego se fija a
través de la autofecundación y selección de homocigotos descendencia.
Dioico los individuos pueden ser seleccionados desde el monoico de la
población y estas personas cruzaron a la raza fuera monoecism en las
generaciones posteriores.

Galoch (1978) indica que el ácido giberélico (GA$_3$ promovido por la estambre de la producción mientras que el ácido indolacético (IAA), ethrel, y kinetina promovido pistilo de la producción en prefloral dioicas *Cannabis*. Sexo alteración tiene varias aplicaciones útiles. Lo que es más importante, si sólo uno de los padres que expresan una característica deseable se puede encontrar, es difícil de llevar a cabo una cruz a menos que pasa a ser una planta hermafrodita. Las hormonas podrían ser utilizados para cambiar el sexo de un esqueje de la planta deseable, y este corte se utiliza para aparearse con él. Esto se logra más fácilmente por el cambio de un femeninas de corte para un staminate (polen) de los padres, el uso de un spray de 100 ppm de ácido giberélico en el agua cada día, durante cinco días consecutivos. Dentro de dos semanas staminate flores pueden aparecer. El polen puede ser recopilada por la autofecundación con el original femeninas de los padres. La descendencia de la cruz también debe ser en su mayoría femeninas desde el obtentor es la autofecundación de la sexualidad femenina. Staminate padres invierte a la femenina floral producción inferior de semillas, de los padres, ya que pocas flores femeninas y se forman las semillas.

Si toda la cosecha podría ser manipulados temprano en la vida para producir todos los femeninas o staminate plantas, producción de semillas y sin semillas de drogas *Cannabis* la producción será facilitada en gran medida.

El cambio de sexo para la reproducción también puede ser realizada por la mutilación y por el fotoperiodo alteración. Una bien arraigada, el florecimiento de corte de la planta madre se poda volver al 25% de su tamaño original y despojado de todos sus demás flores. El nuevo crecimiento se aparecen a los pocos días, y varias flores de invertir sexual tipo aparecen con frecuencia. Las flores de las relaciones sexuales no deseadas se quitan hasta que el corte es necesario para la fertilización. Extremadamente cortos ciclos de luz (6-8 horas de fotoperiodo) también puede causar el cambio de sexo. Sin embargo, este proceso toma más tiempo y es mucho más difícil de realizar en el campo.

El genotipo y el Fenotipo de los Ratios de

Se debe recordar, en intentar arreglar las características favorables, que un monohybrid cruz da lugar a cuatro posibles genotipos recombinantes, un dihybrid cruz da lugar a 16 posibles genotipos recombinantes, y así sucesivamente.

El fenotipo y el genotipo de los ratios son probabilísticas. Si los genes recesivos son deseados por tres rasgos que no es eficaz para aumentar sólo el 64 descendencia y que debemos contar con un homocigoto recesivo individuales. Para aumentar la probabilidad de éxito es mejor que subir cientos de crías, eligiendo sólo a los mejores homocigótica recesiva personas como futuros padres. Todas las leyes de la herencia se basa en el azar y la descendencia no pueden enfoque predijo proporciones hasta muchos

más han sido caracterizados fenotípicamente y se agrupan de que los
teóricos mínimos.

El genotipo de cada individuo se expresa por un mosaico de
miles de sutiles de la superposición de rasgos. Es la suma total de estos
rasgos que determina el general fenotipo de tipo de un individuo. A
menudo es difícil determinar si la característica de ser seleccionado es
un rasgo o la mezcla de varios rasgos, y si estos rasgos son controlados
por uno o varios pares de genes. A menudo se hace poca diferencia
que los criadores no tienen plantas que se ha comprobado que la raza
verdadera. Los objetivos de mejoramiento todavía puede ser establecido. La autofecundación de Fi híbridos suele dar lugar a la variación
necesaria en el F_2 generación para la selección de los padres de familia
para las generaciones posteriores, incluso si las características de los
padres originales de la F_1 híbridos no son conocidos. Es en las generaciones siguientes que fija las características que aparecen y la obtención
de cepas puras, puede comenzar. Mediante la selección y el cruce de
los individuos que más se aproximan a la ideal descrito por la crianza,
la variedad puede ser mejorado continuamente, incluso si el exacto
patrones de herencia nunca se determinó. Complementarias rasgos
finalmente se combinan en una línea de cuyas semillas se reproducen
las favorables de los padres de los rasgos. La endogamia de las cepas
también permite a los débiles recesiva rasgos de expresarse y de estas
anomalías deben ser diligentemente quita de la población reproductora.
Después de cinco o seis generaciones, las cepas de hecho extraordinariamente uniforme. El Vigor de vez en cuando es restaurado por el cruce
con otras líneas o por cruzamientos.

De los padres de las plantas se seleccionan los que más se aproximan a la ideal. Si un rasgo deseable no es expresado por el padre, es
mucho menos probable que aparecen en la descendencia. Es imperativo
que las características más deseables de ser hereditario y no principalmente el resultado de medio ambiente y el cultivo. Adquirió rasgos no
son hereditarios y no puede ser hereditaria. La cría para que unos pocos
rasgos como sea posible a la vez que aumenta las oportunidades de
éxito. Además de los rasgos específicos elegidos como los objetivos de
la crianza, los padres son seleccionados que poseen otras en general las
características deseables tales como el vigor y el tamaño. Las determi-
naciones de la dominación y recessiveness sólo puede hacerse mediante
la observación de los resultados de muchos cruces, aunque salvaje
rasgos a menudo tienden a ser dominantes. Esta es una de las claves
para la supervivencia de adaptación. Sin embargo, de todas las posibles
combinaciones aparecerá en la F_2 generación, si es lo suficientemente
grande, independientemente de la posición de dominio.

Ahora, después de simplificar aún más este maravilloso
sistema de herencia, hay excepciones adicionales a las reglas que
deben ser exploradas. En algunos casos, un par de genes puede
controlar un rasgo, pero un segundo o tercer par de genes es

necesitaba expresar este rasgo. Esto se conoce como *la interacción de los genes*. No genético particular atributo en la que estamos interesados es totalmente aislado de otros genes y los efectos del medio ambiente. Los Genes de vez en cuando son trasladados en grupos en lugar de assorting de forma independiente. Esto se conoce como *gen de la vinculación*. Estos genes están espaciados a lo largo de un mismo cromosoma y puede o no puede controlar el mismo rasgo. El resultado de la vinculación puede ser que un rasgo no puede ser hereditaria, sin otra. A veces, los rasgos están asociados con los cromosomas sexuales X e y y que puede ser limitado a la expresión en solo uno de los sexos *(el sexo de vinculación)*. *Cruzar* también interfiere con el análisis de los cruces. Cruzar es el intercambio de piezas enteras de material genético entre dos cromosomas. Esto puede resultar en dos genes que están relacionados que aparecen en los cromosomas separados donde se hereda de forma independiente. Todos estos procesos pueden causar cruza a desviarse de la espera Mendeliana resultado. El azar es un factor importante en la cría de *Cannabis,* o cualquier introdujo la planta, y el más cruza un criador de intentos, más grandes son las posibilidades de éxito.

De la variable aleatoria, aislar, intermate, evaluar, multiplicate, y difundir son las palabras clave en la mejora de las plantas. Un criador de plantas comienza por la producción o recolección de diversos futuros padres de los cuales los más aconsejables son seleccionados y aislado. Intermating de seleccionar a los padres los resultados en la descendencia que deben ser evaluados por las características favorables. Si la evaluación indica que la descendencia no mejora, entonces se repite el proceso. Mejora de la descendencia se multiplican y difunden para uso comercial. La evaluación adicional en el campo es necesarios para comprobar la homogeneidad y a elegir a los padres para más intermating. Este cíclica enfoque proporciona un equilibrado sistema de mejora de las plantas.

La naturaleza básica de la *Cannabis* hace que sea difícil para la raza. La polinización del viento y dioicas la sexualidad, la cual cuenta de la gran capacidad de adaptación en *Cannabis,* causa muchos problemas en la reproducción, pero ninguno de estos son insuperables. El desarrollo de un conocimiento y de la sensación de la planta es más importante que la memorización de las proporciones Mendelianas. Las palabras de la gran Luther Burbank decirlo así, "la Herencia es inamovibles por repetición".

El primer conjunto de rasgos preocupaciones *Cannabis* las plantas, como un todo, mientras que el resto de la preocupación de las cualidades de las plántulas, hojas, fibras, y las flores. Por último una lista de los diversos *Cannabis* las cepas se proporciona junto con características específicas. Siguiendo este orden, basic y, a continuación, la selección de características favorables se puede hacer.

Lista de Rasgos Favorables de *Cannabis* en el Que la Variación se Produce

1. Características Generales
    a. Tamaño y Rendimiento
    b. Vigor
    c. Adaptabilidad
    d. La resistencia
    e. La enfermedad y la Resistencia a las Plagas
    f. La maduración de la
    g. La Producción de raíz h) de la Ramificación
    i. el Sexo

2. Las Plántulas Rasgos

3. Rasgos De La Hoja

4. La Fibra De Los Rasgos

5. Rasgos Florales
    a. Forma
    b. Formulario
    c. Tamaño Del Cáliz
    d. Color
    e. Cannabinoides Nivel
    f. Sabor y Aroma
    a. La persistencia de los Principios Aromáticos y los Cannabinoides
    h. Tricomas Tipo
    i. Cantidad de resina y de Calidad
    j. La Resina De La Tenacidad
    k. El secado y el Curado de la Tasa de
    l. La facilidad de la Manicura
    m. Los Caracteres de las Semillas
    n. La maduración de la
    o. La floración
    p. Maduración
    q. Perfil De Cannabinoides

6. Bruto Fenotipos de *El Cannabis* Las cepas

1. Características Generales
a) Tamaño y Rendimiento - El tamaño de una persona *El Cannabis* la planta está determinada por factores ambientales, tales como espacio para la raíz y el crecimiento del brote, la luz adecuada y nutrientes, y el riego adecuado. Estos factores ambientales influyen en el fenotípica de la imagen del genotipo, pero el genotipo del individuo es responsable para el conjunto de las variaciones en la morfología macroscópica, incluyendo el tamaño. Crecido en las mismas condiciones,

particularmente grandes y pequeños individuos son fácilmente localizados y seleccionados. Muchos enanos *Cannabis* las plantas han sido reportados y enanismo puede estar sujeto a control genético, como lo es en muchas plantas superiores, tales como el enano de maíz y cítricos. *Cannabis* los padres seleccionados de gran tamaño tienden a producir descendencia de un mayor tamaño promedio de cada año. Híbrido de cruza entre altos *(Cannabis satiua*—México) de las cepas y corto *(Cannabis ruderalis*—Rusia) de las cepas de rendimiento Fj descendencia de intermedio alto (Beutler y der Marderosian 1978). El vigor híbrido, sin embargo, va a influir en el tamaño de la descendencia, más que cualquier otro factor genético. El aumento de tamaño de la cría de híbridos es a menudo sorprendente y representa la mayor parte del éxito de *Cannabis* los cultivadores en la crianza de plantas de gran tamaño. No se sabe si hay un conjunto de genes para el "gigantismo" en *Cannabis* o si los individuos poliploides realmente el rendimiento más que diploide debido al aumento de conteo de cromosomas. Tetraploids tienden a ser más altos y sus requerimientos de agua son a menudo más altos que los diploides. El rendimiento se determina por el total de la producción de fibra, semilla, o de la resina y de la cría selectiva puede ser utilizado para aumentar el rendimiento de cualquiera de estos productos. Sin embargo, varios de estos rasgos pueden estar estrechamente relacionados, y puede ser imposible raza para que el uno sin el otro (gen de la vinculación). La endogamia de una cepa pura aumenta el rendimiento sólo si el alto rendimiento de los padres son seleccionados. De alto rendimiento de las plantas, staminate o femeninas, no son finalmente seleccionados hasta que las plantas se secan y de cuidados. Debido a esto, muchos de los más vigoroso de las plantas se cruzan y semillas seleccionadas después de la cosecha cuando el rendimiento se puede medir.

b) Vigor - De gran tamaño a menudo es también un signo de la sana vig
orous crecimiento. Una planta que comienza a crecer de inmediato
se suele llegar a un tamaño mayor y producir un mayor rendimiento
en una corta temporada de crecimiento de un lento, lento crecimiento
de la planta. Los padres son siempre seleccionados para el rico follaje de color verde
y rápida, sensible crecimiento. Esto se asegurará de que los genes de
ciertas deficiencias en el crecimiento y desarrollo general son
criados fuera de la población, mientras que los genes para la resistencia y
el vigor permanecen.

c) Adaptabilidad - Es importante para una planta con una amplia
distribución, tales como *Cannabis* para ser adaptable a muchos
diferentes condiciones ambientales. De hecho, *Cannabis* es
uno de los más genotípicamente interesantes y fenotípicamente
plantas de plástico en la tierra; como resultado se ha adaptado al entorno
que las condiciones mentales que van desde ecuatorial templados
climas. Agrícola nacional circunstancias dictan
que *Cannabis* debe cultivarse bajo una gran variedad de
condiciones.
    Plantas para ser seleccionado para la adaptabilidad son clonados y
crecido en varios lugares. Los padres de las poblaciones con el

mayor supervivencia de los porcentajes puede ser seleccionado como futuros padres para una adaptable de la cepa. La adaptabilidad es realmente sólo otro término para la resistencia bajo diferentes condiciones de crecimiento.

d) Resistencia - La resistencia de una planta es su total resistencia al calor y las heladas, la sequía y el exceso de riego, y así sucesivamente. Las plantas con una particular resistencia a aparecer cuando las condiciones adversas conducir a la muerte de el resto de una población grande. Los sobrevivientes de algunos miembros de la población, podría llevar genética de la resistencia a los factores ambientales que destruyó la mayoría de la población. La cría de estos sobrevivientes, sometiendo a la descendencia a continuar condiciones de estrés, y seleccionando cuidadosamente para varias generaciones, debe resultar en un de pura cepa de cría con el aumento de la resistencia a la sequía, las heladas, o el calor excesivo.

a. *La enfermedad y la Resistencia a las Plagas* - En mucho la misma manera que la resistencia de una cepa puede ser criados para la resistencia a ciertas enfermedades, tales como damping-off hongo. Si los pisos de las plántulas están infectadas por el damping-off de la enfermedad y casi todos de ellos muere, el resto serán pocos los que tienen cierta resistencia a damping-off hongo. Si esta resistencia es heredable, que puede ser transmitido a las generaciones siguientes por el cruce de estas sobrevivir a las plantas. Posterior cruce, probado por la inoculación de los pisos de las plántulas de los hijos con damping-off hongo, se debe producir una más resistente a la deformación.

b. La resistencia al ataque de plagas funciona de la misma manera. Es común encontrar puestos de *Cannabis* cuando uno o un par de plantas infestadas con insectos, mientras que las plantas adyacentes están intactos. Cannabinoides y las resinas terpenoides son probablemente responsables de repeler el ataque de los insectos, y los niveles de estos variar de planta a planta. *El Cannabis* ha evolucionado defensas contra el ataque de los insectos en forma de resina secretoras de tricomas glandulares, que cubren reproductiva y asociados de las estructuras vegetativas de las plantas maduras. Los insectos, la búsqueda de la resina desagradable, rara vez atacan a maduro *Cannabis* flores. Sin embargo, pueden tira el exterior de hojas de la misma planta debido a que estos desarrollan un menor número de tricomas glandulares y resinas protectoras de las flores. .Nonglandu-lar los cannabinoides y otros compuestos producidos dentro de la hoja y el tallo de los tejidos que, posiblemente, inhibir el ataque de los insectos, puede dar cuenta de la variación de la resistencia de las plántulas y vegetativo juvenil de las plantas a la infestación de plagas. Con la popularidad de los gases de efecto *Cannabis* el cultivo de una cepa es necesario, con el aumento de la resistencia al moho, ácaros, áfidos, blanco o infestación de la mosca. Estos problemas a menudo son tan graves que el efecto invernadero cultivadores destruir las plantas que son atacadas. Los moldes suelen reproducirse por el viento, las esporas, por lo que la negligencia puede conducir rápidamente a la epidemia de desastre. La selección y la reproducción de las menos las plantas infectadas se debe producir en las cepas con mayor resistencia.

f) la Maduración - Control de la maduración de *El Cannabis* es
muy importante, no importa cuál sea la razón para el crecimiento de la misma.
Si *Cannabis* es para ser cultivadas para la fibra es importante que el
máximo contenido de fibra de la cosecha se llega temprano y
que todos los individuos en los cultivos maduran al mismo
tiempo para facilitar su explotación comercial. La producción de semilla
requiere incluso de maduración de ambos polen y semillas par
entos para asegurar el ajuste y la maduración de las semillas. Una
desigual maduración de las semillas significaría que algunas semillas
se reduciría y se pierde, mientras que otros todavía están madurando. Una
comprensión de maduración floral es la clave para la pro
ducción de alta calidad de la droga *Cannabis*. Cambios en bruto
de la morfología son acompañados por cambios en cannabinoides
y terpenoides de la producción y de servir como visual claves para disuadir
de minería de la madurez de los *Cannabis* flores.

Un *Cannabis* planta madura, ya sea temprano o tarde, ser rápido o lento
a la flor, y a madurar, ya sea uniforme o de forma secuencial.

La cría de principios o a finales de la maduración es sin duda una realidad; también es posible que la raza para la rápida o lenta floración e incluso
secuencial o de maduración. En general, los cruces entre maduración temprana
de las plantas de dar lugar a la maduración temprana de la descendencia, los
cruces entre finales de la maduración de las plantas dan lugar a finales de la
maduración de los hijos, y los cruces entre finales y principios de la maduración de las plantas dan lugar a crías de maduración intermedia. Esto parece
indicar que la maduración de los *Cannabis* no es controlada por el simple
dominio y recessiveness de un gen, pero probablemente es el resultado de la
dominación incompleta y una combinación de genes por separado los aspectos
de la maduración. Por ejemplo, *Sorgo* la maduración es controlado por cuatro genes separados. La suma de estos genes produce un cierto fenotipo de la
maduración. Aunque los criadores no sabe que la acción de cada gen específico, que todavía puede raza para el total de estos rasgos y lograr resultados más
casi acercándose a la meta a tiempo de maduración de las cepas parentales.

g) la Producción de Raíz - El tamaño y la forma de *Cannabis* la raíz
de los sistemas varían mucho. A pesar de todos los embriones, envía una
raíz principal de la que las raíces laterales crecer, el individuo
patrón de crecimiento y el tamaño final y la forma de las raíces varían
considerablemente. Algunas plantas enviar una profunda raíz pivotante, de
hasta 1 metro (39 pulgadas) de largo, lo que ayudará a la planta
contra los vientos y la lluvia. La mayoría de los *Cannabis* las plantas, sin embargo, producir una mala raíz pivotante, que rara vez se extiende a más de
30 centímetros (1 pie). El crecimiento Lateral es responsable de
la mayoría de las raíces en *Cannabis* plantas. Estas bellas lateral
de las raíces de la oferta de la planta de apoyo adicional, pero su principal
función es absorber agua y nutrientes del suelo. Un

gran sistema de raíces será capaz de alimentar a una planta grande. La mayoría de las raíces laterales crecen cerca de la superficie de la tierra donde hay más agua, más oxígeno y más nutrientes disponibles. La cría de raíz el tamaño y la forma pueden resultar beneficiosas para la producción de grandes lluvia y el viento de cepas resistentes. A menudo *El Cannabis* las plantas, incluso muy grandes, muy pequeñas y sensibles de los sistemas radiculares. Recientemente, algunos alcaloides han sido descubiertas en las raíces de *Cannabis* que podrían tener algún valor médico. Si esto resulta ser el caso, *Cannabis* puede ser cultivados y criados para la alta alcaloide niveles en las raíces a ser utilizados en la producción comercial de productos farmacéuticos.

Como con muchos rasgos, es difícil hacer la selección para la raíz de tipos hasta que los padres de la cosecha. Debido a esto muchos cruces se hacen temprano y semillas seleccionadas más tarde.

h) la Ramificación - El patrón de ramificación de un *El Cannabis* la planta está determinada por la frecuencia de los nodos a lo largo de cada rama y el grado de ramificación en cada nodo. Por ejemplo, considere un hombre alto, delgado planta con delgadas extremidades compone de entrenudos largos y nodos con poca ramificación (Oaxaca, México cepa). Compare esto con una cerveza negra, densamente ramificada de la planta, con los miembros de entrenudos cortos y muy ramificados nodos (Hindu Kush hachís cepas). Diferentes patrones de ramificación son los preferidos para las diferentes aplicaciones agrícolas de la fibra, de la flor, o la producción de resina. Alto, delgado plantas con mucho los entrenudos y ramificación no se adaptan mejor a la producción de fibra; un corto, ancho de plantas con entrenudos cortos y bien desarrollado de ramificación es el mejor adaptado a la producción floral. Estructura de ramificación es seleccionado que se va a tolerar fuertes lluvias y vientos fuertes sin romper. Esto es muy ventajoso para los cultivadores de exterior en zonas de clima templado con cortas temporadas. Algunos criadores seleccione alto, ágil plantas (México) que se dobla con el viento; otras seleccione corto, rígido plantas (Hindu Kush) que resistir el peso de agua sin necesidad de agacharse.

i) el Sexo - Intentos de criar la descendencia de uno sólo de tipo sexual han llevado a más de la incomprensión de cualquier otra faceta de *Cannabis* la genética. Los descubrimientos de McPhee (1925) y Schaffner (1928) mostró que la pura sexual tipo y hermafrodita condiciones se heredan y que el porcentaje de tipos sexual podría ser alterado por el cruce con ciertas hermafroditas. Desde entonces generalmente se ha asumido por parte de los investigadores y criadores que un cruce entre CUALQUIER seleccionados planta hermafrodita y una femenina de semillas de los padres debe resultar en una población de toda la descendencia femenina. Este no es el caso. En la mayoría de los casos, la descendencia de hermafrodita los padres tienden hacia hermaphrodism, el cual es ampliamente desfavorable para la producción de *Cannabis*

Flor Pistilada

Flor
Estaminada

**Hermafrodita
floral clúster.**
Totalmente femenina y
stami nate las flores son
evidentes.

otras que las de fibra de cáñamo. Esto no es decir que no hay
ninguna tendencia para hermafrodita cruces para alterar la proporción de sexos en la descendencia. La liberación accidental de
algunos polen de predominantemente femeninas hermafroditas,
junto con la erradicación completa de casi todos los staminate y
stami-nate planta hermafrodita puede haber llevado a un cambio en la relación sexual en el servicio doméstico poDulations de
sinsemilla drogas El Cannabis. Se observa comúnmente que estas
cepas tienden hacia un 60% a 80% femeninas de las plantas y de
unos femeninas hermafroditas no son infrecuentes en estas poblaciones.

generaciones, de casi todas las crías pistiladas. El propio progenitor de polen hermafrodita istilado es aquel que ha crecido como una planta pistilada pura y al final de la temporada, o bajo estrés ambiental artificial, comienza a desarrollar unas pocas flores estaminadas. Si el polen de estas pocas flores estaminadas que se forman en una planta pistilada se aplica a un padre de semilla pistilada pura, la generación Fi resultante debe ser casi toda istilada con solo unos pocos hermafroditas pistilados. Este también será el caso si el seleccionado femeninas hermafrodita polen de origen se autopolinizan y lleva sus propias semillas. Recuerde que un autopolinizan hermafrodita da lugar a más hermafroditas, pero se autopolinizan femeninas de la planta que ha dado lugar a un número limitado de staminate flores en respuesta a estrés ambiental debe dar lugar a casi toda la descendencia femenina. La descendencia Fj puede tener una ligera tendencia a producir algunas flores estaminadas bajo mayor estrés ambiental y estas se utilizan para roduce semillas F2. Una *cepa monoica* produce más del 95% de plantas con muchas flores pistiladas y estaminadas, pero una *cepa dioica* produce más del 95% de plantas pistiladas o estaminadas puras. Un lant de una cepa dioica con algunas flores inter-sexuales es un *hermafrodita* pistilado o estaminados. Por lo tanto, la diferencia entre monoecismo y her-mafrodismo es de grado, determinado por la genética y el medio ambiente.

También se pueden realizar cruces para producir casi todas las crías estaminadas. Esto se logra cruzando una planta estaminada pura con una planta estaminada que ha producido algunas flores pistiladas debido al estrés ambiental, o autofecundando esta última planta. Es evidente que en la naturaleza esto no es una posibilidad probable. Muy pocas plantas estaminadas viven el tiempo suficiente para producir flores pistiladas, y cuando esto sucede, el número de semillas producidas se limita a las pocas flores pistiladas que se producen. En el caso de un hermafrodita pistilado, puede producir solo unas pocas flores estaminadas, pero cada una de ellas puede producir miles de granos de polen, cualquiera de los cuales puede fertilizar una de las flores pistiladas abundantes, produciendo una semilla. Esta es otra de las razones por las que las poblaciones naturales de cannabis tienden a ser predominantemente pistiladas y hermafroditas pistiladas. Los hermafroditas artificiales pueden ser producidos por aerosoles hormonales, mutilación y ciclos de luz alterados. Estos deben resultar más útiles para la fijación de rasgos y tipo sexual.

Las cepas de drogas se seleccionan por fuertes tendencias dioicas. Algunos criadores seleccionan cepas con una proporción de sexo más cercana a una que una cepa con una alta proporción de sexo pistilado. Creen que esto reduce las posibilidades de que las plantas pistiladas se vuelvan hermafroditas más adelante en la temporada.

2. Las Plántulas Rasgos

Las plántulas rasgos pueden ser muy útiles en la eficiente y con el propósito de selección de los futuros padres de stock. Si precisa de selección puede ser ejercido en las pequeñas plántulas, de poblaciones mucho más grandes pueden ser cultivadas para la selección inicial, como menos de espacio que se requiere para elevar los pequeños brotes de las plantas maduras. Whorled phyllotaxy y la resistencia a la damping-off son dos rasgos que se pueden seleccionar sólo después de la aparición del embrión desde el suelo. Principios de selección para el vigor, la resistencia, la resistencia, y en general la forma de crecimiento puede ser hecho cuando las plántulas son de 30 a 90 centímetros (de 1 a 3 pies) de altura. Tipo foliar, altura y ramificación son otros criterios para la selección anticipada. Estos principios-plantas seleccionadas no pueden ser criados, hasta que maduran, pero la selección es la principal y más importante paso en la mejora de las plantas.

Whorled phyllotaxy está asociado con posterior anomalías en el ciclo de crecimiento (es decir, varios folletos y aplanado o golpeado tallos). También, la mayoría de los whorled plantas son staminate y whorled phyllotaxy puede ser ligado al sexo.

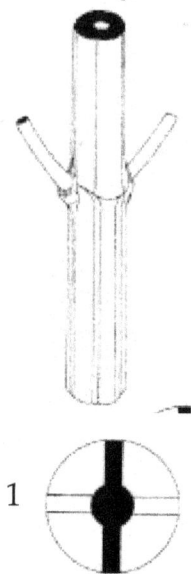

3. Rasgos De La Hoja

Rasgos de la hoja varían mucho de una cepa a otra. Además de estas variaciones que ocurren regularmente en las hojas, hay una serie de mutaciones y de los posibles rasgos en la forma de la hoja. Puede ser que la forma de la hoja se correlaciona con otros rasgos en *Cannabis*. Amplio folletos podría estar asociado con una baja cáliz-a-proporción de hojas y folletos estrecha podría estar asociado con una alta cáliz-hoja de relación. Si este es el caso, los principios de selección de las plántulas por prospecto forma podría determinar el carácter de la floración en racimos en la cosecha. Ambos compuestos y palmeado-variaciones de hojas parecen ser hereditarios, como son en general los caracteres de la hoja. Un criador puede desear desarrollar una única forma de hoja para una ornamentales de la cepa o el aumento del rendimiento de la hoja para la producción de pasta.

Un peculiar hoja de mutación se informó de una F_r Colombiano de la planta en la que dos hojas en la planta, en el momento de la floración, desarrollado floral grupos de 5 a 10 femeninas cálices en la intersección de la valva de la matriz y el pecíolo de apego, en la adaxial (parte superior) lado de la hoja. Uno de estos grupos desarrollaron un parcial staminate flor, pero la fertilización no tuvo éxito. Se desconoce si esta mutación es hereditaria.

Desde Afganistán, otro ejemplo ha sido observado con varios pequeños racimos florales a lo largo de los pecíolos de muchos de los principales grandes hojas.

4. La Fibra De Los Rasgos

Más avanzada la cría se ha producido en fibra de cepas que cualquier otro tipo de *Cannabis*. Durante los muchos años

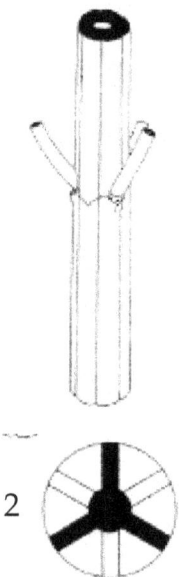

1

2

Filiotaxia:
1) Decusado
2) En espiral: las secciones transversales de la disposición de las ramas se muestran debajo del dibujo del vástago.

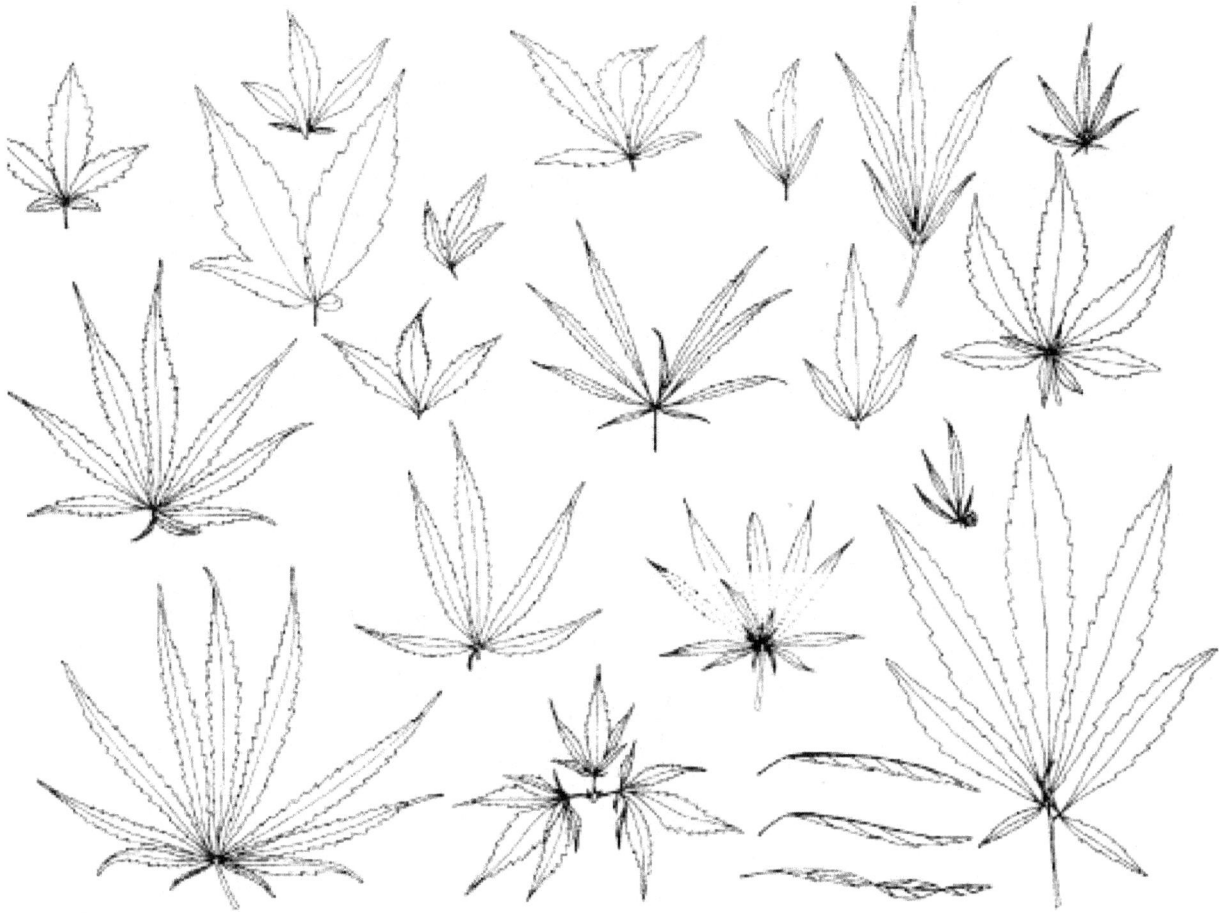

Hojas de Cannabis
Esto muestra la variedad de formas de hojas que ocurren.

las cepas han sido desarrollados con la mejora de la maduración, mayor contenido de fibra, y la mejora de la calidad de la fibra en cuanto a la longitud, la fuerza y la flexibilidad. Amplios programas de mejoramiento han sido realizados en Francia, Italia, Rusia y los Estados unidos para desarrollar mejores variedades de fibra Cannabis. De altura sin extremidades cepas que son monoicas son los más convenientes. Monoeciousness es favorecido, porque en dioico de las poblaciones de la staminate las plantas maduran primero y las fibras se vuelven frágiles antes de la femenina plantas están listas para la cosecha. La fibra de las cepas de Europa se divide en norte y sur de variedades. Estos últimos requieren de altas temperaturas y un largo periodo vegetativo y como resultado de crecer más alto rendimiento y más fibra.

Mutaciones Foliares

1) Un racimo de flores pistiladas ocurre en el centro de
la matriz de folíolos.
2) Aparecen racimos florales
pistilados a lo largo del
pecíolo.

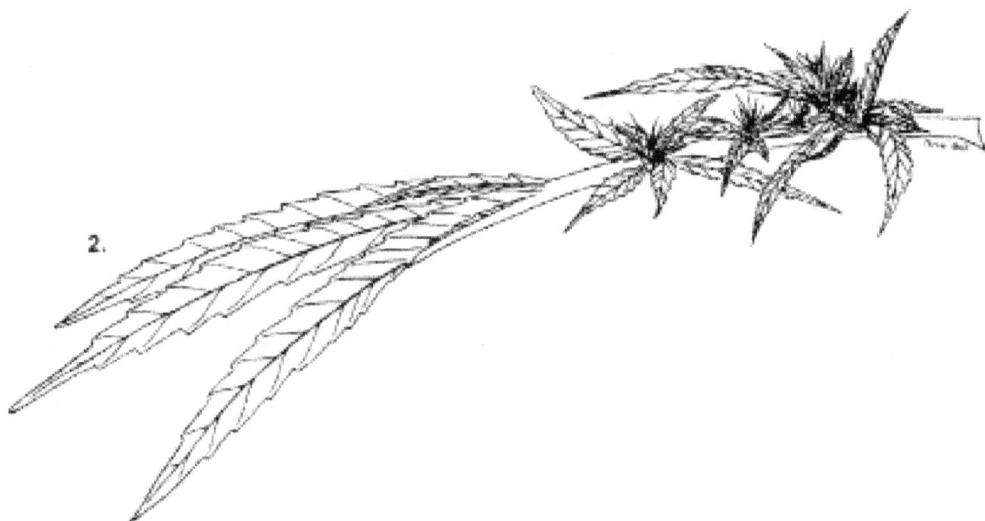

5. Rasgos Florales

Muchos de los rasgos individuales de determinar las
características florales de *Cannabis*. Esta sección se centrará en
las características individuales de femenina floral grupos con
comentarios ocasionales sobre rasgos similares en staminate
racimos florales. Femeninas de la floración de los clústeres son
los productores de semillas de los órganos de *Cannabis;* las que
permanecen en la planta e ir a través de muchos cambios que no
pueden ser comparados con los de staminate plantas.

a) la Forma - La forma básica de un racimo floral es determinado por el entrenudo longitudes a lo largo de la principal eje floral
y dentro de los racimos florales. Densos, largos racimos resultado

cuando intemodes se corta a lo largo de un largo eje floral, y no son de corto plazo intemodes dentro del individuo compactos racimos florales (Hindu Kush). Airy clusters resultado cuando una planta forma una estirada eje floral con mucho inte-modes entre el bien ramificada individuales floral clusters (Tailandia).

La forma de un racimo floral también está determinado por el general hábito de crecimiento de la planta. Entre las nacionales *Cannabis* fenotipos, por ejemplo, es obvio que los racimos florales de una planta de fenotipo de la planta se curva hacia arriba en el extremo, florales y grupos, de la enorme vertical fenotipo tendrá larga, recta floral grupos de diversas formas. Temprano en el invierno, muchas cepas de comenzar a estirar y dejar cáliz de producción en la preparación para el rejuvenecimiento y la posterior crecimiento vegetativo en primavera. Staminate las plantas también presentan una variación en racimos florales. Algunas plantas tienen apretados racimos de staminate cálices se asemeja invertida uvas (Hindu Kush) y otros han de largo, que cuelga de los grupos de flores en largo, expuesto, sin hojas ramas (Tailandia).

b. Formulario - La forma de un racimo floral está determinado por los números y las proporciones relativas de los cálices y las flores. Un frondoso floral cluster puede ser de un 70% de las hojas y tienen un cáliz-hoja propor-ción de l-a-4. Es obvio que las cepas con un alto cáliz-hoja de relación de más adaptados a cáliz de producción, y por lo tanto, para la producción de resina. Este factor podría ser ventajoso en la caracterización de las plantas como a los futuros padres de drogas cepas. En este punto se debe señalar que las femeninas racimos florales se componen de un número de partes distintas. Se incluyen los tallos, ocasionales, las semillas, los cálices, las hojas interiores subtiende cáliz pares (pequeño, resinosa, 1-3 folíolos), y exterior de hojas de subtiende toda la racimos florales (más grande, poca resina, 3-11 folletos). Las proporciones (por peso seco) de estas diversas partes variar por la cepa, el grado de polinización, y la madurez de los racimos florales. La maduración es una reacción a los cambios ambientales, y el grado de madurez alcanzado está sujeto a condiciones climáticas de los límites, así como criador de pref-erencia. Debido a esta interacción entre el medio ambiente y la genética en el control de la forma floral a menudo es difícil para la raza *Cannabis* para floral características. Un conocimiento profundo de la forma en que una cepa madura es importante en la separación de los posibles rasgos heredados de racimos florales de adquirido rasgos. El capítulo IV, la Maduración y la Cose-cha de*Cannabis,* se adentra en los secretos y las teorías de la maduración. Por ahora, vamos a suponer que los rasgos siguientes se describen plenamente maduros racimos florales (pico floral etapa) antes de cualquier caída.

c. Tamaño Del Cáliz - Maduro cálices varían en tamaño de 2 a 12 mm (1/16 a 3/8 de pulgada) de longitud. Tamaño del cáliz es en gran me-dida dependiente de la edad y madurez. Tamaño del cáliz de una floral cluster es el que mejor se expresa como el promedio de la longitud de la madura viable cálices. Los cálices son todavía consideradas viables si ambos pistilos fresca y no han empezado a doblar o cambiar de color. En este momento, el cáliz es relativamente recta y no ha comenzado a hincharse con resina y cambiar de forma, como cuando los pistilos de morir. Se está generalmente de acuerdo en que la producción de grandes cálices es a menudo tan importante en la determinación de la psicoactividad de una variedad como la cantidad de cálices producido. Hindu Kush, Tailandesa, Mexicana y de las cepas son algunos de los más psicoactiva las cepas, y se caracterizan a menudo por grandes cálices y las semillas.

Tamaño del cáliz parece ser un rasgo hereditario en *El Cannabis*. Completamente aclimatado variedades híbridas suelen tener muchas más pequeños cálices, mientras que las cepas importadas con grandes cálices retener ese tamaño cuando puras.

Selección inicial de las semillas más grandes aumenta la probabilidad de que la descendencia será de gran cáliz de la variedad. Aberrante cáliz de desarrollo ocasionalmente resulta en un doble o fusión de los cálices, ambos de los cuales pueden poner la semilla. Este fenómeno es más pronunciado en las cepas procedentes de Tailandia y la India

.

d) Color - La percepción y la interpretación del color en *Cannabis* floral grupos está fuertemente influenciado por la imaginación del cultivador o criador. Una cepa de oro no aparece metálicos más que un rojo cepa similar a un fuego de motor. *Cannabis* floral clusters son, básicamente, de color verde, pero los bios pueden tener lugar más tarde en la temporada, lo cual altera el color para incluir varios tonos. El intenso color verde de la clorofila generalmente enmascara el color de los pigmentos accesorios. La clorofila tiende a romperse tarde en la temporada y antocianos pigmentos también contenido en los tejidos se desenmascaran y permitió mostrar a través de. Púrpura, resultante de la acumulación de antocianinas, es el color más común en la vida *Cannabis,* otro de color verde. Este color de la modificación es generalmente provocada por los cambios de temporada, tanto como las hojas de muchos árboles de hoja caduca cambio de color en el otoño. Esto no significa, sin embargo, que la expresión de color es controlado por el medio ambiente y no es un rasgo heredable. De color púrpura a desarrollar tras la maduración, una cepa debe tener controlados genéticamente metabólica potencial para producir pigmentos de antocianina, junto con una capacidad de respuesta a los cambios ambientales, tales que las antocianinas son pigmentos desenmascarado y se hacen visibles. Esto también significa que una cepa podría tener los genes la expresión de color púrpura, pero el color no podría nunca ser expresado si las condiciones ambientales no desencadenar la pigmentación antociánica o descomposición de la clorofila. De colombia y el Hindu Kush cepas a menudo se desarrollan de coloración púrpura año tras año cuando se somete a bajas temperaturas nocturnas durante la maduración. Color los cambios serán discutidos con más detalle en el Capítulo IV de Maduración y Cosecha de *Cannabis*.

Los pigmentos carotenoides son en gran parte responsables por el amarillo, naranja, rojo, marrón y colores de *Cannabis*. También comienzan a aparecer en las hojas y cálices de ciertas cepas como la máscara verde de la clorofila de color se desvanece tras la maduración. El oro de las cepas son las que tienden a revelar subyacente amarillo y naranja pigmentos a medida que maduran. El rojo de las cepas son por lo general más cerca de color marrón rojizo, aunque ciertos carotenoides y antocianinas son pigmentos casi rojo y localizada vetas de estos colores aparecen ocasionalmente en los pecíolos de muy antiguo racimos florales. El color rojo en los presiona, importado de las tapas es a menudo un resultado de las masas de color marrón rojizo pistilos secos.

Diferentes porciones de flores clúster de anatomía puede cambiar los colores, y es posible que diferentes genes pueden controlar la coloración de estas diversas partes.

Los pecíolos, adaxial (parte superior) de las superficies, y abaxial (parte inferior) las superficies de las hojas, así como los tallos, cálices, y pistilos de color de forma diferente en distintas cepas. Dado que la mayoría de las hojas exteriores se eliminan durante la manicura, el color expresadas por los cálices y hojas interiores durante el final de la floración, las etapas será todo lo que queda en el producto final. Esta es la razón por cepas son sólo considerados realmente púrpura o de oro si los cálices mantener los colores cuando se seca. Acumulación de antocianinas en los tallos a veces es considerada como un signo de la deficiencia de fósforo, pero en la mayoría de las situaciones los resultados de inocuo excesos de fósforo o es un rasgo genético. También, las bajas temperaturas podrían interferir con la absorción del fósforo que resulta en una deficiencia. Pistilos en el Hindu Kush cepas son muy a menudo magenta o rosa en color cuando aparecen por primera vez. Que son viables en este momento y se vuelven de color marrón rojizo cuando se marchiten, como en la mayoría de las cepas. Coloración púrpura generalmente indica que las plantas femeninas son más maduros y biosíntesis de los cannabinoides, se está ralentizando durante el frío clima del otoño.

e) Nivel de Cannabinoides - Cría *Cannabis* para cannabinoides nivel ha sido logrado por ambos con licencia legítima y clandestino de los investigadores. Warmke (1942) y Warmke y Davidson (el 1943/44) demostraron que podían significativamente subir o bajar el nivel de cannabinoides por la cría selectiva. Pequeño (1975a), se ha dividido el género *Cannabis* en cuatro diferentes quimiotipos basado en las cantidades relativas de THC y CBD. La investigación reciente ha demostrado que los cruces entre alta THC: baja CDB cepas y bajas de THC: CBD alta cepas de rendimiento de la descendencia de los cannabinoides contenido intermedio entre los dos padres. Beutler y der Marderosian (1978) analizaron la F_1 la descendencia del cruzamiento controlado

C. sativa (México—alto THC) X *C. ruderaiis* (Rusia—bajos de THC) y encontraron que cayó en dos grupos intermedios entre los padres en el nivel de THC. Esto indica que la producción de THC es más probable controlada por más de un gen. También la F_x los híbridos de menor THC (que se asemeja a la staminate de los padres) eran dos veces tan frecuentes como el más alto de THC híbridos (que se asemeja a la femenina de los padres). Se necesita más investigación para saber si la producción de THC en *Cannabis* está asociado con el tipo sexual de la alta THC de los padres o si la alta THC características son recesivos. De acuerdo a los Pequeños (1979) el cannabinoide proporciones de las cepas cultivadas en climas del norte son un reflejo de la proporción de cannabinoides de la pura, importada, la cepa parental. Esto indica que los cannabinoides fenotipo está genéticamente controlada, y los niveles del total de los cannabinoides son determinados por el medio ambiente. Complejo máximos producidos por diferentes cepas de drogas-*Cannabis* puede ser mezclado por el cuidado de la cría para producir híbridos de diferentes psicoactividad, pero el nivel del total de psicoactividad es dependiente sobre el medio ambiente. Este es también el de telltale indicación de que el inconsciente de cría con los indeseables bajo de THC padres podría conducir rápidamente a la degeneración en lugar de la mejora de un medicamento de la cepa. Es evidente que los individuos de la fibra de las cepas son de poco o ningún uso en la cría de drogas cepas.

Reproducción de contenido de cannabinoides y la eventual caracterización de la variación de agudos producidos por *Cannabis* es totalmente subjetiva conjeturas sin la ayuda de modernas técnicas de análisis. Un análisis de cromatografía de sistema permitiría la selección de determinados tipos de cannabinoides, especialmente staminate polen de los padres. Selección de staminate padres siempre se presenta un problema cuando la cría de cannabinoides contenido. Staminate las plantas suelen expresar las mismas proporciones de los cannabinoides como sus contrapartes femeninas, pero en cantidades mucho menores, y rara vez alcanzan la madurez completa para el miedo de la siembra de las femeninas parte de la cosecha. Un simple bioensayo para el contenido de THC de staminate plantas se realiza por el abandono de una serie de tres a cinco numeradas bolsas de hojas y las tapas de los diversos potenciales de polen de los padres junto con algunos papeles de liar en varios lugares frecuentados por una constante repetición de multitud de fumadores de marihuana. La bolsa completamente consumido el primero puede ser considerado como el más deseable de humo y, posiblemente, la mayoría de los psicoactivos. Sería imposible para una persona objetivamente seleccione la mayoría de los psicoactivas staminate planta a partir de la variación en el perfil de cannabinoides es sutil. El bioensayo aquí reportado es en efecto un estructurado panel de evaluación que los promedios de las opiniones imparciales de testers que están expuestos a sólo un par de opciones a la vez.

Tales resultados del bioensayo puede entrar en la selección de la staminate de los padres.

Es difícil decir cuántos genes se podría controlar el THC-síntesis
de ácidos. Control genético de la ruta biosintética que podría ocurrir en
muchos puntos a través de la acción de los enzimas de control de cada
reacción individual. Es generalmente aceptado que el consumo de drogas cepas poseen un sistema enzimático que rápidamente se convierte
CDB-ácido THC-ácido, favoreciendo el THC-la acumulación de ácido.
Fibra de cepas que carecen de esta actividad de la enzima, por lo CDB-
la acumulación de ácido se ve favorecida, ya que hay poco conversión
a THC-ácido. Estos mismos sistemas enzimáticos probablemente son
también sensibles a los cambios en el calor y la luz.

Se supone que las variaciones en el tipo de alta asociada con
diferentes cepas de *Cannabis* resultado de la variación de los niveles de
cannabinoides. El THC es el principal ingrediente psicoactivo que se
actúa de forma sinérgica, por pequeñas cantidades de CBN, el CDB y
otros accesorios de los cannabinoides. Los terpenos y otros componentes aromáticos de *Cannabis* también puede potenciar o inhibir el efecto
del THC. Sabemos que los niveles de cannabinoides pueden ser usados para establecer cannabinoides fenotipos y que estos fenotipos son
transmitidas de padres a hijos. Por lo tanto, los niveles de cannabinoides
están en parte determinados por los genes. Para caracterizar con precisión máximos de varios individuos y establecer criterios para la cría
de cepas con particular cannabinoides contenidos, una precisa y fácil
método es necesario para la medición de los niveles de cannabinoides
en los futuros padres. La herencia y la expresión de receptores de cannabinoides quimiotipo es ciertamente complejo.

f) el Sabor y Aroma - El sabor y el aroma están estrechamente
vinculados. Como nuestros sentidos para diferenciar el sabor y el aroma
están conectados, por lo que son las fuentes de sabor y aroma en *Cannabis*. El Aroma es producida principalmente por los terpenos aromáticos
producidos como componentes de la resina segregada por tricomas glandulares en la superficie de los cálices y subtiende folletos. Cuando un
racimo floral es exprimido, el contenido cabezas de los tricomas glandulares y la ruptura del terpenos aromáticos son expuestos al aire. A menudo hay una gran diferencia entre el aroma de fresca y seca de racimos
florales. Esto se explica por el *polimerización* (se unieron en una cadena) de muchas de las pequeñas moléculas de los terpenos aromáticos
para formar diferentes compuestos aromáticos y nonaromatic terpeno
polímeros. Esto ocurre como *Cannabis* las resinas de edad y maduros,
tanto mientras la planta está creciendo y mientras curado después de la
cosecha. Adicional aromas pueden interferir con el principal terpenoides
componentes, tales como el amoniaco y otros productos gaseosos dados
por la curación, la fermentación o descomposición de los tejidos (que no
sea de resina) parte de los racimos florales.

Una combinación de al menos veinte terpenos aromáticos (103 se sabe que se producen en el Cannabis) y otros compuestos aromáticos de control el aroma de cada planta. La producción de cada uno de los compuestos aromáticos pueden ser influenciados por muchos genes; por lo tanto, es un tema complejo y a la raza Cannabis para el aroma. Los criadores de perfume de rosas a menudo se sorprenden por la complejidad del control genético de aroma. Cada cepa, sin embargo, tiene varios aromas característicos, y estos son ocasionalmente se transmite a la descendencia híbrida tal que se asemejan a uno o ambos padres en el aroma. Muchas veces los criadores se quejan de que su tensión se ha perdido la deseada características aromáticas de las cepas parentales. Fijo variedades híbridas de desarrollar un aroma característico que es hereditario y a menudo la verdad de cría. El cultivador con la preservación de un aroma particular como un objetivo puede clonar con la persona deseada aroma además de la reproducción. Este es un buen seguro de salud en caso de que el aroma se pierde en la descendencia por medio de la segregación y recombinación de genes.

Los aromas frescos o secos los clusters son muestreados y comparación de tal manera que se separan para evitar la confusión. Cada muestra se coloca en la esquina de dos veces al doblado, etiquetado pieza de perfume de la escritura de papel a temperatura ambiente (por encima de 65°). Un poquito de apriete de la liberación de los aromáticos principios contenidos dentro de la resina exudada por la ruptura de los tricomas glandulares de la cabeza. Cuando el muestreo, nunca apriete un racimo floral directamente, ya que las resinas se adhieren a los dedos de las manos y los prejuicios más muestreo. El papel doblado sostiene convenientemente la florales clúster, evita la confusión durante el muestreo, y contiene los aromas como una copa de vino en la cata de vinos.

El sabor es fácilmente muestreada por flojos rolling seca floral clusters en el papel de un cigarrillo y la inhalación de dibujar un gusto a través de la lengua. Las muestras deben ser aproximadamente del mismo tamaño.

Gusto en Cannabis se divide en tres categorías de acuerdo a su uso: el sabor de los componentes aromáticos transportadas por el aire que pasa a través de la Cannabis cuando se inhala sin ser iluminado; el sabor del humo de la quema de Cannabis; y el sabor de Cannabis cuando se consume por vía oral. Estos tres son entidades separadas.

Los terpenos contenido en un sabor de no iluminado Cannabis son los mismos que se respira en el aroma, pero se percibe a través del sentido del gusto en lugar de olor. Se ingiere por vía oral Cannabis generalmente sabe amargo debido a la vegetativas de los tejidos de la planta, pero la resina es característico picante y caliente, un poco como la canela o la pimienta. El sabor de Cannabis el humo es determinado por la quema de los tejidos y la vaporización de los terpenos. Estos terpenos pueden no ser detectadas en el aroma y sin luz gusto.

La biosíntesis de las relaciones entre los terpenos y nabinoids
han sido firmemente establecido. De hecho, los cannabinoides son
sintetizados dentro de la planta de terpeno precursores. Se sospecha
que los cambios en terpenos aromáticos niveles paralelo a los cambios en los niveles de cannabinoides durante la maduración. Como
las conexiones entre el aroma y la psico-actividad están al descubierto, el obtentor podrá mejor .realizar selecciones de los futuros
alto contenido en THC padres sin análisis complicado.

*g) la Persistencia de los Principios Aromáticos y los Can-
nabinoides -Cannabis* las resinas se deterioran con la edad, y
los aromáticos principios y los cannabinoides se descomponen
lentamente hasta que apenas son visibles. Desde fresca *Cannabis*
sólo está disponible una vez al año en las regiones templadas, un
importante cría objetivo ha sido el de una cepa que se conserva
bien cuando se envasa. Packageability y la vida útil son consid-
eraciones importantes en el cultivo de la fruta fresca especies y
será igual de importante, si el comercio en *Cannabis* se desarrolla
después de la legalización.

h) Tipo de Tricomas - Varios tipos de tricomas están presentes en la epidermis de las superficies de *Cannabis.* Varios de
estos tricomas son glandular y de secreción en la naturaleza y se
dividen en bulbosa, capitado sésiles, y capitado acosada tipos. De
estos, el capitado acosada tricomas glandulares son aparentemente
responsable de la intensa secreción de cannabinoides cargados
de resina. Las plantas con una alta densidad de capitado acosada
tricomas son de una lógica de la meta para los criadores de

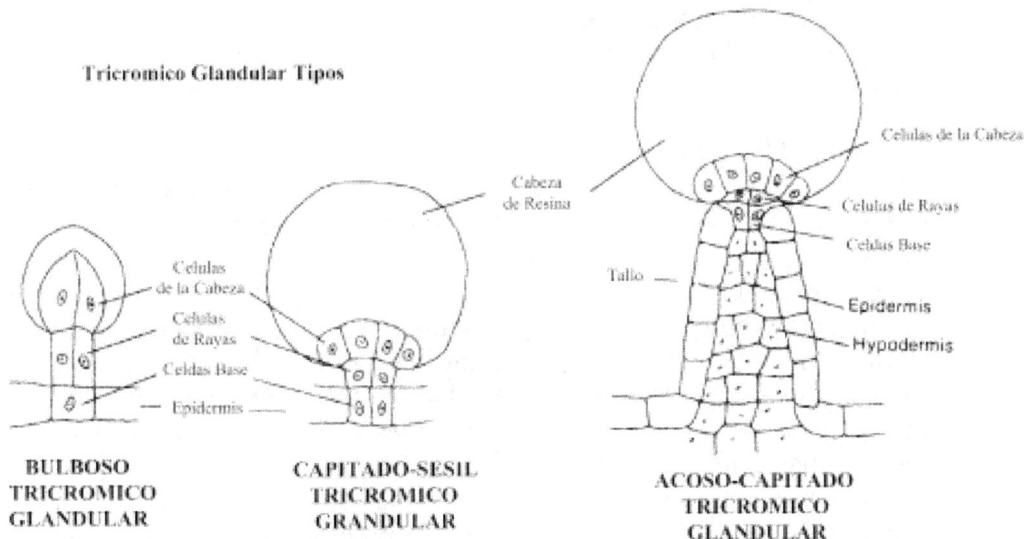

Tricromico Glandular Tipos

Cabeza
de Resina

Celulas
de la Cabeza

Celulas
de Rayas

Celdas Base

Epidermis

Celulas de la Cabeza

Celulas de Rayas

Celulas Base

Tallo

Epidermis

Hypodermis

**BULBOSO
TRICROMICO
GLANDULAR**

**CAPITADO-SESIL
TRICROMICO
GRANDULAR**

**ACOSO-CAPITADO
TRICROMICO
GLANDULAR**

de drogas *Cannabis*. El número y el tipo de tricomas es fácil que se caracteriza por la observación con una pequeña lupa (10X 50X). Un reciente estudio realizado por V. P. Soroka (1979) concluye que existe una correlación positiva que existe entre el número de tricomas glandulares en las hojas y cálices y los diferentes cannabinoides contenidos de los racimos florales. En otras palabras, muchos capitado acosada tricomas se traduce en mayores niveles de THC.

i) Cantidad de Resina y de Calidad - Producción de resina por los tricomas glandulares varía. Una cepa puede haber muchos tricomas glandulares, pero no puede secretar muy mucho de resina. Resina de color también varía de una cepa a otra. Resina de jefes pueden oscurecer y se conviertan en más opaco a medida que maduran, como sugerido por varios autores. Algunas cepas, sin embargo, ofrecer nuevas resinas que son transparente de color ámbar en lugar de transparente e incolora, y estos a menudo son algunos de los más psicoactivos de las cepas. Resinas transparentes, independientemente de su color, son una señal de que la planta está activamente llevar a cabo la resina de la biosíntesis. Cuando la biosíntesis de cesa, resinas vez opaco como cannabinoides y aromáticos disminución de los niveles. Resina de color es, sin duda, una indicación de las condiciones en el interior de la resina de la cabeza, y esto puede llegar a ser otro criterio importante para la cría.

j) de la Resina de la Tenacidad - Durante años cepas han sido criados para la producción de hachís. El hachís es formado a partir de desprendimiento de la resina de los jefes. En los tiempos modernos que podría ser factible para la obtención de una cepa con alta producción de resina que le da su preciosa cubierta de resina de cabeza con sólo movimientos moderados, en lugar de la habitual agitando la que también rompe la planta. Esto facilitaría la producción de hachís. Las cepas que son criados para su uso como la marihuana se benefician de extremadamente tenaz de la resina de los jefes que no se caiga durante el embalaje y el envío.

k) el Secado y el Curado de la Tasa de - La tasa y el grado en que *Cannabis* se seca es generalmente determinada por la forma en que se seca, pero, todas las condiciones de la misma, algunas cepas se seca mucho más rápida y completamente que otros. Se supone que la resina tiene un papel en la prevención de la desecación y de alto contenido de resina puede retrasar el secado. Sin embargo, es un error pensar que la resina es secretada para cubrir y sellar la superficie de los cálices y hojas. La resina es secretada por tricomas glandulares, pero están atrapados debajo de una capa de la cutícula que rodea la cabeza de las células de los tricomas celebración de la resina de distancia de la superficie de las hojas. No sería rara vez, si alguna vez tienes una oportunidad para sellar la superficie de la capa de la epidermis y evitar la transpiración de agua. Parece que un suplente de la razón debe ser encontrado por el gran

las variaciones en la velocidad y el grado de secado. Las cepas pueden ser criados que se seca y se cura rápidamente para ahorrar tiempo valioso.

l) la Facilidad de la Manicura - Uno de los que más tiempo consumen los aspectos de la droga comercial *Cannabis* la producción es la interminable tarea de *manicura,* o quitar las hojas más grandes de los racimos florales. Estas grandes hojas exteriores no son tan psicoactivas como el interior de las hojas y cálices, por lo que generalmente son eliminados antes de la venta de marihuana. Las cepas con menor número de hojas, obviamente, requieren menos tiempo para la manicura. Largos pecíolos de las hojas facilitar la remoción de la mano con un par de tijeras pequeñas. Si hay una marcada diferencia de tamaño entre muy grande exterior de hojas y pequeñas, resinosa interior de las hojas es más fácil de manicura rápidamente porque es más fácil ver lo que deja a quitar.

m) los Caracteres de las Semillas - Las semillas pueden ser criados por muchas características como el tamaño, contenido de aceite, y el contenido de proteína. *Cannabis* la semilla es una fuente valiosa de aceites secantes, y *Cannabis semillas* la torta es un buen alimento para animales granja. Superior de la proteína variedades pueden ser desarrollados por la comida. También, las semillas son seleccionadas para la rápida tasa de germinación.

n) la Maduración - *Cannabis* las cepas difieren enormemente en cuanto a cuando están maduros y cómo responden a los cambios del entorno. Algunas cepas, como el Mexicano y el Hindu Kush, son famosos por la maduración temprana, y otros, como colombia y tailandia, que son tercos en la maduración y casi siempre tarde a la meta, en todo caso. Las cepas importadas se caracteriza generalmente como temprana, media, tardía o en la maduración; sin embargo, una cepa en particular puede producir algunos de los individuos que maduran más temprano y otros más que madura tarde. A través de la selección, los criadores tienen, por un lado, desarrollado cepas que madura en cuatro semanas, al aire libre bajo templado condiciones; y, por otro lado, se han desarrollado de efecto invernadero de cepas que madura en hasta cuatro meses en su entorno protegido. La maduración temprana es muy ventajoso para los productores que viven en zonas de finales de primavera y principios de otoño se congela. En consecuencia, especialmente, de maduración temprana de las plantas son seleccionados como padres para el futuro de maduración temprana de las cepas.

o) la Floración - Una vez que la planta madura y comienza a llevar las flores pueden alcanzar el pico floral de la producción en un par de semanas, o la de flores de clusters pueden seguir creciendo y desarrollándose durante varios meses. La velocidad a la que una cepa de flores es independiente de la velocidad a la que se madura, por lo que una planta puede esperar hasta fines de la temporada a la flor y luego crecer extensa, maduros racimos florales en sólo un par de semanas.

p) la Maduración - La maduración de *Cannabis* flores es el paso final en su proceso de maduración. Floral racimos generalmente madurar y madurar en rápida sucesión, pero soirleTiniey grandes racimos florales se forman y sólo después de un período de aparente vacilación que las flores comienzan a producir resina y madurar. Una vez que la maduración se inicia generalmente se extiende a través de toda la planta, pero algunas cepas, como las de Tailandia, se sabe que madurar un par de racimos florales en un momento a lo largo de varios meses. Algunos árboles frutales son igualmente remontante con un año de duración de la temporada de producción. Posiblemente *Cannabis* cepas podrían ser criados que son verdaderas remontante de las plantas perennes que siguen a flor de maduro y consistente durante todo el año.

q) Perfil de Cannabinoides - Se supone que las variaciones en el tipo de alta asociada con diferentes cepas de *Cannabis* resultado de la variación de los niveles de cannabinoides. El THC es el principal ingrediente psicoactivo que se actúa de forma sinérgica, por pequeñas cantidades de CBN, el CDB y otros accesorios de los cannabinoides. Sabemos que los niveles de cannabinoides pueden ser usados para establecer cannabinoides fenotipos y que estos fenotipos son transmitidas de padres a hijos. Por lo tanto, los niveles de cannabinoides están en parte determinados por los genes. Para caracterizar con precisión máximos de varios individuos y establecer criterios para la cría de cepas con particular cannabinoides contenidos, una precisa y fácil método es necesario para la medición de los niveles de cannabinoides en los futuros padres.

Varias combinaciones de estos rasgos son posibles e inevitables. Los rasgos que los que más a menudo ven son los más propensos dominante y cualquier esfuerzo para alterar la genética y mejorar *Cannabis* las cepas se logra más fácilmente mediante la concentración en los principales fenotipos de las características más importantes. Los mejores criadores de establecer metas altas de un alcance limitado y se adhieren a sus ideales.

6. Bruto Fenotipos de *El Cannabis* Las cepas

El *bruto fenotipo* o en general de la forma de crecimiento es determinado por el tamaño, la producción de raíz, el patrón de ramificación, el sexo, la maduración floral y características. La mayoría de las variedades importadas característica bruto fenotipos aunque no suelen ser ocasionales raros ejemplos de casi cada fenotipo en casi todas las variedades. Esto indica la complejidad del control genético determinar bruto fenotipo. Híbrido de cruza entre importan las variedades puras fueron el comienzo de casi todos los nacionales de cepa de *Cannabis*. En híbridos de cruza, algunas características dominantes de cada uno de los padres variedad se exhiben en diversas combinaciones por el F_t la descendencia. Casi todos los descendientes se parecen tanto a los padres y a muy pocos se asemejan a sólo uno de los padres. Esto suena como que es mucho decir, pero este F_1 generación híbrida está lejos de la verdad-la cría y la posterior F_2 generación

presentan una gran variación, tiende a parecerse más a uno u otro
de los originales importados de los padres variedades, y también se
presentan los rasgos recesivos que no se aprecie en cualquiera de los
padres originales. Si el F_x la descendencia son deseables plantas será
difícil continuar el híbrido de rasgos en las siguientes generaciones.
Bastante de la original Fj semillas híbridas son producidos de manera
que puedan ser utilizados año tras año para producir uniforme de los
cultivos de las plantas deseadas.

Fenotipos y las Características de las Cepas Importadas

La siguiente es una lista de bruto fenotipos y las características
de muchas de las cepas importadas de *El Cannabis,*

1. **Deformación De La Fibra Bruta Fenotipos**
   (cáñamo tipos)

2. **De Drogas De La Cepa Bruto Fenotipos**

   a. *Colombia* - tierras altas, tierras bajas
      (marihuana)
   b. *Congo* - (marihuana)
   c. *Hindu Kush* - El afganistán y el Pakistán
      (hachís)
   d. *El Sur De La India* - (ganja de la marihuana)
   e. *Jamaica* - Caribe híbridos
   f. *Kenia* - Kisumu (dagga de la marihuana)
   g. *Líbano* - (hachís)
   h. *en Malawi, África* - El lago Nyasa (dagga
      la marihuana) *i) México - i*
   Michoiacán, Oaxaca,
      Guerrero (marihuana)
      j) Marruecos - De las montañas del Rif (kif
      la marihuana y el hachís)
      k) Nepal - wild (ganja marihuana y
      el hachís)
      I) Ruso - *ruderalis* (no cultivadas)
   m) *en el Sur de África* - (dagga de la marihuana)
   n) *el Sureste de Asia* - Camboya, Laos, Tailandia,
   Vietnam (ganja de la marihuana)

3. Híbrido De Drogas Fenotipos

   a. *La Enredadera De Fenotipo*
   b. *Enorme Vertical Fenotipo*

En general, el Fj y F_2 de raza pura descendencia de estas variedades
importadas son más similares entre sí que con otras variedades y se denominan *cepas puras*. Sin embargo, se debe recordar que estos son el promedio de

bruto fenotipos recesivos variaciones dentro de cada rasgo se va a producir. Además, estas representaciones se basan en unpruned crecimiento de las plantas en condiciones ideales y el estrés altera el producto bruto de fenotipo. Además, el entorno de protección de un invernadero tiende a ocultar la diferencia entre las diferentes cepas. En esta sección se presenta la información que se utiliza en la selección de cepas puras, para la cría.

1. Deformación De La Fibra Bruta Fenotipos

La fibra de las cepas se caracterizan como de altura, rapidez de maduración, sin extremidades plantas que a menudo son monoicas. Este hábito de crecimiento ha sido seleccionado por generaciones de fibra de producción de los agricultores para facilitar la formación de fibras largas a través de incluso el crecimiento y la maduración. Monoico cepas madura más uniformemente que dioicas cepas, y la fibra de los cultivos son generalmente no se cultiva el tiempo suficiente para poner la semilla que interfiere con la producción de fibra. La mayoría de las variedades de fibra *Cannabis* se originan en el norte de climas templados de Europa, Japón, China y América del Norte. Varias cepas han sido seleccionados desde el primer cáñamo áreas de cultivo y se ofrecen comercialmente en los últimos cincuenta años, tanto en Europa y

Jóvenes de fibra *Cannabis*.
Cerca de la plantación evita mucho axial de la extremidad de crecimiento y prolas motas de polvo de la formación de fibras largas.

América. Escapó de fibra de cepas de la región central de los Estados unidos generalmente son altas, flacas, relativamente poco ramificados, débilmente de flores, y la baja en la producción de cannabinoides. Ellos representan una escapado de la carrera de *Cannabis sativa* el cáñamo. La mayoría de la fibra de cepas contienen CDB como el principal cannabinoide y poco o nada de THC.

2. De Drogas De La Cepa Bruto Fenotipos

Drogas cepas se caracterizan por Una[1]-THC como el principal cannabinoide, con bajos niveles de otros accesorios puede-nabinoids como THCV, CDB, CBC, y CBN. Este es el resultado de la cría selectiva de alta potencia o de la selección natural en nichos donde Un[1]-THC biosíntesis favorece la supervivencia.

a) Colombia - (0° a 10° de latitud norte)

Colombiano *Cannabis* originalmente se podría dividir en dos variedades básicas: la de la baja altitud húmedos de las zonas costeras a lo largo del Atlántico, cerca de Panamá, y el otro, el más árido zonas de montaña del interior de Santa Marta. Más recientemente, nuevas áreas de cultivo en el interior de la meseta del sur de central de Colombia y el altiplano valles de estiramiento hacia el sur de la costa Atlántica, se han convertido en las principales zonas comerciales de exportación *Cannabis* cultivo. Hasta los últimos años de alta calidad *Cannabis* estaba disponible a través del mercado negro de la costa y del altiplano de Colombia. *Cannabis* fue introducida a Colombia hace más de 100 años, y su cultivo está profundamente arraigado en la tradición. Las técnicas de cultivo a menudo implican el trasplante de seleccionados plántulas y otros de atención individual. La producción de "la mona amarilla" o de oro brotes se logra por *rodea* o extracción de una tira de corteza del tallo principal de una casi maduros de la planta, lo que restringe el flujo de agua, nutrientes y productos vegetales. A lo largo de varios días, las hojas se secan y se caen como las flores mueren lentamente y tum amarillo. Esto produce el muy preciado "oro de colombia" tan frecuente en la primera mitad de los años 1970 (Perdiz 1973). Los nombres comerciales tales como "punta roja' consejos de [pistilos]), "Cali Colinas", "chocó" "tierras bajas"," "Santa Marta de oro," y "púrpura" nos dan una idea del color de las variedades antiguas y la ubicación de cultivo.

En respuesta a una demanda increíble de los estados unidos para *Cannabis,* y bastante eficaz de control de Mexicana *Cannabis* la importación y el cultivo a través del endurecimiento de la seguridad en la frontera y el uso de Paraquat, los agricultores Colombianos han orientado sus operaciones. La mayor parte de la marihuana que se fuma en estados unidos es importado de Colombia. Esto también significa que el mayor número de semillas disponibles para cultivo doméstico también se originan en Colombia. *Cannabis* la agroindustria ha exprimido todo, pero un par de pequeñas áreas donde

Cannabis Colombiano
Racimos florales pistilados

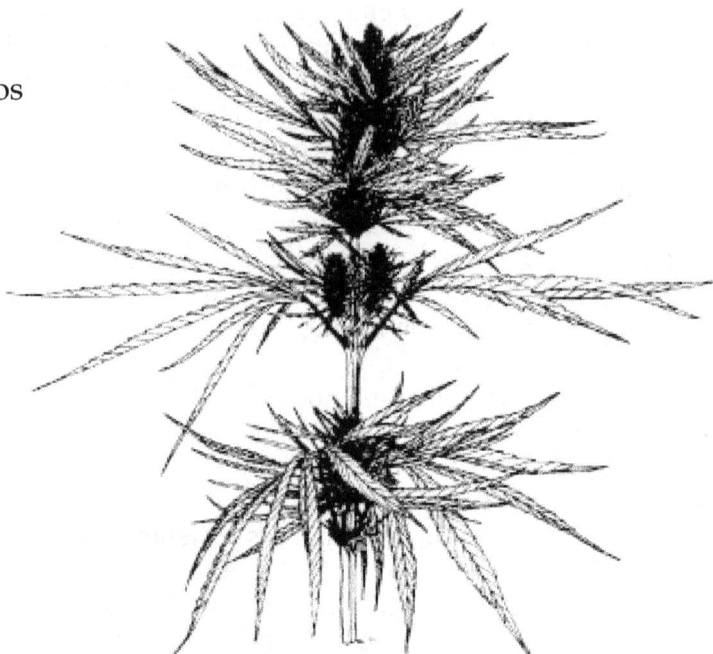

uso intensivo de mano de cultivo de alta calidad de la droga *Cannabis* tales como "la mona amarilla" puede continuar. La multa de marihuana de Colombia fue a menudo sin semillas, pero los grados comerciales son casi siempre bien sembradas. Como regla hoy en día, la más remota de las zonas altas de los centros de la agricultura comercial y algunos de los pequeños agricultores siguen siendo. Se cree que algunos granjeros de las alturas, todavía debe crecer fino *Cannabis,* y ocasionales conocedor de los cultivos de la superficie. La edad de las semillas de la legendaria Colombiano cepas son ahora muy apreciado por los criadores. En el auge de la "medalla de oro de colombia" esta multa cerebral de la marihuana que se cultiva en las montañas. Húmedos de las tierras bajas de la marihuana se caracteriza por fibrosa, de color marrón, fibroso floral grupos de sedantes narcóticos alta. Ahora highland marihuana se ha convertido en el producto comercial y se caracteriza por frondoso castaño floral de los clusters y de efecto sedante. Muchas de las características desfavorables de importados de colombia *Cannabis* el resultado de apresuró comercial técnicas de agricultura combinada con los pobres de curado y almacenamiento. Colombiana de semillas todavía contienen genes que favorecen el crecimiento vigoroso y de alta producción de THC. Colombiano cepas también contienen altos niveles de CBD y CBN, lo que podría explicar sedante altos y el resultado de la mala curing y técnicas de almacenamiento. Interno Colombiano cepas suelen carecer de CBD y CBN. El comercial *Cannabis* el mercado ha traído consigo la erradicación de algunas cepas de la zona mediante la hibridación con cepas comerciales.

Colombiano cepas aparecen como relativamente muy ramificados cónica plantas con una larga vertical tallo central, horizontal extremidades y relativamente corto intemodes. Las hojas se caracterizan por ser muy serrada delgado folletos (7-11) en una casi completa a la superposición de arreglo circular de diferentes tonos de verde medio. Colombiano cepas generalmente flor de la tarde en las regiones templadas del hemisferio norte y es posible que no madura flores en climas más fríos. Estas cepas a favor de la larga ecuatorial estaciones de crecimiento y, a menudo, parecen insensibles a la rápida disminución de la duración del día durante el otoño en las latitudes templadas. Debido a la horizontal patrón de ramificación de cepas Colombianas y su largo ciclo de crecimiento, plantas femeninas tienden a producir muchos de floración en racimos a lo largo de toda la longitud de la madre de vuelta a

Cannabis Congoleno
1) Racimos de flores
2) Culster floral pistilado

P. Elías

el tallo central. Las flores, pequeñas tienden a producir pequeños, redondos, de color oscuro, manchado, marrón y semillas. Importados y nacionales de colombia *Cannabis* a menudo tienden a ser más sedante en la psicoactividad de otras cepas. Esto puede ser causado por el efecto sinérgico de THC con altos niveles de CBD o CBN. Buenos técnicas de curado por parte de los agricultores Colombianos, tales como el secado al sol en enormes pilas se asemeja a montones de estiércol, se puede formar nitruro de boro como un producto de degradación del THC. Colombiano cepas tienden a hacer excelentes híbridos con más rapidez de maduración de las cepas tales como los de América Central y del Norte.

b) Congo - (5° al norte de los 5° de latitud sur)
        La mayoría de las semillas se recogen a partir de los envíos de grado comercial sembradas racimos florales que aparecen en Europa.

c) Hindú Rush Gama - Cannabis indica (Afganistán y Pakistán) - (30° a 37° de latitud norte)

Esta cepa de la falda (hasta 3.200 metros [10,000 pies]) de la región del Hindu Kush variedad se cultiva en pequeños jardines rurales, como lo ha sido durante cientos de años, y se utiliza principalmente para la producción de hachís. En estas áreas el hachís se hace generalmente a partir de las resinas que cubre la femenina cálices y asociados de los folletos. Estas resinas son eliminados por la agitación y la trituración de la floración cimas por encima de una pantalla de seda y recoger el polvo de resinas que se caen de las plantas. La adulteración y presionando suelen seguir en la producción comercial de hachís. Las cepas de esta área se utiliza a menudo como ejemplos, para *Cannabis indica*. La maduración temprana y la creencia de los clandestinos cultivadores que esta cepa puede estar exento de las leyes que controlan la *Cannabis sativa* y, de hecho, pueden ser legales, ha resultado en su proliferación a lo largo población doméstica de la "droga" *Cannabis*. Nombres tales como "hash plant" y "skunk malezas" tipificar su acre aroma que recuerda a la "primo" hachís desde los altos valles cerca de Mazar-i-Sharif, de Chitral, y de Kandahar, en Afganistán y Pakistán.
        Esta variedad se caracteriza por cortas, amplias plantas con gruesas, frágiles tallos leñosos y entrenudos cortos. El tallo principal es por lo general sólo de cuatro a seis pies de alto, pero el relativamente no ramificados primaria extremidades generalmente crecen en vertical de la moda hasta que son casi tan altos como el tallo central y forma una especie de boca-abajo de forma cónica. Estas cepas son de tamaño mediano, con hojas verde oscuro tener de 5 a 9 muy amplia, toscamente serrado de los prospectos en un arreglo circular. La superficie inferior de la hoja es a menudo un color más claro que la superficie superior. Estas hojas tienen así pocos amplio grueso de los folletos que se compara a menudo con una hoja de arce. Floral racimos densos y aparecen a lo largo de toda la longitud de la primaria de extremidades muy resinosa de hojas bolas. La mayoría de las plantas producen

Hindu-Kush Cannabis.
Femenina floral grupos.

la floración de grupos con un bajo cáliz-hoja de relación, pero el interior de las hojas asociados con los cálices son generalmente liberalmente con incrustaciones de resina. La maduración temprana y extrema de la producción de resina es característico de estas cepas, Esto puede ser el resultado de la aclimatación al norte de las latitudes templadas y selección para la producción de hachís. El acre olor asociado con las cepas de la región del Hindu Kush aparece muy temprano en la etapa de plántula de ambos staminate y femeninas individuos y continúa a lo largo de la vida de la planta. Dulce aromas hacer desarrollan a menudo, pero esta cepa generalmente pierde la dulce fragancia temprana, junto con la clara, cerebral psicoactividad.

La baja estatura, la maduración temprana, y la alta producción de resina de hacer Hindu Kush cepas muy deseable para vehículos híbridos

izing y, de hecho, que se han reunido con gran popularidad. El gen de la piscina de la importación de Hindu
Kush cepas parece ser el dominante de estas características deseables, y que parecen aprobó fácilmente en el
Fj generación híbrida. Una multa híbrido puede ser el
resultado de cruzar una Hindu Kush variedad de maduración tardía, alta, dulce cepa de Tailandia, India o Nepal.
Esto produce la cría de híbridos de corta estatura, alto
contenido de resina, la maduración temprana, y de sabor
dulce que se maduras de alta calidad de flores en climas
del norte. Muchos híbridos de cruza de este tipo se hacen
cada año y actualmente se cultiva en muchas zonas de
América del Norte. Hindu Kush semillas generalmente
son grandes, redondos y de color gris oscuro o negro en
la coloración con algunas manchas.

   d) India—centro Sur - Kerala, Mysore, y
Madrás regiones (de 10° a 20° de latitud norte)
   Ganja (o floración *Cannabis* tops) se ha cultivado en la India desde hace cientos de años. Estas cepas
son normalmente crecido en un semillas de moda y son
curados, secos y ahumados como la marihuana, en lugar
de ser convertido a hachís como en muchas zonas de
Asia Central. Esto hace que sean de gran interés para
los nacionales *Cannabis* los cultivadores que deseen
aprovechar los beneficios de años de cría selectiva para
bien de ganja por

De la India de Cannabis
Racimo floral pistilado
del sur de la India y grupo
floral seco de ganja.

Los productores de la india. Muchos Europeos y Estadounidenses viven ahora en estas zonas de la India y de ganja cepas están encontrando su camino en los American *Cannabis* de los cultivos.

Ganja cepas son a menudo de alto y amplio, con un tallo central hasta 12 pies de altura y la difusión de muy ramificado extremidades. Las hojas son de color verde medio y de 7 a 11 folíolos de tamaño moderado y dentado dispuestos en un arreglo circular. La fronda-como las extremidades de la ganja cepas resultado de compuesto de una amplia ramificación, por lo que por el momento floral de los clústers que crecen desde terciaria o cuaternaria de las extremidades. Esto promueve un alto rendimiento de racimos florales que en ganja cepas tienden a ser pequeños, delgados y curvados. Las semillas son generalmente pequeñas y oscuro. Muchos aromas especiados y gustos se producen en la India ganja cepas y son extremadamente resinosa y psicoactivo. Medicinales *Cannabis* de finales de 1800 y principios de 1900 se suele Indio ganja.

e) Jamaica - (18° de latitud norte)

Jamaica cepas no eran infrecuentes en la década de 1960 y principios de 1970, pero que son mucho más raros hoy en día. Tanto el verde y el marrón de las variedades que se cultivan en Jamaica. La parte superior-de-la-línea de semillas de humo que se conoce como el "cordero del pan" y rara vez se ve fuera de Jamaica. La mayoría de los supuestos de Jamaica cepas aparecen fibrosa y de color marrón mucho como de tierras bajas o comercial Colombiana de las cepas. Jamaica cercanía a Colombia y su posición a lo largo de las rutas de tráfico de marihuana desde Colombia, Florida, es probable que el Colombiano variedades ahora predominan en Jamaica incluso si estas variedades no eran responsables de la original de Jamaica cepas. Jamaica cepas de parecerse a los Colombianos de las cepas en forma de hoja, de semilla de tipo general y de la morfología, pero tienden a ser un poco más alto, más delgado y más ligero de color verde. Jamaica cepas producen un efecto psicoactivo de una muy clara y cerebral de la naturaleza, a diferencia de muchos Colombianos de las cepas. Algunas cepas pueden también han llegado a Jamaica desde la costa del Caribe de México, y esto puede explicar la introducción de la verde cepas.

f) Kenya - Kisumu (5° al norte de los 5° de latitud sur)

Las cepas de esta área se han finas hojas y varían en el color de la luz a verde oscuro. Se caracterizan por cerebral psicoactividad y de sabor dulce. Los hermafroditas son comunes.

g) el Líbano - (34° de latitud norte)

Libanés cepas son raros en los nacionales *Cannabis* los cultivos pero aparecen de vez en cuando. Son relativamente cortas y delgadas con tallos gruesos, poco desarrollados miembros, y de ancho, medio-hojas de color verde, con 5 a 11 ligeramente amplio folletos. A menudo son de maduración temprana y parecen ser bastante frondoso, lo que refleja una baja cáliz-hoja de relación. Los cálices son relativamente grandes y las semillas aplanadas, ovoide y de color marrón oscuro. Como con el Hindu Kush cepas, estas plantas se cultivan para la producción de seleccionados y pulsa el hachís, y el cáliz-hoja de relación puede ser menos importante que el total de la producción de resina de hachís de decisiones. Libanés cepas de parecerse a los de la región del Hindu Kush variedades de muchas maneras y es probable que estén relacionados.

Cannabis Libanés
Racimo floral estaminado.

---

h) en Malawi, África - (De 10° a 15° de latitud sur)

Malawi es un país pequeño en el este de África central bordeando el Lago Nyasa. En los últimos años *Cannabis* a partir de Malawi ha aparecido envuelto en la corteza y enrollado firmemente, aproximadamente cuatro onzas a la vez. Casi sin semillas, las flores son picantes en el sabor y la fuerza psicoactivas. Entusiasta Americana y Europea *Cannabis* los cultivadores de inmediato a sembrar la nueva cepa y se ha convertido en incorporar en varias doméstica variedades híbridas. Aparecen como un verde oscuro, de grandes plantas de altura media y fuerte de la extremidad de crecimiento. Las hojas son de color verde oscuro con toscamente serrado, grande, delgado folíolos dispuestos en un estrecho, que se inclinan, de la mano-como matriz. Las hojas por lo general carecen de estrías en el *distal* (tip parte) el 20% de cada prospecto. Los maduros racimos florales son a veces aireado, resultante de entrenudos largos, y se componen de grandes cálices

y relativamente pocas hojas. Los grandes cálices son muy
dulce y resinoso, así como muy psicoactivo. Las semillas
son grandes, acortado, aplanada y de forma ovoide con
un gris oscuro o marrón rojizo, manchas de la perianto
o cubierta de la semilla. La carúncula o punto de unión
en la base de la semilla es extraordinariamente profundo
y generalmente está rodeado por un agudo filo del labio.
Algunos individuos se tornan de un color amarillo muy
pálido, verde en la floración de los clusters como maduran bajo las condiciones expuestas. A pesar de que maduro relativamente tarde, ellos no parecen haber cumplido
con la aceptación en Gran Gran bretaña y América del
Norte como el consumo de drogas de las cepas. Las semillas de muchas variedades, aparecen en pequeños lotes de
baja calidad Africano marihuana fácilmente disponibles
en Amsterdam y otras ciudades Europeas. Fenotipo-tipos
varían considerablemente, sin embargo, muchas son similares en apariencia a las cepas de Tailandia.

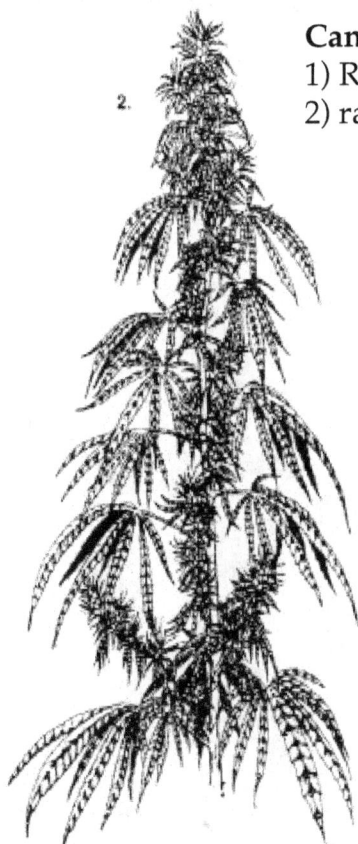

Cannabis de Malawi
1) Racimo floral estaminado
2) racimos florales pistilados

P. Elias

i) México - (15° a 27° de latitud norte)

México ha sido la principal fuente de marihuana se fuma en América hasta los últimos años. Los esfuerzos por parte de las patrullas de frontera para detener el flujo de marihuana Mexicana en los Estados unidos fueron sólo mínimamente eficaz y muchas variedades de alta calidad de la droga en méxico *Cannabis* estaban siempre disponibles. Muchos de los híbridos de las cepas cultivadas a nivel nacional el día de hoy se originó en las montañas de México. En los últimos años, sin embargo, el gobierno Mexicano (con respaldo monetario de los Estados unidos) comenzó un programa intensivo para erradicar *Cannabis* a través de la fumigación aérea de herbicidas como el Paraquat. Su programa fue eficaz y de alta calidad Mexicana *Cannabis* ahora es raramente disponible. Es irónico que las de NIMH (Instituto Nacional de Salud Mental) es de uso doméstico Mexicano *Cannabis* las cepas cultivadas en el estado de Mississippi como la farmacéutica, producto de la investigación en la quimioterapia y en pacientes con glaucoma. En el primer Mexicano cultivo de marihuana a partir de la década de 1960 para el

Mexicano *Cannabis.*
1. Staminate floral racimos;
2. Femenina floral grupos.

'. ENas

Cannabis Mexicano
Variedad michoacana,
racimo floral pistilado.

mitad de los años 1970, cepas o "marcas" de Cannabis eran generalmente co-
locada con el nombre del estado o de la zona donde se cultivan. Por lo tanto
nombres como "Chiapanecos," "Guerreran," "Nay-arit," "Michoacán," "de Oaxaca," y "el Sinaloense" tienen orígenes geográficos detrás de sus nombres comunes y significan algo para el día de hoy. Todas estas áreas son de la costa del
Pacífico de los estados que se extienden en orden de Sinaloa, en el norte, en la
27°; a través de Nayarit, Jalisco, Michoacán, Guerrero y Oaxaca; a Chiapas en el
sur a 15°. Todos estos estados se extienden desde la costa a las montañas, donde
Cannabis se cultiva.

Las cepas de Michoacán, Guerrero y Oaxaca fueron los más comunes y
un par de comentarios puede ser aventurado acerca de cada uno y sobre Mexicano cepas en general.

Mexicano cepas son considerados como de alto, erectas plantas de
tamaño moderado a grande con luz de color verde oscuro, grandes

hojas. Las hojas se componen de largo, de ancho medio, moderadamente serrada folíolos dispuestos en un arreglo circular. Las plantas maduras relativamente temprana en comparación con las cepas de Colombia o Tailandia y producir muchos y largos racimos florales con un alto cáliz-hoja de relación y altamente cerebral psicoactividad. Michoacán cepas tienden a tener muy delgada hojas y una muy alta cáliz-hoja de relación de como hacer Guerreran cepas, pero de Oaxaca cepas tienden a ser más amplio, las hojas, a menudo con más frondosas racimos florales. Oaxaqueño de las cepas son generalmente las más grandes y crecer vigorosamente, mientras que Michoacán cepas son más pequeños y más delicados. Guerreran cepas suelen ser cortos y desarrollar largo, erectas extremidades inferiores. Las semillas de la mayoría de los Mexicanos cepas son bastante grandes, ovoides, y ligeramente aplanada con un poquito de color gris o marrón, onu-moteado perianto. Más pequeño, más oscuro, más moteado de semillas han aparecido en la marihuana Mexicana durante los últimos años. Esto puede indicar que la hibridación está teniendo lugar en México, posiblemente introducido con la semilla de la más grande fuente de semillas en el mundo, Colombia. No comerciales sembradas *Cannabis* los cultivos están libres de la hibridación y la gran variación puede ocurrir en la descendencia. Más recientemente, una gran cantidad de híbridos nacionales de semillas han sido introducidas en México. No es raro encontrar Tailandés y Afghani fenotipos en los últimos envíos de *Cannabis* desde México.

j) de Marruecos, de las Montañas del Rif - (35° de latitud norte)
　　Las montañas del Rif se encuentra en el norte de Marruecos, cerca del Mar Mediterráneo y el rango de hasta 2.500 metros (8.000 pies). En una alta meseta que rodea la ciudad de Ketama crece la mayoría de los *Cannabis* se utiliza para *kif* floral de los clusters y de hachís. Las semillas son de amplio sembrado o dispersos en rocky terrazas de los campos en la primavera, tan pronto como la última luz derretirse la nieve, y la madurez de las plantas se cosechan a finales de agosto y septiembre. Las plantas maduras son generalmente de 1 a 2 metros (4 a 6 pies) de altura y sólo ligeramente ramificados. Este es el resultado de hacinamiento en las técnicas de cultivo y la falta de riego. Cada femeninas de la planta sólo tiene una terminal principal grupo de flores lleno de semillas. Pocos staminate plantas, si las hubiere, se tiró para evitar la polinización. Aunque *Cannabis* en Marruecos fue originalmente cultivada de flores grupos a ser mezclado con el tabaco y ahumados como *kif,* el hachís de la producción ha comenzado en los últimos 30 años debido a la influencia Occidental. En Marruecos, el hachís es fabricado por sacudir a toda la planta a través de una pantalla de seda y recoger el polvo de resinas que pasan a través de la pantalla. Es una cuestión de especulación si el original Marroquí kif cepas podrían ser extinguido. Se ha informado de que algunas de estas cepas fueron cultivadas de semillas la producción de flores y zonas de Marruecos todavía puede existir donde esta es la tradición.

Porque de selección para la producción de hachís Marroquí cepas se asemejan tanto Libanés y el Hindu Kush cepas en su relativamente hojas anchas, cortas el hábito de crecimiento y alta producción de resina. Marroquí cepas están posiblemente relacionadas con estas otras *Cannabis indica* tipos.

k) Nepal - (26° a 30° de latitud norte)

La mayoría de los *Cannabis* en Nepal se produce en la naturaleza se encuentra de alta en las estribaciones del Himalaya (hasta 3.200 metros [10,000 pies]). Poco *Cannabis* se cultiva, y es a partir de seleccionar las plantas silvestres que la mayoría de los Nepaleses, hachís y la marihuana se originan. Nepal plantas son generalmente alto y delgado, con largas, ligeramente ramificada extremidades. A la larga, delgada floración tops son muy aromáticos y con reminiscencias de la mejor y más fresca "templo de la bola" y "dedo" de hachís frotado a mano a partir de plantas silvestres. La producción de resina es abundante y psicoactividad es alta. Algunas cepas de Nepal han aparecido en el servicio doméstico *Cannabis* los cultivos pero ellos no parecen hacer fuerte híbridos con cepas procedentes de fuentes nacionales y Tailandia.

l) Ruso - (35° a 60° de latitud norte) Cannabis ruderalis (no cultivadas)

Estatura baja (de 10 a 50 centímetros [3 a 18 pulgadas]) y breve ciclo de vida (de 8 a 10 semanas), de ancho, la reducción de las hojas y especializados semillas caracterizar malezas *Cannabis* de Rusia. Janischewsky (1924), se descubrió maleza *Cannabis* y la llamó *Cannabis ruderalis*. Ruderalis podría ser de utilidad en la cría de rápida maduración de las cepas para el uso comercial en las latitudes templadas. Florece cuando aproximadamente a las 7 semanas de edad, sin aparente dependencia de la luz. Ruso *Cannabis ruderalis* es casi siempre de alta en CBD y baja en THC.

m) al Sur de África - (22° c a 35° de latitud sur)

Dagga de sudáfrica es altamente aclamado. La mayoría de las semillas han sido recogidos de la marihuana envíos en Europa. Algunos son muy maduración temprana (de septiembre en las latitudes del norte) y de dulce olor. El estiramiento de la luz verde floral de los clusters y de dulce aroma son comparables a la de las cepas.

n) el Sureste de Asia - Camboya, Laos, Tailandia y Vietnam (de 10° a 20° de latitud norte)

Desde que las tropas Estadounidenses primera de regresar de la guerra en Vietnam, Camboya, Laos, Tailandés y Vietnamita cepas han sido consideradas como las mejores en el mundo. En la actualidad la mayoría del Sudeste Asiático *Cannabis* se produce en el norte y este de Tailandia. Hasta tiempos recientes, *Cannabis* la agricultura ha sido una industria artesanal de el norte de las zonas de montaña, y cada familia creció de un pequeño jardín. El orgullo de un agricultor en su cultivo y se refleja en la alta calidad y sin semillas, la naturaleza de cada una cuidadosamente envuelto Tailandés

stick. Debido en gran parte al deseo de los Estadounidenses por el exo-
tismo de la marihuana, *Cannabis* su cultivo se ha convertido en un gran
negocio en Tailandia y muchos agricultores están creciendo los grandes
campos de menor calidad *Cannabis* en las tierras bajas orientales. Se
sospecha que otros *Cannabis* las cepas, trajo a Tailandia para reponer las
variedades locales y comienzan las grandes plantaciones, pueden tener
hibridó con originales de tailandia cepas y la alteración de la resultante
de la genética. También, salvaje stands de *Cannabis* ahora puede ser
cortado y secado para la exportación.

Las cepas de Tailandia se caracteriza por altos serpenteante crecimiento del tallo principal y las ramas y bastante extensa ramificación.
Las hojas son a menudo muy grande, con 9 a 11 de largo, delgada, toscamente serrado folíolos dispuestos en una caída de la mano de la matriz.
El Tailandés se refieren a ellos como "colas de cocodrilo" y el nombre es
muy apropiado.

La mayoría de los Tailandeses de las variedades de maduración
tardía, y sujeto a hermaphrodism. No se entiende si las cepas de Tailandia
vez hermafrodita como una reacción a los extremos del norte de clima
templado o si tienen una controlados genéticamente tendencia hacia
hermaphrodism. Para consternación de muchos de los agricultores y los
investigadores, Tailandés cepas maduran tarde, flor lentamente, y a madurar de forma desigual. Retardaron el desarrollo floral y evidente despre-
cio por los cambios en el fotoperiodo y clima puede haber dado lugar a la
historia que *Cannabis* las plantas en Tailandia vivir y dar flores durante
años. A pesar de estas deficiencias, Tailandés cepas son muy psicoactivo
y muchos híbridos de cruza se han hecho con la rápida maduración de las
cepas, como el Mexicano y el Hindu Kush, en un exitoso intento de crear
maduración temprana de los híbridos de alta psicoactividad y característico Tailandés dulce, sabor cítrico. Los cálices de Thai cepas son muy
grandes, como son las semillas y otras características anatómicas, que
conduce a la idea errónea de que las cepas pueden ser poliploides. Natural, poliploidía, ha sido descubierto en ninguna de las cepas de *Cannabis*
a pesar de que nadie ha tomado el tiempo para mirar a fondo. Las semillas son muy grandes, ovoides, ligeramente aplanado y de color marrón
claro o marrón en color. El perianto es nunca con manchas o rayas,
excepto en la base. Invernaderos llegar a ser la mejor manera de madurar
terco Tailandés cepas en regiones templadas.

3. Híbrido De Drogas Fenotipos
a) la Enredadera de Fenotipo - Este fenotipo ha aparecido en varios
doméstica *Cannabis* los cultivos y es un frecuente fenotipo en ciertas variedades híbridas. Todavía no se ha determinado si este rasgo está genéticamente controlada (dominante o recesivo), pero los esfuerzos para desarrollar una verdadera cría de la cepa de enredaderas se reunión con éxito
parcial. Este fenotipo aparece cuando el tallo principal de la planta ha

Fenotipo Creeper Cannabis
Una planta pistilada, las ramas
axiales cuelgan del tallo principal.

crecido a cerca de 1 metro (3 pies) de altura. Luego se comienza a
doblar en aproximadamente la mitad de los tallos, de hasta 70° respecto
a la vertical, por lo general en la dirección del sol. Posteriormente, la
primera de las extremidades sag hasta que toque el suelo y comenzar a
crecer de nuevo hacia arriba. En muy loose mantillo y condiciones de
humedad de los miembros, ocasionalmente, de la raíz a lo largo de la
superficie inferior. Posiblemente como resultado de una mayor exposición a la luz, las principales ramas de continuar a la sucursal de una
vez o dos veces, la creación de amplia fronda-como las extremidades de
los brotes que se asemeja a el Sur de la India cepas. Este fenotipo por
lo general produce muy alto de la flor de los rendimientos. Las hojas
de estos enredadera fenotipo de las plantas son casi siempre de tamaño
medio con 7-11 largo, estrecho y muy dentadas de los folletos.

b) Enorme Vertical Fenotipo - Este fenotipo se caracteriza por el
tamaño medio de las hojas estrechas, muy serrada folletos mucho como
la enredadera de las cepas, y también puede ser una aclimatado de
América del Norte fenotipo. En este fenotipo, sin embargo, una larga,
recta tallo central de 2 a 4 metros (6.5 a 13 pies) de altura formas y el
largo, delgado primaria extremidades crecen en vertical de la moda
hasta que son casi tan altos o a veces más alto que el tallo central. Esta
cepa se asemeja a la región del Hindu Kush cepas en forma general,
excepto que la totalidad de la doméstica de la planta es mucho mayor
que el Hindu Kush con largos, delgados, más muy ramificados primaria
extremidades, mucho más estrecho folletos, y un mayor cáliz-hoja de
relación. Estos enormes vertical de las cepas son también los híbridos
de diferentes variedades importadas y no específicos de origen se puede
determinar.

El anterior ha sido un listado de bruto fenotipos para varias de
las muchas cepas de *Cannabis* producen en todo el mundo. A pesar de
que muchos de ellos son raras, las semillas aparecen de vez en cuando
debido a la extrema movilidad de los Americanos y Europeos *Cannabis*
los aficionados. Como consecuencia de esta movilidad extrema, es de
temer que muchos de los mejores del mundo cepas de *Cannabis* han
sido o pueden ser perdido para siempre debido a la hibridación con
extranjeros *Cannabis* las poblaciones y el desarrollo socio-económico
de los desplazamientos de *Cannabis* culturas de todo el mundo. Los
coleccionistas y los criadores son necesarios para preservar estas raras y
en peligro de extinción gen piscinas, antes de que sea demasiado tarde.

Varias combinaciones de estos rasgos son posibles e inevitables.
Los rasgos que los que más a menudo ven son los más propensos dominante y la mejora de *Cannabis* las cepas a través de la cría se logra más
fácilmente al concentrarse en los fenotipos dominantes de las características más importantes. Los mejores criadores de establecer metas
altas de alcance limitado y se adhieren a sus ideales.

C. Yee

4

La maduración de la y la Cosecha de Cannabis

Para todo hay una temporada,
 y un tiempo para cada propósito bajo el cielo:
 Un tiempo para nacer, y un tiempo para morir;
 un tiempo para plantar, y un tiempo para arrancar
 lo que se planta.

—Eclesiastés 3:1-2

La maduración de la

La maduración de *Cannabis* normalmente es anual y su tiempo es influenciada por la edad de la planta, cambios en el fotoperíodo, y otras condiciones ambientales. Cuando la planta llega a una edad adecuada para la floración (unos dos meses) y las noches se alargan siguientes al solsticio de verano (21 y 22 de junio), la floración comienza. Este es el inicio de la fase reproductiva del ciclo de vida, que es seguido por la senescencia y la muerte eventual. Las hojas de *Cannabis* las plantas de forma menos folletos durante la floración ta la racimos florales se forman de tri-folleto y mono-folleto hojas. Esto es una inversión de la *heteroblastic* (muchas veces en forma de) tendencia de aumento del número folleto a través de la pre-floral etapa.

El staminate y femeninas sexos de la misma cepa madura a un ritmo diferente. Staminate plantas son normalmente los primeros en comenzar la floración y la liberación de polen. De hecho, tanto el polen es liberado cuando las plantas femeninas muestran sólo un par de pares de primordial flores. Parece más eficaz para el staminate planta de liberar el polen cuando las plantas femeninas son pesados de la flor para asegurar una buena producción de semilla. Después de una investigación más profunda, sin embargo, se hace evidente que los principios de la polinización es ventajoso para la supervivencia. Las polinizaciones que tienen lugar forma temprana semillas que maduran en los cálidos días de verano, cuando las femeninas de la planta es saludable y hay menos posibilidades de daño de escarcha o preda-ción por los herbívoros. Si las condiciones son favorables, el staminate de la planta continuará la producción de polen por algún tiempo y también fertilizar muchas nuevas flores femeninas que aparecen. Después de un mes o más de derramamiento de polen de la staminate plantas entrar *la senescencia*. Este período está marcado por el amarillamiento y caída del follaje de las hojas, seguido por la disminución de flores y el polen de producción. Finalmente, todas las hojas se caen, y el pasado, sin vida estambres colgar en la brisa, hasta que los hongos y las bacterias de-volverlos a la tierra.

Femeninas de las plantas de continuar a desarrollar hasta tres meses más a medida que maduran las semillas. Como los cálices de las primeras flores que son polinizadas seco, cada uno de los comunicados de una sola semilla que cae al suelo. Ya que las nuevas flores femeninas se producen continuamente y fertilizado, ya que casi siempre hay se-millas que van en la madurez de los recién fecundados los óvulos para grandes y oscuras, las semillas maduras. De esta manera, la planta es capaz de tomar ventaja de las condiciones favorables a lo largo de varios meses. La eficacia de este tipo de reproducción es demostrado por la propagación de escapados *Cannabis* las cepas en el medio oeste de Es-tados unidos. En estas áreas *Cannabis* abunda y se multiplica cada año, a través de la oportuna dehiscencia de millones de granos de polen y la fecundación de los miles de flores femeninas, lo que resulta en miles de semillas viables de cada femeninas de la planta. Como la femenina de la planta senesces, las hojas se vuelven amarillas y caen, junto con el resto de las semillas maduras. El resto de la planta muere y se descompone.

Aunque la staminate las plantas empiezan a liberar el polen antes de que la femenina de la planta ha comenzado a formar racimos florales, plantas femeninas en realidad se diferencian sexualmente y forma un par viable flores mucho antes de que la mayoría de los staminate las plantas empiezan a liberar el polen. Esto asegura que la primera polen liberado tiene una oportunidad para fertilizar al menos un par de flores y la producción de semillas. La producción de destacados pistilos hace femeninas de las plantas de la primera a ser reconocible en un cultivo, por lo que a principios de selección de semillas, de los padres es bas-tante fácil. A menudo los primordios de staminate plantas aparecen por primera vez como el crecimiento vegetativo en los nodos a lo largo del tallo principal, y no se diferencian de las flores durante varias semanas. Femeninas, las plantas también pueden desarrollar el crecimiento vege-tativo en el lugar de los habituales primordial cálices y este crecimiento hace que staminate plantas indistinguible de plantas femeninas durante algún tiempo. Esto es a menudo frustrante para sinsemilla *Cannabis* cul-tivadores, desde el staminate plantas que se atreven a diferenciar el sexo ocupan espacio valioso que puede ser utilizado por los femeninas de las plantas. También, juvenil femenina plantas en ocasiones se confunde con staminate plantas si que son lentos a la forma de los cálices, ya que

el crecimiento vegetativo en los nodos podría parecer stami-nate primordios.

La latitud y el Fotoperíodo

Cambios en el fotoperíodo es el factor que generalmente desencadena las etapas de desarrollo de *Cannabis*. El fotoperíodo y ciclos estacionales son determinados por la latitud. La mayoría incluso fotoperíodos
y más leves variaciones estacionales se encuentran cerca del ecuador, y
la mayoría de las fluctuaciones en fotoperíodos y la más radical de las
variaciones estacionales se encuentran en polar y de alta altitud lugares.
Las áreas en las latitudes intermedias mostrar más pronunciada variación estacional en función de su distancia desde el ecuador o la altura de
altitud. Una gráfica de los ciclos de luz basado en la latitud es útil en la
exploración de la maduración y de los ciclos de *Cannabis* de diversas latitudes y las adaptaciones genéticas de las cepas a sus ambientes nativos.

Las líneas onduladas seguir los cambios en el fotoperíodo (horas
luz) durante dos años en diversas latitudes. Siga, por ejemplo, el fotoperiodo de 40° de latitud norte (Norte de California), que empieza a lo
largo del margen izquierdo con un 15 horas de fotoperiodo en 21 de junio
(solsticio de verano). Como los meses de progreso a la derecha, los días
se hacen más cortos y la línea que representa el fotoperíodo se inclina
hacia abajo. Durante el mes de julio de la luz disminuye a 14 horas y
Cannabis las plantas empiezan a florecer y producir THC. (Aumento de
la producción de THC es representado por un aumento en el tamaño de
los puntos a lo largo de la línea de fotoperiodo.) Como los días se hacen
más cortos que las plantas de flor más profusamente y producir más THC
hasta el punto máximo se alcanzó durante el mes de octubre y noviembre.
Después de este tiempo el fotoperiodo cae por debajo de 10 horas y la
producción de THC disminuye. Alto contenido en THC plantas pueden
seguir desarrollando hasta el solsticio de invierno (día más corto del año,
alrededor del 21 de diciembre) si están protegidos de las heladas. En este
punto un nuevo vegetativo ciclo de luz y comienza la producción de THC
cesa. Nuevo las plántulas se plantan cuando los días comienzan a ser largo (12-14 horas) y cálido, de Marzo a Mayo. Más al norte de los 60° de
latitud, la longitud del día los cambios más radicalmente, y la temporada
de crecimiento es menor. Estas condiciones no favorecen la producción
de THC.

Los ciclos de luz y las estaciones varían a medida que uno se acerca
al ecuador. Cerca de los 20° de latitud norte (Hawai, India y Tailandia,
donde la mayoría de los mejores de la droga *Cannabis* se origina), el fotoperiodo nunca varía fuera de rango crítico para la producción de THC,
entre las 10 y las 14 horas. El ciclo de luz a 20° de latitud norte comienza
en el solsticio de verano cuando el fotoperíodo es sólo un poco más de 13
horas. Esto significa que una larga temporada existe que comienza antes
y termina después que en latitudes más altas. Sin embargo, debido a la

NOTA: A medida que la planta alcanza la madurez, la disminución de las horas de luz del día induce la floración.

SOLISTICIO DE INVIERNO NORTE 22 DE DICIEMBRE

AÑO DOS

Temporada de siembra en latitudes del sur (inicio del ciclo de crecimiento)

Temporada de siembra en North Latitudes (comienzo del ciclo de crecimiento)

SOLISTICIO DE VERANO NORTE 22 DE JUNIO

La Temporada de Cosecha Ecuatoriana - Año 2

Producción máxima de THC de temporada corta subtropical de latitud norte año 2 (tiempo de cosecha)

Producción máxima de THC de North Latitude año 2 (tiempo de cosecha)

Planificación de la temporada corta subtropical de latitud sur

Producción máxima de THC en latitud sur año 1 (tiempo de cosecha)

Segunda temporada de cosecha ecuatoriana - Año 1

MENOR CRECIMIENTO Y LUEGO PRODUCCIÓN EN ZONAS DE MENOS DE 10 HORAS DE LUZ

SOLISTICIO DE INVIERNO NORTE 22 DE DICIEMBRE

AÑO UNO

Temporada de siembra en latitudes del sur (inicio del ciclo de crecimiento)

Planificación de la temporada corta subtropical de latitud norte

Producción máxima de THC de temporada corta subtropical latitud norte año 1 (tiempo de cosecha)

La Temporada de Cosecha Ecuatoriana - Año 1

Producción máxima de THC de North Latitude año 1 (tiempo de cosecha)

CLAVE: Aumento de la producción de THC

SOLISTICIO DE VERANO NORTE 22 DE JUNIO

Ciclo de Crecimiento at 60° N. Latitude

Ciclo de crecimiento

Ciclo de Crecimiento

at 20° N. Latitude

Ciclo de Crecimiento at Equator

at 20° S. Latitude

at 60° S. Latitude (year año 1)

MESES CALENDARIO: J J A S O N D J F M A M J J A S O N D J F M

FOTOPERIODO (Horas de luz del día)

18 16 14 12 10 8

RELACIÓN DE LATITUDES DE PLANTACIÓN DE CANNABIS Y CICLOS DE MADURACIÓN
(Periodo de 12 meses)

el fotoperiodo es nunca demasiado largo para inducir la floración, *Cannabis* también pueden ser cultivadas en un corto de la temporada, de diciembre a Marzo o abril (de 90 a 120 días). Las cepas de estas latitudes, a menudo no son tan sensibles al fotoperíodo cambio, y la floración parece fuertemente edad determinada así como la luz-determinado. La mayoría de las cepas de *Cannabis* se empiezan a florecer cuando son 60 días de edad si el fotoperíodo no exceda de 13 horas. A los 20° de latitud, el fotoperiodo nunca excede de 14 horas, y fácilmente inducida por cepas pueden comenzar la floración en casi cualquier momento durante el año.

Zonas ecuatoriales ganar y perder horas luz dos veces durante el año, mientras el sol pasa al norte y al sur del ecuador, lo que resulta en dos idénticos photoperiodic temporadas. La precipitación y la altitud determinar la temporada de crecimiento de cada zona, pero en algunos lugares a lo largo de la línea del ecuador es posible crecer dos cultivos de maduras *Cannabis* en un año. La localización de una determinada latitud en el gráfico, y observando local de fechas para el primer y el último heladas y las estaciones húmedas y secas, los efectivos de la temporada de crecimiento puede ser determinado. Si un área tiene demasiado corto eficaz de la temporada de cultivo de drogas *Cannabis,* un invernadero o en otro refugio del frío, de la lluvia se utiliza. El momento de la siembra y la duración de la temporada de cultivo en estas condiciones marginales, también puede ser determinado a partir de este gráfico.

Por ejemplo, supongamos que un investigador desea crecer un cultivo de *Cannabis* cerca de Durban, sudáfrica, a los 30° de latitud sur. Consultar la gráfica de los ciclos de maduración, revela que un largo fotoperiodo temporada, adecuado para la maduración de la droga *Cannabis,* existe desde octubre hasta junio. Las condiciones meteorológicas locales indican que el promedio de los rangos de temperatura de 60° a 80° f y una precipitación anual de 30 a 50 pulgadas. Principios de las tormentas de oriente en el mes de junio podría dañar las plantas y algún tipo de protección contra tormentas posible que sea necesario. Cualquier estimaciones realizadas a partir de este gráfico son generalmente exactas para fotoperiodo; sin embargo, el clima local, las condiciones son siempre tomadas en cuenta.

Combinación y simplificación de la tierra climáticas bandas donde *Cannabis* se cultiva produce una zona ecuatorial, el norte y el sur subtropical zonas, norte y sur de las zonas templadas, el ártico y el antártico zonas. Una discusión sobre el ciclo de maduración de la droga *Cannabis* en cada zona de la siguiente manera.

Zona Ecuatorial - (15° de latitud sur a 15° de latitud norte)

En el ecuador el sol está alto en el cielo durante todo el año. El sol está directamente sobre la cabeza dos veces al año, en los equinoccios, el 22 de Marzo y 22 de septiembre, a medida que pasa el norte y el sur. Los días se hacen más cortos, dos veces al año en cada equinoccio. Como resultado, la zona ecuatorial tiene dos veces durante el año cuando la inducción floral puede llevarse a cabo y dos estaciones bien diferenciadas. Estas estaciones pueden superponerse, pero son generalmente de cinco a seis meses y a menos que el tiempo lo permita, los campos pueden ser utilizado dos veces al año. Colombia, sur de la India, Tailandia, y Malawi se encuentran en la periferia de la zona ecuatorial, entre los 10° y 15° de latitud. Es interesante notar que pocos, si alguno, áreas de comercial *Cannabis* cultivo, aparte de Colombia, se encuentran dentro de el corazón de la zona ecuatorial. Esto podría ser debido a que la mayoría de las áreas a lo largo de la línea del ecuador o muy cerca de ella son extremadamente húmedo, en altitudes más bajas, por lo que puede ser imposible encontrar una lo suficientemente seca como lugar para crecer un cultivo de *Cannabis,* mucho menos dos. Salvaje *Cannabis* se produce en muchas zonas ecuatoriales, pero es de relativamente baja calidad de la fibra o de la producción de drogas. Bajo cultivo, sin embargo, guinea ecuatorial, *Cannabis* tiene un gran potencial para la producción de drogas.

El norte y el Sur de Zonas Subtropicales - (15° a 30° de latitud norte y latitud sur)

El norte de la zona subtropical es uno de los más grandes *Productoras de Cannabis* áreas en el mundo, mientras que el sur de la zona subtropical tiene poco *Cannabis*. Estas áreas suelen tener una larga temporada a partir de febrero-Marzo a octubre-diciembre en el hemisferio norte y desde septiembre-octubre hasta Marzo-junio en el hemisferio sur. Un corto de la temporada también puede existir a partir de diciembre o enero hasta Marzo o abril en el hemisferio norte, que abarca desde los 90 a los 120 días. En Hawaii, *Cannabis* los cultivadores a veces hacer uso de un tercer corto de la temporada de junio a septiembre o de septiembre a diciembre, pero estos breves temporadas en realidad romper el largo subtropical temporada, durante la cual algunas de las más poderosas del mundo *Cannabis* se cultiva. El sudeste de Asia, Hawai, México, Jamaica, Pakistán, Nepal y la India son los principales *Cannabis*las zonas de producción ubicadas en el norte de la zona subtropical.

El norte y el Sur de las Zonas Templadas - (30° a 60° de latitud norte y latitud sur)

Las zonas de clima templado tienen un mediano a largo de la temporada se extiende desde Marzo-Mayo y septiembre-diciembre en el hemisferio norte y a partir de septiembre-noviembre a Marzo-junio en el hemisferio sur. El centro de China, Corea, Japón, Estados unidos, el sur de Europa, Marruecos, Turquía, Líbano, Irán, Afganistán, Pakistán, India y Cachemira están todos en el norte de la zona templada. Muchos de estos países son productores de grandes cantidades de fibra, así como el consumo de drogas *Cannabis,* El sur de la zona templada incluye sólo las porciones sur de Australia, América del Sur, y África. Algunos estas áreas, pero ninguno de ellos son bien conocidos para el cultivo de la

estas áreas, pero ninguno de ellos son bien conocidos para el cultivo
de la droga *Cannabis*.

Ártico y el Antártico Zonas - (60° a 70° de latitud norte y latitud sur)

El ártico y el antártico zonas se caracterizan por un corto, dura
temporada de crecimiento que no es favorable para el crecimiento
de *Cannabis*. El ártico empieza la temporada durante los largos días
de junio o julio, tan pronto como el suelo se descongela, y continúa
hasta que el primero se congela de septiembre o de octubre. El fotoperiodo es muy largo cuando las plántulas aparecen, pero los días en
que rápidamente se hacen más cortos y, en septiembre de las plantas
empiezan a florecer. Las plantas a menudo llegar a ser muy grande
en estas áreas, pero no llegan a ser lo suficientemente larga temporada a madurar completamente y el cultivo de drogas *Cannabis* no
es práctico, sin un invernadero. Partes de Rusia, Alaska, Canadá y el
norte de Europa están dentro de la zona del ártico y sólo pequeños
stands de los escapado de la fibra y de la droga *Cannabis* crecer de
forma natural. Cultiva la droga cepas crecen en Alaska, Canadá y el
norte de Europa en cantidades limitadas, pero poco se cultiva a escala
comercial. Rápidamente maduración, aclimatado variedades híbridas de zonas templadas de América del Norte son, probablemente, el
que mejor se adapta para el crecimiento en esta área. Fibra de cepas
también crecen bien en algunas áreas del ártico. Programas de mejoramiento de la federación de rusia *Cannabis ruderalis* podría producir
muy corto de la temporada de drogas cepas.

Se hace evidente que la mayoría de la droga *Cannabis* se
produce en el norte subtropical y el norte de las zonas templadas del
mundo. Es llamativo el hecho de que hay muchos no utilizados de
las áreas adecuadas para el cultivo de la droga *Cannabis* en todo el
mundo. También es evidente que la zona ecuatorial y zonas subtropicales tienen la ventaja de un extra total o parcial de la temporada para
el cultivo de *Cannabis*.

Las cepas que se han convertido adaptado a sus nativos de latitud tienden a florecer y madurar bajo cultivo doméstico en gran parte
el mismo patrón que en sus condiciones nativas. Por ejemplo, en el
norte de las zonas templadas, las cepas de México (zona subtropical)
generalmente completamente maduras a finales de octubre, mientras
que las cepas de Colombia (zona ecuatorial) generalmente no madura
hasta diciembre. Al comprender esto, las cepas pueden ser seleccionados a partir de latitudes similares a la zona para ser cultivada de
manera que las posibilidades de crecimiento de drogas *Cannabis* a su
vencimiento se maximiza. El corto de la temporada de Hawaii, México, y otras áreas subtropicales constituye un conjunto independiente
de los factores ambientales (distinta de la larga temporada) que la influencia del genotipo y a favor de la selección de una corta temporada
de la cepa. La maduración de las características pueden variar

mucho entre estas dos cepas debido a la longitud de la temporada y las diferencias en la respuesta al fotoperiodo. Por esa razón, generalmente es necesario determinar si Hawai y California cepas han sido criados específicamente para la corta o larga temporada, o si se utilizan indistintamente para ambas temporadas. A veces la única información disponible es la temporada en la que el Pj de la semilla de la planta que se cultiva. Puede no ser práctico para crecer una larga temporada que la tensión de Hawaii en un lugar templado área de cultivo, pero una corta temporada de la cepa podría hacer muy bien.

Los Ciclos De La Luna

Desde tiempos antiguos, el hombre ha observado el efecto de la luna sobre los organismos vivos, especialmente de sus cultivos. La siembra y cosecha de fechas basado en los ciclos de la luna todavía se encuentran en las *Old farmer's Almanac,* La luna tarda 28 a 29 días completamente la órbita de la tierra. Este ciclo se divide en cuatro de una semana de fases. Comienza la luna nueva ceras (comienza a agrandar) durante una semana, hasta que la luna en cuarto y otra semana hasta que la luna está llena. A continuación, el menguante (reducción) ciclo comienza y la luna pasa por detrás de dos semanas a través de otro cuarto para llegar al comienzo del ciclo de la luna nueva. La mayoría de los cultivadores de acuerdo en que la mejor época para la siembra es en la luna, y el mejor momento para la cosecha está en la luna menguante. Exacto lunas nuevas, full lunas y lunas en cuarto son evitados ya que estos son los tiempos de la interplanetario estrés. La siembra, la germinación, el injerto, y capas son más favorecidos durante las fases 1 y 2. La mejor época es de un par de días antes de la luna llena. Las fases 3 y 4 son los más beneficiosos para la cosecha y la poda.

El crecimiento de la raíz parece acelerado en el momento de la luna nueva, posiblemente como respuesta al aumento de la fuerza de gravedad de la alineación del sol y la luna. También parece que floral de la formación del clúster es frenado por la luna llena. Fuertes, con la luz de la luna está en el límite de ser suficiente luz para dejar de inducción floral en su totalidad. Aunque esto nunca sucede, si una planta está a punto de empezar floral de crecimiento, puede ser retrasado una semana por un par de noches de luz de la luna. Por el contrario, las plantas comienzan floral de crecimiento durante las oscuras noches de la luna nueva. Se necesita más investigación para explicar los misteriosos efectos de los ciclos de la luna en *Cannabis*.

Floral Maduración

El individuo femeninas cálices y el compuesto floral clústeres de cambiar a medida que maduran. Los cambios externos indican que la bioquímica interna de los cambios metabólicos también se están produciendo. Cuando los cambios externos pueden ser conectados con el invisible interna de los cambios metabólicos, a continuación, el cultivador se encuentra en una mejor posición para decidir cuándo harchaleco racimos florales. Con años de experiencia esto se convierte en intuición, pero hay correlaciones generales que pueden poner el proceso en términos más objetivos.

Los cálices aparecen primero como vainas simples, delgadas, tubulares, verdes que rodean un óvulo en el extremo basal unido con un par de pistilos delgados de color blanco, verde amarillento o púrpura unidos al óvulo y que sobresalen del pliegue de la punta del cáliz. A medida que la flor comienza a envejecer y madurar, los pistilos crecen más y el cáliz se agranda ligeramente hasta su longitud total. A continuación, el cáliz comienza a hincharse a medida que aumenta la secreción de resina, y los pistilos alcanzan su pico de madurez reproductiva. A partir de este punto, los pistilos comienzan a hincharse y oscurecerse ligeramente, y las puntas pueden comenzar a curvarse y volverse de color marrón rojizo. En esta etapa, la flor pistilada está más allá de su pico reproductivo, y no es probable que produzca una semilla viable si se poliniza. Sin polinización el cáliz comienza a hincharse casi como si hubiera sido fertilizado y la secreción de resina alcanza un pico. Los pistilos finalmente se marchitan y se vuelven de color marrón rojizo o naranja. En este momento, el cáliz hinchado ha acumulado una increíble capa de resina, pero la secreción se ha ralentizado y se están produciendo pocos terpenos y canna-binoides frescos. La caída de pistilos marca el final del ciclo de desarrollo del cáliz pistilado individual. Las resinas se vuelven opacas y el cáliz comienza a morir.

La biosíntesis de cannabinoides y terpenos es paralela a las etapas de desarrollo del cáliz y los tricomas glandulares productores de resina asociados. Además, la etapa de desarrollo promedio de los cálices individuales acumulados determina el estado de maduración de todo el cúmulo floral. Por lo tanto, la determinación de la etapa de maduración y el momento de la cosecha se basa en la condición promedio del cáliz y la resina, junto con las tendencias generales en la morfología y el desarrollo de la planta en su conjunto.

Las características morfológicas básicas de la maduración floral se miden por la relación cáliz-hoja y la longitud entre nodos dentro de los racimos florales. Las proporciones Cáliz-hoja son más altas durante la etapa floral pico. Las etapas posteriores generalmente se caracterizan por la disminución del crecimiento del cáliz y el aumento del crecimiento de las hojas. La longitud del internodo es generalmente muy corta entre pares de cálices en cúmulos densos y apretados. Al final del ciclo de maduración, si todavía hay crecimiento, la longitud del internodo puede aumentar en respuesta al aumento de la humedad y las condiciones de luz disminuidas. Esto es más a menudo una señal de que los racimos florales han pasado su pico reproductivo; si es así, se están preparando para el rejuvenecimiento y la posibilidad de volver a crecer la temporada siguiente. En este momento, casi toda la secreción de resina ha cesado en latitudes templadas (debido a las bajas temperaturas), pero aún puede continuar en áreas ecuatoriales y subtropicales que tienen un crecimiento más largo y cálido

temporada. Los invernaderos se han utilizado en las latitudes templadas
para simular ambientes tropicales y ampliar el período de producción de
resina. Se debe recordar que los invernaderos también tienden a causar
una estirada de condición en los racimos florales en respuesta a la alta
humedad, altas temperaturas, baja intensidad de luz, y una restricción de
la circulación de aire. Simulación de los nativos fotoperiodo de una cierta
tensión se logra mediante el uso de cortinas opacas y la iluminación
suplementaria en un invernadero o en el ambiente interior. La versión
traducida de la luz del ciclo de particular a una cepa puede estimarse a
partir de la gráfica de la maduración de los patrones en diversas latitudes
(p. 124). De esta manera es posible reproducir exóticos extranjeros entornos con más precisión estudio *Cannabis*. Apretados racimos de cálices
y hojas son característicos de maduro al aire libre *Cannabis*. Algunas
cepas, sin embargo, como las de Tailandia, tienden a tener más entrenudos y aparecen aireado y se estira. Esto parece ser una controlados
genéticamente adaptación a su ambiente nativo. Importado P, ejemplos
de Tailandia también han entrenudos largos en la femenina floral grupos.
Tailandés cepas pueden no desarrollar apretados racimos florales incluso
en el más árido y condiciones de exposición; sin embargo, esta condición
es promovido como el rejuvenecimiento comienza durante los días de
otoño de la disminución del fotoperíodo.

La Biosíntesis De Los Cannabinoides

Dado que la secreción de resina y asociados terpenoides y biosíntesis de los cannabinoides están en su pico justo después de los pistilos
han comenzado a dar vuelta a marrón pero antes de que el cáliz deja
de crecer, parece obvio que los racimos florales deben ser cosechados
durante este tiempo. Más sutiles variaciones en los terpenoides y los
niveles de cannabinoides también se llevará a cabo dentro de este período
de máximo de la resina de la secreción, y estas variaciones influyen en la
naturaleza de la resina del efecto psicoactivo.

El cannabinoide coeficientes característicos de una cepa está
principalmente determinado por los genes, pero se debe recordar que
muchos de los factores ambientales, tales como la luz, la temperatura
y la humedad influyen en la trayectoria de una molécula a lo largo de
la ruta de biosíntesis de los cannabinoides. Estos factores ambientales
pueden causar una atípica final *perfil de cannabinoides* (los niveles de
cannabinoides y proporciones). No todos los cannabinoides moléculas
de comenzar su viaje a través de la vía al mismo tiempo, no todos ellos
se completa el ciclo y se convierten en moléculas de THC simultáneamente. No hay una fórmula mágica para influir en la biosíntesis de
los cannabinoides para favorecer la producción de THC, pero ciertos
factores que intervienen en el crecimiento y la maduración de *Cannabis* afectan a la final de los niveles de cannabinoides. Estos factores
pueden ser controlados hasta cierto punto mediante la adecuada selección de los maduros racimos florales para la cosecha, los productos ag-

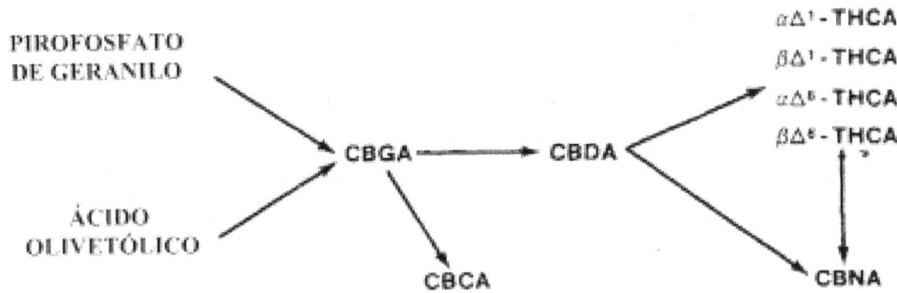

```
PIROFOSFATO                                                    αΔ¹ - THCA
DE GERANILO                                                    βΔ¹ - THCA
                                                              αΔ⁶ - THCA
                          CBGA ─────→ CBDA                    βΔ⁶ - THCA

ÁCIDO
OLIVETÓLICO

                          CBCA                                CBNA
```

KEY:	CBGA - Cannabigerolic Acid	CBDA - Cannabidiolic Acid	THCA - Tetrahydrocannibinolic Acid
	CBCA - Cannabichromenic Acid	CBNA - Cannabinolic Acid	

tural de la técnica y el medio ambiente local. Además de la genética y las influencias estacionales, la imagen es más modificada por
el hecho de que cada individuo cáliz pasa a través de los cannabinoides ciclo de manera bastante independiente y que durante los
períodos pico de la resina de la secreción de las flores se producen
cada día y comenzar su propio ciclo. Esto significa que en cualquier
tiempo la relación de cáliz-hoja, el promedio de cáliz condición, la
condición de las resinas, y la resultante de cannabinoides proporciones, indican que la etapa de la florales clúster ha alcanzado. Ya
que es difícil para el cultivador aficionado a determinar el perfil de
cannabinoides de un racimo floral sin análisis cromatográfico, esta
discusión se centro en el conocido teórico y las correlaciones entre
las características externas del cáliz y de la resina y la interna perfil
de cannabinoides. Una mejor comprensión de estos cambios sutiles en cannabinoides proporciones puede ser obtenida mediante la
observación de la biosíntesis de los cannabinoides. Se centran en la
esquina inferior izquierda de la tabla. A continuación, siga la cadena de reacciones hasta encontrar los cuatro isómeros de ácido THC
(tetrahydrocannabinols ácido), hacia el lado derecho de la página en
la cresta de la secuencia de reacción, y darse cuenta de que hay varios
pasos en una larga serie de reacciones que preceden y siguen a la formación de THC ácidos, los principales cannabinoides psicoactivos.
En realidad, el THC ácido y los otros ácidos cannabinoides no psicoactivos hasta que *decarboxylate* (perder un ácido de grupo carboxilo
[COOH]). Es el cannabinoide ácidos que se mueven a lo largo de la
ruta biosintética, y estos ácidos se someten a la estratégica reacciones
que determinan la posición de un determinado cannabinoides de la
molécula a lo largo de la vía. Después de las resinas son

**Simplificado de biosínte-
sis de los cannabinoides.
Drogas cepas tienen una
vía que produce el
psicoactivo THC.**

secretada por los tricomas glandulares que comienzan a endure-
cerse y el cannabinoide ácidos comenzar a decarboxylate. Cualquier resto de cannabinoides ácidos son decarboxilado por el calor
dentro de un par de días después de la cosecha. Otros THC ácidos
con acortamiento de las cadenas laterales también se producen en
ciertas cepas de *Cannabis*. Varios son conocidos por ser psicoactivas y muchos más son sospechosos de psicoactividad. El más corto
propil (tres de carbono) y *de metilo* (uno de carbono) de la cadena
lateral *homólogos* (de la misma forma de las moléculas) son más
cortos de acción de *pentilo* (de cinco carbonos) Thc y puede dar
cuenta de algunos de los rápidos, llamativos efectos observado por
algunos usuarios de marihuana. Nos centraremos en el pentilo vía,
pero cabe señalar que el metilo y propilo vías tienen homólogos
en casi cada paso a lo largo de la pentilo de la vía y su síntesis es
básicamente idéntico.

El primer paso en la pentilo cannabinoides vía biosintética
es la combinación de olivetolic ácido con pirofosfato de geranilo.
Ambas de estas moléculas se derivan de los terpenos, y es evidente
que la ruta de biosíntesis de los aromáticos terpenoides puede ser
un indicio de la formación de los cannabinoides. La unión de estas
dos moléculas formas de CBG ácido (cannabigerolic ácido), que es
la base de cannabinoides molécula precursora. CBG ácido puede
ser convertido a CBGM (CBG ácido monomethyl ether), o un grupo hidroxilo (OH) atribuye a la geraniol parte de la molécula formando hidroxi-CBG ácido. A través de la formación de un estado
de transición de la molécula, ya sea CBC ácido (canna-bichrome-
nic ácido) o del CDB ácido (cannabidiolic ácido) se formó. CDB
ácido es el precursor de la circulación termohalina de los ácidos,
y, aunque el CDB es sólo levemente psicoactivas por sí mismo,
no puede actuar con THC para modificar el efecto psicoactivo del
THC en un sedante manera. CBC es también ligeramente psicoactivas y puede interactuar de forma sinérgica con el THC altera
el efecto psicoactivo (Turner et al. 1975). De hecho, el CDB, se
puede suprimir el efecto del THC y CBC puede potenciar el efecto
del THC, aunque esto no ha sido probado. Todas las reacciones a
lo largo de la ruta de biosíntesis de los cannabinoides son enzima
controlado pero se ven afectadas por las condiciones ambientales.

La conversión de la CDB ácido a ácido THC es el más importante de la reacción con respecto a la psicoactividad en toda la vía y
aquel sobre el que sabemos que la mayoría. Comunicación Personal
con Rafael Mechoiilam ha centrado en el papel de la luz ultravioleta
en la biosíntesis de THC ácidos y menor de los cannabinoides. En
el laboratorio, Mechoulam ha convertido CDB ácido THC ácidos
mediante la exposición de una solución de CBD ácido en n-hexano
a la luz ultravioleta de 235-285 nm. hasta 48 horas. Este

la reacción de los usos atmosférica de las moléculas de oxígeno (O_2) y es irreversible; sin embargo, el rendimiento de la conversión es sólo alrededor de 15% de THC ácido, y algunos de los productos que se forman en el experimento de laboratorio no se producen en los especímenes vivos. Cuatro tipos de isómeros o ligeras variaciones de THC ácidos (THCA) existe. Tanto En Un^1-THCA y Un^6-THCA se producen naturalmente isómeros de THCA que resultan de las posiciones del doble enlace en el carbono 1 o carbono 6 de la geraniol porción de la molécula. Tienen aproximadamente el mismo efecto psicoactivo; sin embargo, Un^1-THC ácido es cuatro veces más frecuente que Un^6-THC ácido en la mayoría de las cepas. También y 0 formas de Una^1-THC ácido y Una^6-THC ácido existir como resultado de la yuxtaposición de hidrógeno (H) y el carboxilo (COOH) de los grupos en el olivetolic ácido porción de la molécula. Se sospecha que el psico-actividad de la un y 0 formas de la THC moléculas de ácido probablemente no varía, pero esto no ha sido comprobado. Las diferencias sutiles en la psico-actividad no se detectó en animales de laboratorio, de instrumentos, pero a menudo discutido por los aficionados a la marihuana, podría atribuirse adicional de los efectos sinérgicos de los cuatro isómeros de ácido THC. Total psico-actividad se atribuye a las proporciones de los principales cannabinoides de CBC, CBD, THC y CBN; las proporciones de metil, propil, y de isoamilo homólogos de estos cannabinoides; y los isómeros de las variaciones de cada uno de estos cannabinoides. Una miríada de sutiles combinaciones de seguro existen. También, terpenoides y otros compuestos aromáticos podría suprimir o potenciar los efectos del THCs.

Las condiciones ambientales influyen en la biosíntesis de los cannabinoides mediante la modificación de los sistemas enzimáticos y la resultante de la potencia de *Cannabis*. Alta altitud entornos a menudo son más áridas y expuesto a la luz solar intensa que en las bajas de los entornos. Estudios recientes realizados por Mobarak et al. (1978) de *Cannabis* crecido en Afganistán a 1.300 metros (4,350 pies) de elevación muestran que un número significativamente mayor de propilo los cannabinoides se forman de los respectivos pentilo homo-registros. Otras cepas de esta zona de Asia también han presentado la presencia de propilo los cannabinoides, pero no se puede descartar que la altitud de la influencia que la ruta de biosíntesis de los cannabinoides, es el favorito. La aridez favorece la producción de resina y el total de cannabinoides de la producción; sin embargo, se desconoce si las condiciones áridas de promover la producción de THC específicamente. Se sospecha que el aumento de la radiación ultravioleta podría afectar a la producción de cannabinoides directamente. La luz ultravioleta participa en la biosíntesis de THC ácidos de CBD ácidos, la conversión de los CBC de ácidos CCY ácidos, y la conversión de la CDB ácidos CBS ácidos. Sin embargo, se desconoce si el aumento de la luz ultravioleta puede cambiar

cannabinoides síntesis de pentilo a propil vías o influir en la
producción de THC ácido o CBC ácido en lugar de CBD ácido.

La proporción de THC CBD ha sido utilizado en el quimiotipo determinación de los Pequeños y de los demás. La determinada
genéticamente, de la incapacidad de ciertas cepas para convertir
CDB ácido THC ácido convierte en un miembro de una fibra de
quimiotipo, pero si una cepa tiene la determinada genéticamente la
capacidad para convertir CDB ácido THC ácido, entonces se considera una droga de la cepa. También es interesante notar que Turner
y Hadley (1973) encontraron una variedad Africana con un muy
alto nivel de THC y no CDB aunque hay justo cantidades de CBC
de ácido presente en la cepa. Turner* los estados que él ha visto en
varias cepas totalmente desprovisto de CBD, pero nunca ha visto
una cepa totalmente desprovisto de THC. También, muchos de los
primeros autores confundido CBC con el CDB en el analizaron las
muestras debido a la proximidad de sus picos para gas cromatógrafo
líquido (GLC) resultados. Si la ruta de biosíntesis de las necesidades de alteración para incluir un enzimáticamente sistema de
control que implican la conversión directa de la hidroxi-CBG ácido
a ácido THC a través de alílicos reordenamiento de hidroxi-CBG
ácido y la ciclación de la reorganizado intermedio del THC ácido,
como Turner y Hadley (1973) sugieren, a continuación, CDB ácido
sería se elude en el ciclo y en su ausencia, explicó. Otra posibilidad
es que, desde el CBC de ácido que se forma a partir de la misma
simétrica intermedio que es allylically reorganizado antes de formar
CDB ácido, CBC ácido puede ser el acumulado de los intermedios,
la reacción puede ser invertido, y a través de la simétrica intermedio
y el habitual alílicos reordenamiento del CDB ácido estaría formado
pero convierte directamente en THC ácido por un similar sistema
de la enzima a la que invierte en la formación de los CBC de ácido. Si esto ocurriera lo suficientemente rápido no CDB ácido sería
detectado. Es más probable, sin embargo, que el CDB UNA de las
drogas, de las cepas se convierte directamente a THCA tan pronto
como se formó y no CDB se acumula. También Turner, Hemphill, y
Mahlberg (1978) encontró que el CBC ácido estaba contenida en los
tejidos de *Cannabis* pero no en la resina segregada por los tricomas
glandulares. En cualquier caso, estas posibles desviaciones de la
aceptó ruta biosintética de proporcionar alimento para el pensamien-
to, cuando tratando de descifrar los misterios de la *Cannabis* cepas
y variedades de efecto psicoactivo.

Volviendo a la más ortodoxa de la versión de la biosíntesis de los cannabinoides, el papel de la luz ultravioleta debe ser
aprobada. Parece evidente que a la luz ultravioleta, que normalmente se suministra en abundancia por la luz del sol, toma parte en
la conversión de la CDB ácido THC ácidos. Por lo tanto, la falta

*Carlton Turner, 1979: comunicación personal.

de la luz ultravioleta en el cultivo interior situaciones podrían dar cuenta de los limitados psicoactividad de *El Cannabis* cultivadas bajo luz artificial. La energía de la luz ha sido recopilada y utilizada por la planta en una larga serie de reacciones que resultan en la formación de THC ácidos. Más lejos a lo largo de la vía comienza la formación de productos de degradación no metabólicamente producida por la planta viviente. Estos cannabinoides ácidos se forman a través de la progresiva degradación del THC ácidos CBN ácido (cannabinolic ácido) y otros cannabinoides ácidos. La degradación se lleva a cabo, principalmente por el calor y la luz y no es enzimáticamente controlada por la planta. CBN es también sospechoso de sinergia modificación de la psicoactividad de los principales cannabinoides Thc. El cannabinoide equilibrio entre el CBC, CBD, THC y CBN está determinado por la genética y la maduración. La producción de THC es un proceso continuo mientras el glandular tri-chome permanece activa. Las variaciones en el nivel de THC en el mismo tricomas a medida que madura son el resultado de THC ácido se descompone a CBN ácido, mientras que el CDB ácido se convierte THC ácido. Si la tasa de THC de la biosíntesis supera la tasa de THC desglose, el THC nivel en los tricomas se eleva; si el desglose de la tasa es más rápido que la velocidad de la biosíntesis, el nivel de THC de las gotas. Claro o ámbar transparente de resina es una señal de que el tricoma glandular está todavía activo. Tan pronto como la resina de la secreción comienza a disminuir, las resinas que generalmente se polimerizan y se endurecen. Durante la tarde floral etapas de la resina tiende a oscurecer transparente de color ámbar. Si se comienza a deteriorarse, lo que primero se vuelve translúcido y, a continuación, opaco, de color marrón o blanco. Cerca de las temperaturas de congelación durante la maduración dará lugar a menudo en color blanco opaco resinas. Durante la secreción activa, el THC ácidos constantemente se forman a partir de CBD ácido y descomponer en CBN ácido.

La Cosecha De Temporización

Con esta visión dinámica de la biosíntesis y degradación del THC ácidos como marco de referencia, la lógica detrás de la cosecha en un momento específico es más fácil de entender. La costumbre objetivo de la sincronización en el momento de la cosecha es para asegurar altos niveles de THC modificado por sólo la cantidad adecuada de CBC, CBD y CBN, junto con sus propil homólogos, para aproximar el deseado efecto psicoactivo. Como el THC ácidos son los que se descompone en CBN ácido al mismo tiempo que están hechos de CBD ácido, es importante cosecha en un tiempo cuando la producción de THC ácidos es más alto que el de la degradación del THC ácidos. Cada cultivador experimentado inspecciona un número de indicar los factores y sabe cuándo cosechar el tipo deseado de flores clustros. A algunos les gusta la cosecha temprana, cuando la mayoría de los pistilos son todavía viables y a la altura del potencial reproductivo. En este momento las resinas son muy aromáticos y de luz; el efecto psicoactivo es caracterizado como una luz cerebral (posiblemente bajo el CBC y el CDB, de alta THC, bajo CBN). Otras personas cosecha tan tarde como sea posible, con el deseo de una más fuerte, más resinosa de la marihuana que se caracteriza por un intenso efecto de cuerpo y una inhibición cerebral efecto (alta CBC y el CDB, alto de THC, de alta CBN). La recolección de pruebas y varios racimos florales cada pocos días a más de un período de varias semanas da el cultivador de un conjunto de muestras en todas las etapas de maduración y crea una base para decidir cuándo se cosecha en las futuras temporadas. La siguiente es una descripción de cada una de las fases de crecimiento como a la morfología, terpeno aroma, y en relación de psicoactividad.

Prematuro Floral Etapa

En esta etapa de desarrollo floral es ligeramente más allá primordial y sólo un par de grupos de inmaduros flores femeninas aparecen en las puntas de las extremidades, además de a la primordial pares a lo largo de los tallos principales. En esta etapa del diámetro de vástago dentro de los racimos florales es muy casi el máximo. Los tallos son fácilmente visibles entre los nodos y formar un sólido marco para el futuro desarrollo floral. Mayor vegetativo hojas (5-7 folíolos), predominan los pequeños y tri-folleto hojas están empezando a formar en el nuevo eje floral. Unas estrechas, cónica cálices de mayo se encuentra enclavado en los folletos cerca de las puntas del tallo y de la fresca pistilos aparecen como finas, plumas, blanco filamentos de estiramiento de la prueba de los alrededores. Durante esta etapa de la superficie de los cálices es ligeramente cubierto con fuzzy, como pelo, no tricomas glandulares, pero sólo un par de bulbo y capit-ado-sésiles tricomas glandulares han empezado a desarrollar. Resina de secreción es mínimo, como se indica por los pequeños de la resina de los jefes y pocos, si alguno, capitado-pecioladas, de tricomas glandulares. No hay ningún medicamento rendimiento de las plantas en la etapa prematura ya que la producción de THC es baja, y no hay ninguna económico valor distinto de fibra y de la hoja. Terpeno que comienza la producción como los tricomas glandulares comienzan a secretar de resina; prematuro racimos florales no tienen terpeno aromas o sabores. Total de cannabinoides de producción es bajo, pero a simple cannabinoides fenotipo-tipos, basados en las cantidades relativas de THC y CBD, se puede determinar. Por la pre-floral etapa de la planta ya ha establecido su función básica de quimiotipo como una fibra de drogas o de tensión. Una deformación de la fibra rara vez se produce más de 2% de THC, incluso en perfectas condiciones agrícolas. Esto indica que una cepa produce alguna variación cantidad de THC (13%) y poco CDB y que se denomina una *de drogas de la cepa* o produce prácticamente ningún THC y CBD alta y que se denomina una *deformación de la fibra*. Este es genéticamente controlada.

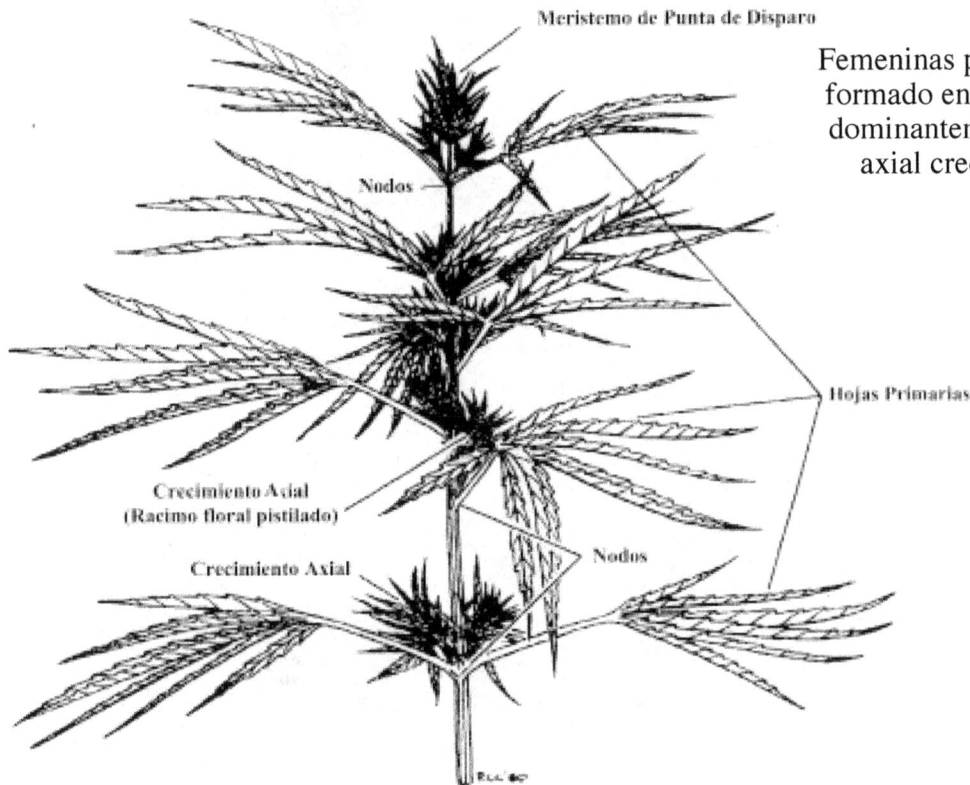

Femeninas primordios se han
formado en los nodos y predominantemente vegetativo
axial crecido continúa.

Los racimos florales son apenas psicoactivas en esta etapa, y
la mayoría de los fumadores de marihuana clasificar la reacción más
como un "efecto" de una "alta". Este es el resultado de pequeñas
cantidades de THC, así como cantidades mínimas de CBC y el CDB.
CDB producción comienza cuando la plántula es muy pequeño. La
producción de THC también comienza cuando la plántula es muy
pequeña, si la planta se origina a partir de una droga de la cepa. Sin
embargo, los niveles de THC rara vez supera el 2%, hasta los primeros floral etapa y rara vez producen un "alto" hasta el pico floral etapa.

A Principios Floral Etapa
    Floral agrupaciones empiezan a formarse cáliz que aumenta
la producción y la longitud del entrenudo disminuye. Tri-folleto
hojas

A Principios Foral Etapa.
Elongación del tallo cesa
y femenina floral de los
clústers.

son el tipo predominante y suelen aparecer a lo largo de la
secundaria floral tallos dentro de los grupos individuales.
Muchos pares de cálices aparecen a lo largo de cada uno de
secundaria eje floral y cada par está subtendido por un tri-folleto
de la hoja. Mayores pares de cálices visible a lo largo de la
principal eje floral durante la etapa prematura ahora empiezan
a hincharse, los pistilos se oscurecen a medida que pierden
la fertilidad, y algunos de resina de secreción se observa en
los tricomas a lo largo de las venas de la del cáliz. La nueva
producción de los cálices muestran pocos, si alguno, capitado-
acechado tricomas. Como resultado de la baja producción de
resina, sólo una ligera terpeno aroma y psicoactividad son
detectables. Los racimos florales no están listos para la cosecha
en este punto. Total de cannabinoides de la producción se ha
incrementado notablemente en el prematuro de la etapa, pero

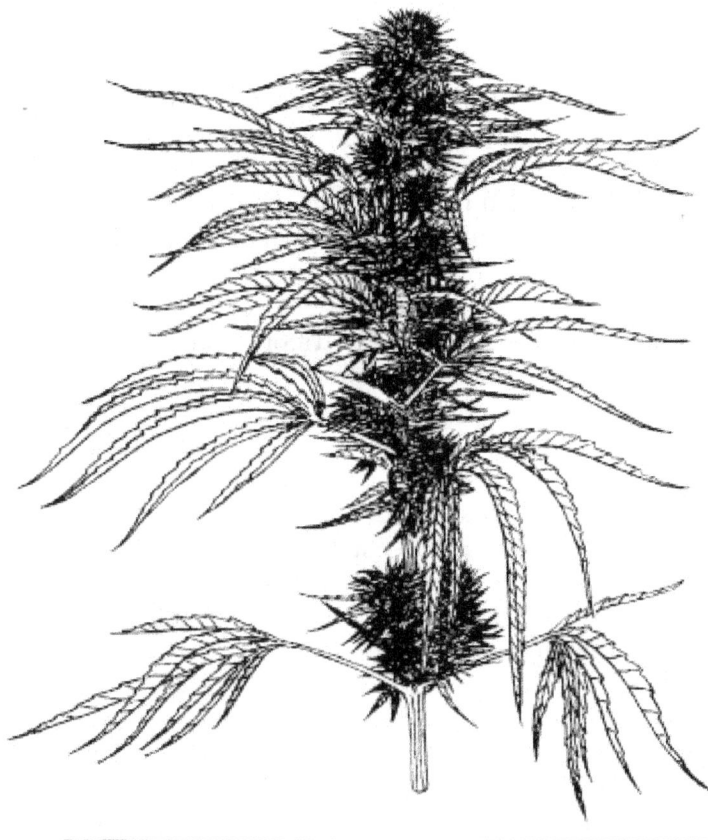

El Pico Floral tapa.
Floralclústeres de seguir
creciendo y de la resina de
la secreción es alta.

Los niveles de THC (todavía menos del 3%) no son lo
suficientemente altas para producir más de un efecto sutil.

El Pico Floral Etapa

La elongación de crecimiento de los principales
floral madre, deja en esta etapa, florales y los clústeres
de obtener más de su tamaño a través de la adición
de más cálices a lo largo de la secundaria tallos hasta
cubrir el principal puntas del tallo en una superposición
de espiral. Reducida mono-folleto y tri-folleto hojas
sobrepasan cada par de cálices emergentes de secundaria
tallos dentro de los racimos florales. Estos subtiende
hojas son correctamente conoce como *brácteas*. Las
hojas empiezan a marchitarse y se vuelven amarillas,
como las femeninas de la planta alcanza su repro-

género pico. En la primordial cálices los pistilos se han vuelto marrones; sin embargo, todas, pero la más antigua de las flores son fértiles y los racimos florales son de color blanco con muchos pares de pistilos maduros. Resina de secreción está muy avanzado en algunos de los mayores infértiles cálices, y el joven femenina cálices están produciendo rápidamente capitado-acechado tricomas glandulares para proteger el preciado sin fertilizar al óvulo. Bajo las condiciones del hábitat natural de los femeninas de la planta sería de partida para formar las semillas y el ciclo se termina. Cuando *Cannabis* se cultiva para sinsemilla floral de producción, el ciclo se interrumpe. Femeninas plantas permanecen sin fertilizar y comienzan a producir capitado-acechado tricomas y se acumulan las resinas en un último esfuerzo para seguir siendo viable. Desde capitado-acechado tricomas ahora predominan, la resina y el aumento de la producción de THC. La elevación de la resina de los jefes aparecen claros, ya que la resina fresca aún de ser secretada, a menudo se producen en el celular de la cabeza de los tricomas. En este momento THC producción de ácido se encuentra en un pico y la CDB, los niveles de ácido permanecen estables a medida que las moléculas se convierte rápidamente en THC ácidos. El THC de la síntesis de ácidos ha no se activa el tiempo suficiente para que un alto nivel de CBN ácido para construir a partir de la degradación del THC ácido por la luz y el calor. Terpeno también la producción, llegando a un pico y los racimos florales son maravillosamente aromático. Muchos cultivadores prefieren recoger algunas de sus cepas durante esta etapa con el fin de producir marihuana con un claro, cerebral, efecto psicoactivo. Se cree que, en el pico de racimos florales, los bajos niveles de CBD y CBN permitir que el alto nivel de THC para actuar sin sus efectos sedantes. También, poco polimerización de las resinas se ha producido, por lo que los aromas y los gustos son a menudo menos resina y alquitrán-al igual que en las etapas posteriores. Muchas cepas, si son cosechados en el pico floral etapa, carecen completamente desarrollado el aroma, el sabor y el nivel psicoactivo que aparecen después del curado. Los cultivadores esperar más para que las resinas madurar un sabor diferente y efecto psicoactivo es deseado.

Este es el punto óptimo de cosecha para algunas de las cepas, ya que la mayoría adicionales cáliz de crecimiento ha cesado. Sin embargo, una posterior enjuague de nuevo cáliz de crecimiento puede ocurrir y los de la planta de continuar la maduración en la tarde floral etapa.

A Finales De Etapa Floral
En esta etapa las plantas están bien pasado el principal de la fase reproductiva y su salud ha comenzado a disminuir. Muchas de las hojas más grandes han caído, y algunos de los pequeños interior de las hojas empiezan a cambiar de color. Colores de otoño (púrpura, naranja, amarillo, etc.) comienzan a aparecer en las hojas más viejas y cálices en este momento; muchos de los pistilos se vuelven marrones y comienzan a caerse. Sólo el último terminal de pistilos son todavía fértil y la inflamación de los cálices predominan. Pesadas capas de pro tec-

tiva de la resina de los jefes cubrir los cálices y asociados hojas. La producción adicional de capitado-acechado glandular tri-chomes es rara, aunque algunos tricomas todavía puede ser el alargamiento y la secreción
de las resinas. Como el anteriormente secretada resinas
maduro, que cambian de color. La polimerización de las
pequeñas moléculas de terpeno (que constituyen la mayoría de la resina) produce cadenas largas y más viscoso
y de color oscuro de la resina. La maduración y el oscu-
recimiento de las resinas sigue el pico de cannabinoide
psicoactivo de la síntesis y el transparente de color ámbar de maduro resina es generalmente indicativo de alta
THC contenido. Muchos cultivadores de acuerdo en que
transparente ámbar resinas son un signo de alta calidad
de la droga *Cannabis* y muchas de las mejores cepas
presentan esta característica. Particularmente potente
Cannabis desde California,

1) A finales floral etapa. Floral
clúster de crecimiento ha cesado
la producción de resina de ha.
terminó,y primaria hojas mueren.

2) Senescentes floral etapa. Todos
el crecimiento cesa (excepto para
algunos de rejuvenecimiento) y
resinas comienzan a deteriorarse.

Hawai, Tailandia, México, y Colombia es a menudo con incrustaciones transparente de color ámbar en lugar de resina transparente cabezas. Este es también característico de *Cannabis* de otros ecuatorial, subtropicales y templadas en zonas donde la estación de crecimiento es lo suficientemente largo para dar cabida a largo plazo de la producción de resina y de maduración. Muchas áreas de América del Norte y Europa tienen demasiado corta temporada a madurar resinas menos de un invernadero se utiliza. Especialmente aclimatado cepas son otra posibilidad. Se desarrollan rápidamente y comenzar a madurar en el tiempo para madurar ámbar resinas mientras que el clima es caliente y seco.

El rendimiento del peso de los racimos florales es generalmente más alta en este momento, pero cepas pueden empezar a crecer a un exceso de hojas en la última etapa de clústeres para la captura de energía adicional de la rápida disminución de sol de otoño. Total de la resina de la acumulación es mayor en esta etapa, pero el período de máxima producción de resina ha pasado. Si las condiciones climáticas son desfavorables, las resinas y los cannabinoides comenzará a descomponerse. Como resultado, la resina, la producción podría parecer alta, incluso si muchos de la resina de cabezas que faltan o han empezado a deteriorarse y el general de la psicoactividad de la resina tiene dejó caer. El THC se descompone a CBN en el sol caliente y no permanecen intactos o ser reemplazado después de los procesos metabólicos de la planta han cesado. Ya que los cannabinoides son tan sensibles a la descomposición por la luz del sol, la más alta psicoactividad de ámbar resinas puede ser un efecto secundario. Puede ser que el THC es mejor protegidos del sol por el ámbar opaco o resinas de claras de las resinas. Algunos finales de la maduración de las cepas de desarrollar opaco, blanco de la resina de la cabeza como resultado de terpeno de polimerización y el THC de la descomposición. Opaco resina cabezas son generalmente un signo de que los racimos florales son más maduros.

A finales de racimos florales presentan el potencial de producción de resina aromática de principios, y el efecto psicoactivo. Mezclas complejas de muchos de los monoterpenos y sesquiterpeno hidrocarburos junto con los alcoholes, éteres, ésteres, cetonas y determinar el aroma y el sabor de maduro *Cannabis*. Los niveles básicos de la terpenos y sus polimerizado subproductos fluctuar como la resina madura. Los aromas frescos racimos florales normalmente se conservan después del secado, como por la tarde floral etapa, una alta proporción de maduro resinas están presentes en la madurez de los cálices de la planta fresca. Cannabinoides de la producción de los favores de alta THC ácido y el aumento de CBN contenido de ácido en esta etapa, ya que la mayoría de los activos de la biosíntesis ha cesado y más THC ácido se descompone en CBN de ácido que se produce a partir de la CDB de ácido. CDB ácido puede acumular porque la energía no es suficiente está disponible para completar su conversión a ácido THC. El THC-a-proporción en el CDB en la cosecha racimos florales sin duda empieza a caer como la biosíntesis disminuye, debido a que el THC niveles de ácido disminuir a medida que decom-

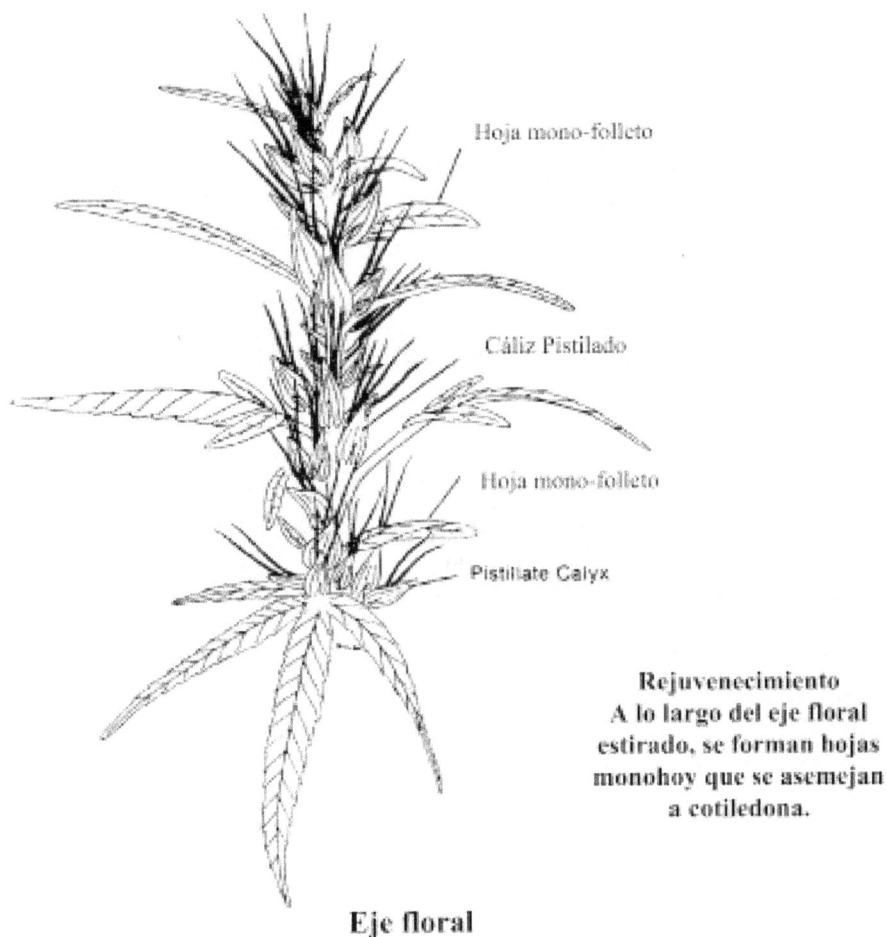

Hoja mono-folleto

Cáliz Pistilado

Hoja mono-folleto

Pistillate Calyx

Rejuvenecimiento
A lo largo del eje floral
estirado, se forman hojas
monohoy que se asemejan
a cotiledona.

Eje floral

plantea, y al mismo tiempo CDB niveles de ácido permanencia o ascenso intactas desde CDB no se descomponen tan rápidamente como el THC ácido. Esto tiende a producir la marihuana que se caracteriza por más somáticas y los efectos sedativos. Algunos cultivadores prefieren esto a los más cerebral y claro psicoactividad del pico floral etapa.

La senescencia o el Rejuvenecimiento de la Etapa

Después de un femeninas de la planta de acabados florales de maduración, la producción de femeninas cálices cesa y la planta sigue *la senescencia* (descenso hacia la muerte). En situaciones excepcionales, sin embargo, *rejuvenecimiento* comenzará y la planta va a brotar de nuevo crecimiento vegetativo en preparación para la siguiente temporada. La senescencia es a menudo marcados por los sorprendentes cambios de color en los racimos florales. Las hojas, cálices, y los tallos

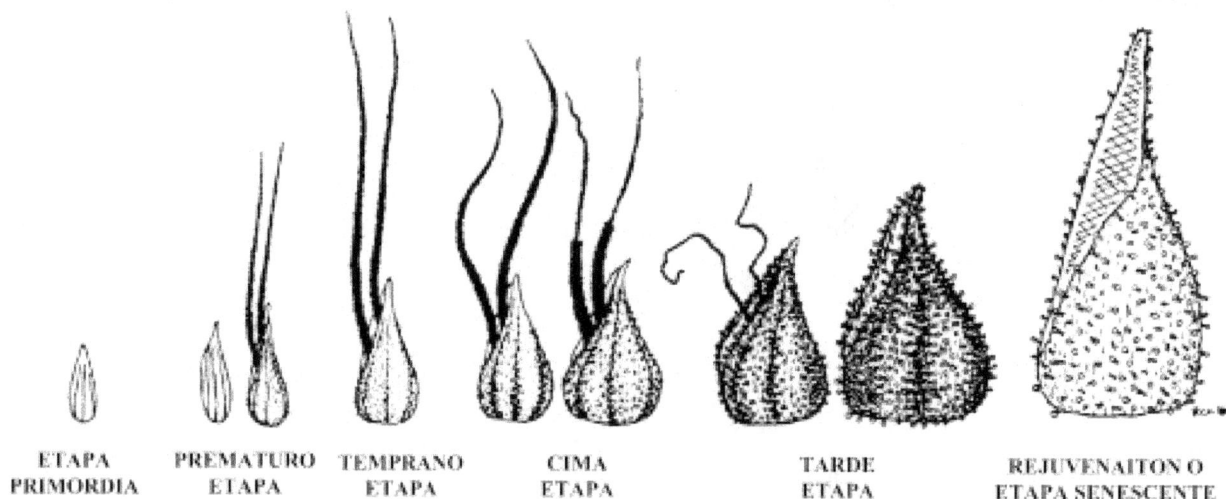

| ETAPA PRIMORDIA | PREMATURO ETAPA | TEMPRANO ETAPA | CIMA ETAPA | TARDE ETAPA | REJUVENAITON O ETAPA SENESCENTE |

El desarrollo de los cálices.
Los primordios desarrollar pistilos que se marchitan y mueren como el cáliz se hincha y la producción de resina aumenta.

pantalla auxiliar pigmentos que varían en color desde el amarillo al rojo púrpura intenso. Finalmente, una sombra marrón predomina, y la muerte está cerca. En zonas cálidas, rejuvenecimiento comienza como brotes vegetativos formulario dentro de los racimos florales. Estos brotes son generalmente de unserrated único folletos separados por delgados tallos con largos intemodes. Es como si la planta estaban llegando a la limitada luz de invierno. La producción de hoja se aceleraba a medida que las plantas alcancen el rejuvenecimiento de la etapa, y la producción de resina se haya detenido por completo. Floral agrupaciones de izquierda a madurar hasta el amargo final suele producir inferior de la marihuana de la disminución del nivel de THC, especialmente al aire libre en el mal tiempo.

Terpeno secreción de cambios junto con cannabinoides de la secreción y el efecto psicoactivo. Diversos terpenos, terpeno polímeros, y otras aromáticas principios se producen y maduran en diferentes momentos en el desarrollo de la planta. Si estos cambios en el aromáticas principios están directamente correlacionados con los cambios en la producción de cannabinoides, luego de la cosecha de selecciones para el nivel de cannabinoides puede ser posible basado en el aroma de la maduración floral grupos.

Es importante entender las diferencias en la anatomía de racimos florales para cada *Cannabis* la cepa. Las tendencias en la cantidad relativa (peso seco) de las distintas partes (tales como hojas, cálices y tricomas) en varios harvesfdates son característicos de cepas particulares y pueden variar ampliamente. Se pueden hacer algunas generalizaciones. En la mayoría de los casos, el porcentaje de peso de la madre disminuye como el floral clúster madura. Rejuvenecimiento de crecimiento se puede explicar por un aumento súbito de la madre porcentaje. El porcentaje de hojas interiores comienza generalmente muy baja y sube rápidamente como el floral clustros maduro. Esto, a menudo, refleja el aumento de crecimiento de la hoja cerca de la final de la temporada. En muchas variedades, el porcentaje de hojas interiores cae en picado durante el pico floral etapa y se eleva de nuevo, como el cáliz de la producción se ralentiza y la producción de hoja de aumentos en la tarde floral etapa.

Cáliz de producción sigue dos patrones básicos. En uno de ellos, el porcentaje de los cálices sube poco a poco y los niveles durante el pico floral etapa. Se comienza a declinar en la década de floral etapa, y de la hoja de producción aumenta a medida que el cáliz de la producción cesa. Otras cepas de seguir produciendo cálices a expensas de las hojas, y el cáliz porcentaje aumenta de forma constante a lo largo de la maduración. En ambos casos, hay una cierta tendencia cáliz porcentaje a nivel a cabo durante el pico floral etapa, independientemente de si el crecimiento de la hoja acelera o cáliz de crecimiento continúa en una etapa posterior.

Resinas en general se acumulan de manera constante, mientras que la planta madura, pero cepas pueden variar en cuanto a la etapa de pico de la resina de la secreción. La semilla porcentaje aumenta de forma exponencial con el tiempo si el cultivo está bien fertilizado, pero la mayoría de las muestras de droga *Cannabis* crecido a nivel nacional son casi sin pepitas.

Para determinar el peso seco, las muestras son recolectadas, etiquetados, y secado al aire hasta que el tallo central de la florales clúster se ajustará cuando se dobla. En la investigación de plantas, peso seco

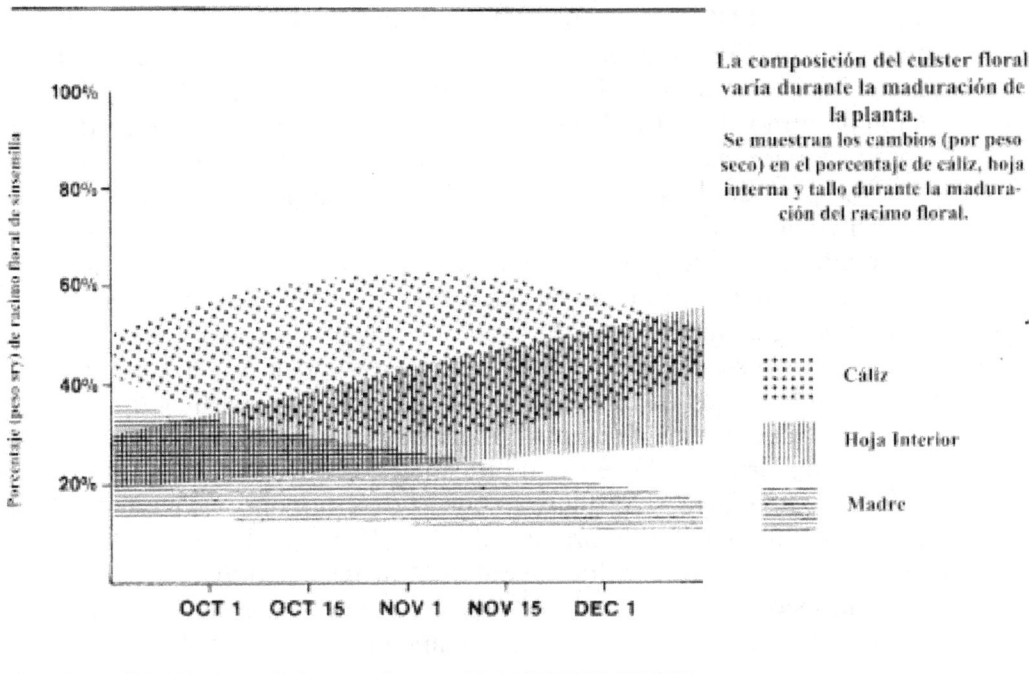

La composición del culster floral varía durante la maduración de la planta.
Se muestran los cambios (por peso seco) en el porcentaje de cáliz, hoja interna y tallo durante la maduración del racimo floral.

Cáliz

Hoja Interior

Madre

se realiza en hornos a temperaturas más altas, pero estas altas temperaturas de la ruina de la *Cannabis*. El seco floral clúster se pesa. Las hojas exteriores, el interior de las hojas, cálices, las semillas y los tallos están separados y que cada grupo se pesaron individualmente. El porcentaje se determina dividiendo el individuo peso seco por el peso seco total.

Cáliz porcentaje oscila entre el 30 y el 70% del peso seco de las semillas florales clusters, dependiendo de la variedad y la fecha de cosecha. Hoja interna de los porcentajes oscilan entre el 15% y el 45% de peso seco; tallos en el rango de 10 a 30%. Parece obvio que para los medicamentos de la cosecha de un máximo cáliz de producción es importante para la calidad de la producción de resina. Una cepa donde el máximo cáliz de la producción se produce simultáneamente con el pico de la producción de resina es una cría objetivo aún no alcanzado.

La cosecha *Cannabis* en el momento adecuado se requiere información sobre cómo floral racimos maduros y una decisión por parte del cultivador en cuanto a qué tipo de racimos florales son deseado. Con la cosecha como con otras técnicas de cultivo, el camino hacia el éxito se enderezó cuando una meta definida es establecido. Preferencia Personal es siempre el último factor decisivo.

Factores que Influyen en la Producción de THC

Muchos factores influyen en la producción de THC. En general, la edad de una planta, mayor es su potencial para producir THC. Esto es cierto, sin embargo, sólo si la planta se mantiene sano y vigoroso. La producción de THC se requiere de la cantidad y calidad de luz. Parece que ninguno de los bio-sintética de los procesos de operar de manera eficiente cuando bajas condiciones de luz impedir la correcta fotosíntesis. La investigación ha demostrado (Valle et al. 1978) que dos veces la cantidad de THC es producido en una de las 12 horas de fotoperiodo de menos de 10 horas de la foto-período. Las temperaturas cálidas son conocidos para promover metabólico la actividad y la producción de THC. El calor también promueve la secreción de resina, posiblemente en respuesta a la amenaza de flores a la desecación por el calor del sol. La resina se acumula en las cabezas de los tricomas glandulares y no directamente a sellar los poros de la del cáliz, para evitar la desecación. La resina de los jefes puede servir para romper los rayos del sol, así que menos de ellos, la huelga de la superficie de la hoja y elevar la temperatura. Sin embargo, la luz y el calor también destruir el THC. En una droga de la cepa, un bio-sintéticos deben ser mantenidos de tal manera que más THC se produce lo que se descompone. La humedad es un interesante parámetro de la producción de THC y una de las menos comprendidas. La mayoría de alta calidad de la droga *Cannabis* crece en áreas que están secos la mayor parte del tiempo, al menos durante el período de maduración. De ello se deduce que el aumento de la resina de producción en respuesta a condiciones áridas podría explicar por el aumento de la producción de THC. Alto contenido en THC de las cepas, sin embargo, también crecen en condiciones de humedad muy alta (invernaderos y zonas ecuatoriales) y producen grandes cantidades de resina. *Cannabis* no parece producir más de resinas en respuesta a un suelo seco, como se hace en una atmósfera seca. El secado de las plantas mediante la retención de agua para las últimas semanas de floración no estimula la producción de THC, aunque un árido ambiente puede hacerlo. Un *Cannabis* la planta en flor requiere agua, por lo que los nutrientes están disponibles para el funcionamiento de los diferentes bio-vías de síntesis.

Realmente no hay confirmado método de forzar el aumento de la producción de THC. Muchas técnicas se han desarrollado a través de interpretaciones erróneas de la antigua tradición. En Colombia, los agricultores de la faja del tallo del tallo principal, que corta el flujo de agua y nutrientes entre las raíces y los brotes. Esta técnica no puede elevar el último nivel de THC, pero causa una rápida maduración y oro amarillo de coloración en el racimo floral (Perdiz 1973). Empalar con clavos, astillas de pino, bolas de opio, y las piedras son clandestinos métodos folklóricos de la promoción de la floración, el sabor y la producción de THC. Sin embargo, ninguno de estos tiene documentación válida de la cultura de origen o de base científica. Relaciones simbióticas entre las hierbas del compañero plantaciones se sabe que influyen en la producción de aceites esenciales. Los experimentos pueden llevarse a cabo con diferentes hierbas, tales como escozor ortigas, como compañero de plantas para *Cannabis,* en un esfuerzo para estimular la producción de resina. En el futuro, las técnicas agrícolas puede ser descubierto que específicamente promover el THC de la biosíntesis.

En general, se considera más importante que la planta esté sana para producir altos niveles de THC. El genotipo de la planta, un resultado de la selección de la semilla, es el factor principal que determina los niveles de THC. Después de eso, la provisión adecuada de nutrientes orgánicos, el agua, la luz solar, el aire fresco, el espacio de crecimiento, y el tiempo de maduración parece ser la clave para la producción de alto contenido en THC *Cannabis* en todas las circunstancias. El estrés resultante de deficiencias en el entorno de los límites de la verdadera expresión del fenotipo y de cannabinoides potencial. *Cannabis* encuentra una normal de defensa de adaptación en la producción de THC cargados de resinas, y parece lógico que una planta sana es el mejor, capaz de levantar esta defensa. Forzar a las plantas a producir es un perverso ideal y ajeno a los principios de la agricultura orgánica. Las plantas no son máquinas que se pueden trabajar más rápido y más duro para producir más. Los procesos de la vida de la planta dependen de los delicados equilibrios naturales destinadas a la supervivencia final de la planta hasta que se reproduce. La mayoría de un *Cannabis* cultivador o reel buscador puede esperar a hacer es proporcionar todos los requisitos para un crecimiento saludable y la guía de la planta hasta que madura.

Floración en *Cannabis* puede ser forzado o acelerado por diferentes técnicas. Esto no significa que la producción de THC es forzado, sólo que el tiempo antes y durante la floración se acorta y flores hacha producirse rápidamente. La mayoría de las técnicas implican la privación de la luz durante los largos días de verano para promover la inducción floral y la diferenciación sexual. A veces, esto se realiza mediante el movimiento de las plantas en el interior de un completamente oscuro de la estructura de las 12 horas de cada día de 24 horas hasta que el florales racimos están maduros. Esto estimula un otoño ciclo de luz y promueve la floración en cualquier momento del año. En el campo, las tapas pueden ser hechas para bloquear el sol durante un par de horas al amanecer o al atardecer, y estos son utilizados para cubrir las plantas pequeñas. Fotoperiodo alteración es más fácil de lograr en un invernadero, donde las cortinas rodar fácilmente sobre las plantas. De drogas *Cannabis* la producción requiere de 11 a 12 horas de *oscuridad continua* para inducir la floración y al menos 10 horas de luz para una adecuada producción de THC (Valle et al. 1978). En un invernadero, suplementos de iluminación debe ser utilizado sólo para extender la longitud del día, mientras el sol suministra la energía necesaria para el crecimiento y el THC de la biosíntesis. No se sabe por qué, al menos, 10 horas (preferiblemente de 12 o 13 horas) de la luz son necesarios para la alta producción de THC. Esto no es dependiente a la acumulación de la energía solar ya que las respuestas de la luz puede ser activado y la producción de THC aumenta con sólo 40 vatios de la bombilla. Una teoría razonable es que un sensibles a la luz del pigmento en la planta (posiblemente el fitocromo) actúa como un interruptor, provocando que la planta siga el ciclo de floración. La producción de THC es probablemente asociado con la inducción de la floración resultante del cambio de fotoperiodo.

Temperaturas frescas de la noche parecen promover la floración de las plantas que previamente han diferenciado sexualmente. Extendidos periodos de frío, sin embargo, la causa de los procesos metabólicos lento y maduración de cesar. La mayoría de las zonas templadas *Cannabis* las cepas son sensibles a muchos de los signos de que se acerca la temporada de otoño y responder empezando a florecer. En contraste, las cepas de zonas tropicales, tales como Tailandia, a menudo parece que no responde a los signos de caída y nunca acelerar el desarrollo.

Contrario a la idea popular, la plantación de *Cannabis* las cepas más tarde en la temporada, en las latitudes templadas en realidad puede promover la floración anterior. La mayoría de los cultivadores creen que la siembra temprana da a la planta un montón de tiempo a la flor y se va a acabar el anterior. Con frecuencia esto no es cierto. Las plántulas se inició en febrero o Marzo de crecer de 4 a 5 meses de aumento de la fotoperiodo antes de que los días comienzan a ser más cortos siguientes al solsticio de junio. Enorme vegetativo de las plantas crecen y se pueden formar floral de los inhibidores durante los meses de larga foto-período. Cuando los días comienzan a ser más cortos, estos mayores plantas pueden ser reacios a flor debido a la florales inhibidores formado en la pre-hojas florales. Desde floral de la formación del clúster toma de 6 a 10 semanas, el retraso inicial en la floración podría empujar a la fecha de cosecha en noviembre o diciembre. *Cannabis* comenzó durante los cortos días de diciembre o enero, se suelen diferenciar el sexo por Marzo o abril. Por lo general, estas plantas forman unos racimos florales y rejuvenecer a la larga temporada por delante. No hay aumento de la potencia se ha notado en el viejo rejuvenecido plantas. Las plantas comenzaron a finales de junio o principios de julio, después del solsticio de verano, están expuestos sólo a los días de la disminución del fotoperíodo. Cuando la edad suficiente comienzan la floración de inmediato, posiblemente debido a que no han desarrollado muchos y largos días floral inhibidores. Comienzan los 6-10 semana floral período con un montón de tiempo para terminar durante los cálidos días del mes de octubre. Estas plantaciones posteriores rendimiento de las plantas más pequeñas porque tienen un corto ciclo vegetativo. Esto puede resultar una ventaja, en el invernadero de investigación, donde es común que las plantas crezcan demasiado grande para un fácil manejo antes de que empiecen a florecer. Plantaciones tardías después del solsticio de verano recibir corto inductivo fotoperíodos casi de inmediato. Sin embargo, la floración se retrasa a septiembre, ya que la planta debe crecer antes de que se es lo suficientemente viejo para flor. Aunque la floración se retrasa, las plantas pequeñas rápidamente producen grandes cantidades de flores en un esfuerzo final para reproducir.

Los extremos en las concentraciones de nutrientes se consideran influyentes en tanto la determinación del sexo y el desarrollo floral de *Cannabis*, Altos niveles de nitrógeno en el suelo durante la etapa de plántula parecen favorecer femeninas de las plantas, pero los altos niveles de nitrógeno durante la floración, a menudo resultar en un retraso en la maduración y la excesiva hojear en los racimos florales. El fósforo y el potasio son ambos de vital importancia para la maduración floral de *Cannabis*. De alto contenido en fósforo de los fertilizantes conocido como "bloom boosters" están disponibles, y estos se han demostrado para acelerar la floración de algunas plantas. Sin embargo, *Cannabis* las plantas se quema fácilmente con alto contenido en fósforo de los fertilizantes ya que en general son muy ácidos. Un método más seguro para la planta es el uso de fósforo natural de fuentes, tales como coloidales fosfato, fosfato de roca, o harina de hueso; estos tienden a causar menos impacto en la maduración de la planta. Son una fuente de fósforo que es fácilmente disponible, así como a largo plazo, en efecto. Los fertilizantes químicos, a veces, producen racimos florales con un metálico, sabor salado. Los extremos en los niveles de nutrientes suelen afectar el crecimiento de la planta entera en un negativas manera.

Las hormonas, tales como el ácido giberélico, etileno, citoquinas y las auxinas, están fácilmente disponibles y pueden producir algunos efectos extraños. Se puede estimular la floración en algunos casos, pero también estimular el cambio de sexo. La fisiología de la planta no es simple, y los resultados son generalmente impredecibles.

La cosecha, el Secado y Curado

Cannabis se cultiva para la cosecha de diferentes productos comerciales. La pulpa, fibra, semillas, medicamentos, y la resina se produce a partir de diversas partes de la *Cannabis* de la planta. Los métodos de cosecha, secado, curado y almacenamiento de diferentes partes de la planta se determina por el uso previsto de la planta. Pulpa de las hojas de los juveniles de las plantas y de los productos de desecho de la fibra y la producción de drogas. Las fibras son producidos a partir de los tallos de la *Cannabis* de la planta. Los racimos florales son responsables de la producción de semillas, las drogas, y resinas aromáticas.

Si las plantas se han utilizado únicamente como una pasta de origen para la producción de papel, que se pueden cosechar en cualquier punto del ciclo de vida cuando son lo suficientemente grandes para producir un razonable rendimiento de hojas y tallos pequeños. Las hojas y tallos pequeños son despojados de la mayor de los tallos, y después de secado de ellos son rescatados y almacenados o puestos directamente en la pasta de papel. *Cannabis* contiene aproximadamente el 67% de celulosa y un 16% de la hemicelulosa; esto hace que una multa de papel resistente. En Italia, las mejores Biblias impresas en papel de cáñamo.

O de fibra de cáñamo *Cannabis* generalmente se cultiva en grande, lleno de gente de los campos. El hacinamiento de las plántulas de resultados en alto, delgado plantas con pocos miembros y largo, de fibras rectas. El campo total es cosechado cuando el contenido de fibra alcanza el nivel correcto, pero antes de que las fibras comienzan a *lignify* o endurecer. El corte de los tallos son despojados de sus hojas y en paquete para que se seque. Las fibras se extraen de forma natural o enriado químico. *Enriado* es la ruptura de la capa exterior de la piel y de los tejidos que se unen a las fibras en paquetes, de modo que las fibras individuales son liberados. Natural enriado se logra mediante el remojo de los tallos en el agua y colocarlos en el suelo, donde son atacados por la descomposición de organismos tales como hongos y bacterias. Rocío también puede húmedo de los tallos, y se convierten con frecuencia uniformemente húmedo y evitar el exceso de caries. Continuó el remojo, el ataque por microorganismos, y los latidos de los tallos de los resultados en la liberación de las fibras individuales de sus los haces vasculares. Natural de neteo toma de una semana a un mes. Las fibras son completamente seco, envuelto en paquetes y se almacena en un lugar fresco y seco. El rendimiento de la fibra es de aproximadamente el 25% del peso de los tallos secos.

Las semillas son cosechadas por el corte de los campos de semillas femeninas de las plantas y la eliminación de las semillas a mano o a máquina. *Cannabis* las semillas suelen caer fácilmente desde el florales racimos maduros. El resto de la planta se puede utilizar como la pulpa de material o de bajo grado de la marihuana. La tradición de la India de la preparación de la ganja es caminar sobre ella y rodar entre las palmas de las manos para eliminar el exceso de semillas y las hojas. Las semillas se deja secar completamente y todos los vegetales de los residuos se eliminan antes de su almacenamiento. Esto evita el deterioro causado por mohos y otros hongos. Las semillas se utilizan para la producción de aceite pueden ser almacenados en bolsas, cajas o frascos, y no expuestos a un exceso de humedad (provocando a germinar) o la excesiva aridez (provocando a secarse y el crack). Las semillas conservadas para el futuro de la germinación son completamente seca al aire en sobres de papel o de tela de los sacos y se guarda en recipientes herméticos en un lugar fresco, oscuro y seco. La congelación también puede secar las semillas y hacer crack. Si las semillas se conservan cuidadosamente, permanecen viables durante un número de años. Como un lote de semillas de edades, menos y menos de ellos germinan, pero incluso después de 5 a 6 años un pequeño porcentaje de las semillas por lo general todavía germinar. Edad de los lotes de semillas también tienden a germinar lentamente (5 semanas). Esto significa que un lote de semillas para los cultivos pueden ser almacenados por un largo tiempo si la inicial de la muestra es lo suficientemente grande como para proporcionar una cantidad suficiente de semilla para otra generación. Si una cepa es la que se conserva, es necesario para crecer y reproducirse cada tres años, para que las semillas viables siempre están disponibles.

El Curado De Racimos Florales

De la cosecha, el secado, curado y almacenamiento de *El Cannabis* floral clusters para preservar y mejorar el aspecto, el sabor y la psicoactividad es a menudo discutido entre los cultivadores. Más floral clusters son arruinado por la mala manipulación después de la cosecha, que por cualquier otra causa. Cuando la planta es cosechada, la producción de bellas flores de clústeres para fumar comienza. *Cannabis* floral racimos son cosechados por dos métodos básicos: ya sea de forma individual, por el corte de los tallos y cuidadosamente empaquetado en cajas poco profundas o bandejas, o todos a la vez por arrancar o cortar la planta entera. En los casos donde la florales racimos maduros de forma secuencial, individuo de la cosecha se utiliza debido a que la totalidad de la planta no está madura en cualquier momento dado. La eliminación de los grupos también hace que el secado sea más fácil y más rápido, ya que los tallos se divide en pedazos más cortos. Floral clústeres se seca mucho más lentamente si la planta es entero deshidratado. Esto significa que toda el agua de la planta debe pasar a través de los estomas en la superficie de las hojas y cálices en lugar de a través de la corte de tallo termina. Los estomas se cierran pronto después de la cosecha y el secado es más lento ya que poco vapor de agua escapa.

De ebullición adjunto *Cannabis* las raíces después de la cosecha de plantas enteras, pero antes del secado, es una técnica interesante. Orinalmente fue pensado por los cultivadores que hervir las raíces de la fuerza de resinas para la racimos florales. En la actualidad, hay muy pocas resinas dentro del sistema vascular de la planta y la mayoría de las resinas han sido secretada en las cabezas de los tricomas glandulares. Una vez que las resinas son secretadas ya no son solubles en agua y no son parte del sistema vascular. Como resultado, ni de ebullición ni cualquier otro proceso de mover las resinas y los cannabinoides de la planta. Sin embargo, hervir las raíces alarga el tiempo de secado de la planta entera. Hervir las raíces de los choques los estomas de las hojas y les obliga a cerrar de inmediato; menos vapor de agua es escapar y los racimos florales se secan más lentamente. Si las hojas se dejan intactos cuando se seca, el agua se evapora a través de las hojas en lugar de a través de las flores.

Conjunto de plantas, ramas y flores grupos son generalmente colgado boca abajo o aparecen en pantalla las bandejas para que se seque. Muchos cultivadores creen que cuelgan racimos florales boca abajo para seco hace que las resinas de flujo por gravedad, a la extremidad consejos. Como hirviendo con raíces poco si cualquier transporte de los cannabinoides y resinas a través del sistema vascular se produce después de que la planta se cosecha. Invertida secado de la causa que las hojas se cuelgan junto a las flores de los clusters como de que se seque, y las resinas están protegidos de frotar apagado durante la manipulación. Floral grupos también una apariencia más atractiva y más si se cuelgan para que se seque. Cuando se disponen plana para secar, racimos florales se desarrollan generalmente aplanada, ligeramente presionado perfil, y las hojas no se seque alrededor de los racimos florales y protegerlos. También, el floral grupos son generalmente volvió a prevenir la corrupción; esto requiere de un manejo adicional. Es fácil lastimar los racimos durante la manipulación, y después del secado, molido tejido se encienda de color verde oscuro o marrón. Las resinas son muy frágiles y la caída desde el exterior del cáliz si sacudido. Al menos el manejo de los racimos florales recibir el mejor aspecto, sabor y el humo. Floral clusters, incluyendo hojas grandes y tallos, generalmente seco de alrededor del 25% de su peso fresco. Cuando se seca lo suficiente como para almacenar sin la amenaza de molde, el tallo central de la florales clúster se ajustará rápidamente cuando se dobla. Normalmente alrededor del 10% de agua permanece en seco, almacenado *Cannabis* floral clusters preparado para fumar. Si algún contenido de agua no se mantiene, las resinas que se va a perder potencia y los racimos se desintegrará en un inútil polvo expuestos a la descomposición por la atmósfera.

Como racimos florales secos, e incluso después de que ellos son sellados y empaquetados, siguen cura. *Curado* elimina el desagradable sabor verde, y permite que las resinas y los cannabinoides para terminar de madurar. El secado es simplemente la eliminación de agua de los racimos florales para que se seque lo suficiente para quemar. El curado se lleva este proceso un paso más allá para produce sabroso y psicoactivo de la marihuana. Si el secado se produce demasiado rápido, el verde, el sabor será sellado en los tejidos y pueden permanecer allí indefinidamente. Un floral de clúster no está muerto después de la cosecha más que una manzana es. Ciertas actividades metabólicas tienen lugar durante algún tiempo, como la maduración y la eventual ruina de una manzana después de la recolección. Durante este período, los cannabinoides ácidos decarboxylate en el psicoactivas cannabinoides y terpenos isomerize para crear nuevos politerpenos con los sabores y aromas diferentes, desde los frescos racimos florales. Es la sospecha de que la biosíntesis de los cannabinoides también pueden continuar por un corto tiempo después de la cosecha. El sabor y el aroma también mejorar como clorofilas y otros pigmentos comienzan a romperse. Cuando floral racimos son de secado lento que se mantienen a una humedad muy cerca de la parte interior de los estomas. Alternativamente, el sellado y la apertura de las bolsas o frascos o de conglomerados es un procedimiento que mantiene la humedad alta en el recipiente y permite que el periódico el venteo de los gases que se desprenden durante el curado. También expone que los racimos de aire fresco necesario para el correcto curado.

Si el recipiente es hermético y no ventilados, a continuación, la putrefacción de las bacterias anaerobias y el moho se ve a menudo. Cajas de papel de respirar aire, pero también a retener la humedad y a menudo se utilizan para curar *Cannabis*. Seco floral grupos son generalmente tapizados de hojas exteriores justo antes de fumar. Esto se llama *la manicura*.

Las hojas actúan como un contenedor para proteger los racimos florales. Si los cuidados antes del secado, un aumento significativo en la tasa de THC ruptura se produce.

Almacenamiento

Cannabis floral clusters se conservan mejor en un lugar fresco y oscuro. La refrigeración retarda el desglose de los cannabinoides, pero congelación de los efectos adversos. La congelación de las fuerzas de la humedad a la superficie desde el interior de los tejidos florales y esto puede dañar las resinas secretada en la superficie. Floral conglomerados con las hojas de sombra intacta están bien protegidos contra la abrasión y la eliminación accidental de resinas, pero cuidados racimos florales son los mejores herméticamente para que no se rocen. Los frascos de vidrio y bolsas de plástico para congelar son los contenedores más comunes para el almacenamiento de los racimos florales. Plástico de polietileno sándwich o bolsas de basura no son adecuadas para el almacenamiento a largo plazo, ya que respirar aire y vapor de agua. Esto puede provocar que los racimos florales se seque en exceso y perder la potencia. Calor-sellado boilable bolsas de plástico no respire y se utilizan con frecuencia para el almacenamiento. De vidrio, tarros de cristal son también muy hermético, pero el cristal se rompe. Es temido por algunos conocedores de que el plástico también pueden impartir un sabor desagradable a los racimos florales. En cualquier caso, la atención adicional es generalmente adoptadas para proteger a la florales clustros de la luz por lo que otro contenedor opaco se utiliza para cubrir el cristal o de plástico de envolver. Los Clusters no son sellados permanentemente hasta que hayan terminado de curar. El curado consiste en la presencia de oxígeno, y el sellado de racimos florales terminará el libre intercambio de oxígeno y el final del curado. Sin embargo, el oxígeno también es causa de la lenta descomposición de THC en el CBN, así que después del proceso de curado es completado, el contenedor está completamente sellado. Cualquier oxígeno presente en el contenedor va a ser utilizado y no más puede entrar. El nitrógeno ha sido sugerido como un embalaje medio porque no es muy reactivo y de bajo costo. Los frascos o bolsas pueden ser inundados con nitrógeno para desplazar el aire y luego se sella. Envasado al vacio máquinas están disponibles para los tarros de cristal y se puede modificar para sellada al vacío en bolsas.

La adecuada recolección, secado y almacenamiento de *Cannabis* se cierra la temporada y que completa el ciclo de la vida. *Cannabis* sin duda es una planta de gran potencial económico y de interés científico, su rica diversidad genética merece la preservación y sus posibles usos beneficiosos merecen más investigación.

El que siembra la tierra con cuidado y diligencia adquiere mayor stock de mérito religioso de lo que se podría obtener por la repetición de diez mil oraciones.

—Zoroastro, *Zend-avesta*

Notes:

Notes:

APÉNDICE 1
Taxonomía y Nomenclatura

Cannabis sativa L. fue registrado por primera vez por Carolus Linnaeus, cuando estableció el género Cannabis en su Especie Plantarum de 1753, aunque muchas notas sobre los usos del Cannabis son pre-linneas. Casper Bauhin usó el término "Cannabis sativa" en 1623, pero no como un binomio deliberado. Aunque Linneo enumeró muchas "varietas" como binomios, las consideró variedades del género monotípico Cannabis, especie sativa. Richard Evans Schultes (1974) escribe:

La Sociedad Linneana de Londres conserva en el herbario de Linneo dos especímenes de Cannabis sativa. Un espécimen, No. 1177.1, está etiquetado como "sativa" en la escritura de Linneo y representa una planta estaminada, con hojas mucho más abreviadas de lo habitual en el género. Na. 1177.2, sin un epíteto específico escrito en la hoja, representa una planta pistilada con las hojas lanceoladas que son normales para la especie. No hay, por supuesto, datos de localidad sobre estos dos especirnens, aunque en Species Plantarum, Linneo ofrece la información de que la especie tiene un " habi-tat en la India."In his annotated copy of Species Plantarum, which is preserved at the Linnean Society, Linnaeus had written, in his own hand, as a note for a further edition, the word" Persia " as an additional habitat. A partir de este momento, muchas especies posteriores de

Cannabis se observaron, y en 1862 Bentham y Hooker incluyó el género Cannabis como parte de la Urticaceae, que fue asignada al artifi-cial serie Unisexual, junto con las familias Euphorbiaceae, Balanophoraceae, etc. La Familia Puede-nabaceae fue reconocida como separada y distinta de las Urticaceae de Rendle (1925) y Hutch-inson (1926), mientras que los autores restantes se fusion-aron pertenece a la familia Moraceae.
Las Moraceae son en su mayoría arborescentes (como árboles) y contienen un látex lechoso. Los lóbulos del cáliz están generalmente en cuatro patas, pero a menudo están reducidos o ausentes. Los estambres son generalmente iguales en número y montados frente a los sépalos; los filamentos están flexionados o rectos durante la etapa de brote.
El cannabis, por otro lado, es apenas arborescente y con-tiene resina transparente. también posee estambres cortos y rectos. El cáliz de cinco lóbulos está fusionado en el fernab, pero los lóbulos están libres en el

flor masculina. Por lo tanto, la clasificación del Can-nabis en la familia Cannabaceae (Cannabinaceae, Can-na-biaceae, Cannabidaceae) junto con el género Humulus (lúpulo) parece la más correcta.
La siguiente tabla enumera los nombres de las "especies "de los diversos" tipos de Cannabis. Nuevos miembros del género Cannabis fueron añadidos a

la lista hasta 1960, cuando se cuestionó la validez de tratar el Cannabis como un género politípico. Vavi-lov, en consideración al hábitat natural del Cannabis, reconoció que el tipo de cultivo libre, que ha "corrido salvaje" tiene suficientes características distintivas para destacarlo como una variedad-Cannabis sativa var. spontanea-distinta de la variedad cultivada. Zhukovskii (1964) considera que el cáñamo "como maleza" de Rusia es una especie distinta, Cannabis ruderalis. El cáñamo cultivado nombra al Cannabis sativa, señalando que ha reconocido taxonómica-mente dos razas de C. sativa que han escapado al cultivo, una de frutos grandes y la otra de frutos pequeños, con individuos monoicos en cada raza. Reserva un tercer bi-nomial, Cannabis indica, para la planta productora de narcóticos que se encuentra silvestre en Pakistán y Kafiristán. Aunque Vavilov y Zhukovskii no aceptan variedades genéticamente estables, argumentan aquí que C. ruderalis y C. indica no podrían ser los tipos ances-tral de C. sativa (cáñamo cultivado), y por lo tanto deben consider-arse especies separadas.

Mansfield establece diferentes categorías, incluy-endo   C. indica, de origen indio; junto con dos sub-especies de C. sativa, ambas cultivadas y escapadas; Cannabis spontanea (o Cannabis ruderalis), que van desde Afganistán hasta Europa central; y Cannabis culta de Asia, Europa, África del Norte, América del Norte y del Sur, y Australia.

Varios botánicos de hoy consideran el cannabis como un género monotípico al igual que Linneo lo hizo en 1753. Sin embargo, sus "varietas" no pueden ser tratadas como variedades geneticamente distintas y botánicamente aceptadas.

Diferentes razas se han identificado positivamente sobre la base de la composición química de la resina psy-choactive. Estas razas pueden denominarse quimio-var y se dividen en dos categorías básicas. El fenotipo del fármaco se identifica por una proporción de tetrahidrocannabinol a cannabidiol mayor que uno. Mientras que el fenotipo de la fibra muestra ratios inferiores a uno. Estos chemovars crianza ver-dadera y mantener la atios de tetrahidrocarinabinol a cannabidiol del material original independientemente de las condiciones de crecimiento, aunque el rango de Valores será más estrecho bajo condiciones de crecimiento que no favorecen el crecimiento del Cannabis en general.

Jens Schau and Erik Nielsen (1970) in a report by the United Nations Commission on Narcotic Drugs, concluded:

Los experimentos parecen indicar que el contenido de tetrahidrocannabinol en algunas plantas depende de la variedad de la planta en lugar de la localidad donde se cultiva.

Doorenhos, et al. (1971a), mientras estudiaban las variedades del Cannabis, afirmaron que distinguían químicamente los tipos de drogas y fibras y declararon: "Los dos fenotipos están bien definidos en la naturaleza, pero los híbridos de los dos han sido producidos por polinización controlada,"

También existen muchos cultivares (-variedades cultivadas) de Cannabis que han sido criados para caracteres tales como baja frecuencia de internodo, tallos de lang, incluso ma-turación de plantas, calidad y cantidad de fibra, y nivel de cannabinoides. Algunos cultivares,como "Carmagnola" (Italia) y "Kentucky" (EE.UU.) son tipos de fibra seleccionados para el máximo rendimiento de fibra.

Schultes, et al. (1974), creen que el género Cannabis puede dividirse en tres especies distintas: C. sativa, C. indica y C. ruderalis. Estas diferencias, basadas en la anatomía de la madera, el crecimiento hahit, la variación de las hojas, el tipo de semilla y los constituyentes químicos, se pueden resumir de la siguiente manera::

Clave para las "especies" de Cannabis

1-Plantas generalmente altas, de hasta 2 a 6 metros (6 a 18 pies), laxamente ramificadas. Los aquenios (semillas) son lisos, por lo general carecen de patrón jaspeado en la capa exterior (perianto), firmemente unidos al tallo y sin articulación definida.
Si lo anterior es cierto, la especie es C. sativa.

la-Plantas generalmente pequeñas, 1.2 metros (4 pies) o menos, no laxamente ramificadas. Los aquenios suelen tener un fuerte veteado en la capa exterior, con una capa de abscisión definitiva, que cae en la madurez.
Vaya a la opción 2 o 2a.

2-Plantas muy densamente ramificadas, más o menos cónicas, por lo general 1,2 metros (4 pies) de altura o menos. Capa de abscisión articulación simple en la base de aquenio.
Si lo anterior es cierto, la especie es C. indica.

2a-Plantas no ramificadas o muy escasamente, por lo general de 0,3 a 0,6 metros (1 a 2 pies) de altura en la madurez. La capa de abscisión forma un crecimiento carnoso similar a un carbúnculo en la llase de aquenio.
Si lo anterior es cierto, la especie es C. ruderalis.

La investigación de Small y Cronquist (1976) ha mostrado una diferencia adaptativa en las características de la fruta entre la fase silvestre (de maleza, naturalizada o

indígena) y la fase domesticada (cultivada o espontánea). En la fase salvaje, la selección natural favorece . La investigación de Small y Cronquist (1976) ha mostrado una diferencia adaptativa en las características de la fruta entre la fase silvestre (de maleza, naturalizada o indígena) y la fase domesticada (cultivada o espontánea). En la fase salvaje, la selección natural favorece semillas pequeñas, moteadas con un pericarpio grueso (cáscara externa) que se desarticulan fácilmente del pedicel (punto de fijación). Estas pequeñas semillas resisten a los herbívoros debido a su coloración protectora y pericarpio, y se dispersan rápidamente en el suelo, donde su coloración protectora es una ventaja y la germinación puede tener lugar.

Los tipos domesticados, por otro lado, no están sometidos a estas presiones naturales, sino que están sujetos a las presiones selectivas del cultivo humano.

"ESPECIES" DE CANNABIS

Fecha
Grabado Bi nomiel Locatity Autor
Especies observadas antes de la Especie Plantarum e incluidos en ella:

Fecha	Bi nomiel	Locatity	Autor
1587	C. mas		D'Ale'champs
	C. fern / na		
1623	C. sativa		Caspar Bauhin
	C erratWa		
1738	C. foliis		Linnaeus en Hortus
	digi falls		Cliffortianus

Especies enumeradas por Especies Plantarum:

Fecha	Bi nomiel	Locatity	Autor
1753	C. sativa L.		Cent. Asia Linnaeus
1782	C. foetens		Gilibert
1783	C. chinensis " orna-		Lamarck
	mental"		
1783	C orientalis	Iran	Lamarck
1783	C. indica	India	Lamarck
1796	C. erratica		Sievers
1812	C. macrosperma		Stokes
1849	C. Lupfiltis		Scopoli
1849	C. chinensis " horti-		Defile
	cultural"		
1867	C. sativa		Holuby
	monoica		
1869	C sativa		Ca ndolle
	var. Kif		
-	vulgaris		
	u-pede-		
	montana		
	8-chinensis		
1905	C. generalis Alemania		Kraus
1908	C. americana México		Houghton
1917	C. gigantea Indo-China		Crevost
1924	C. ruderalis Rusia		Janischewsky
1926	C sativa "salvaje"		
	var. spontanea		
1936	Campamento de C. pedemontana		
1960	C. intersita	Ucrania	Sojak

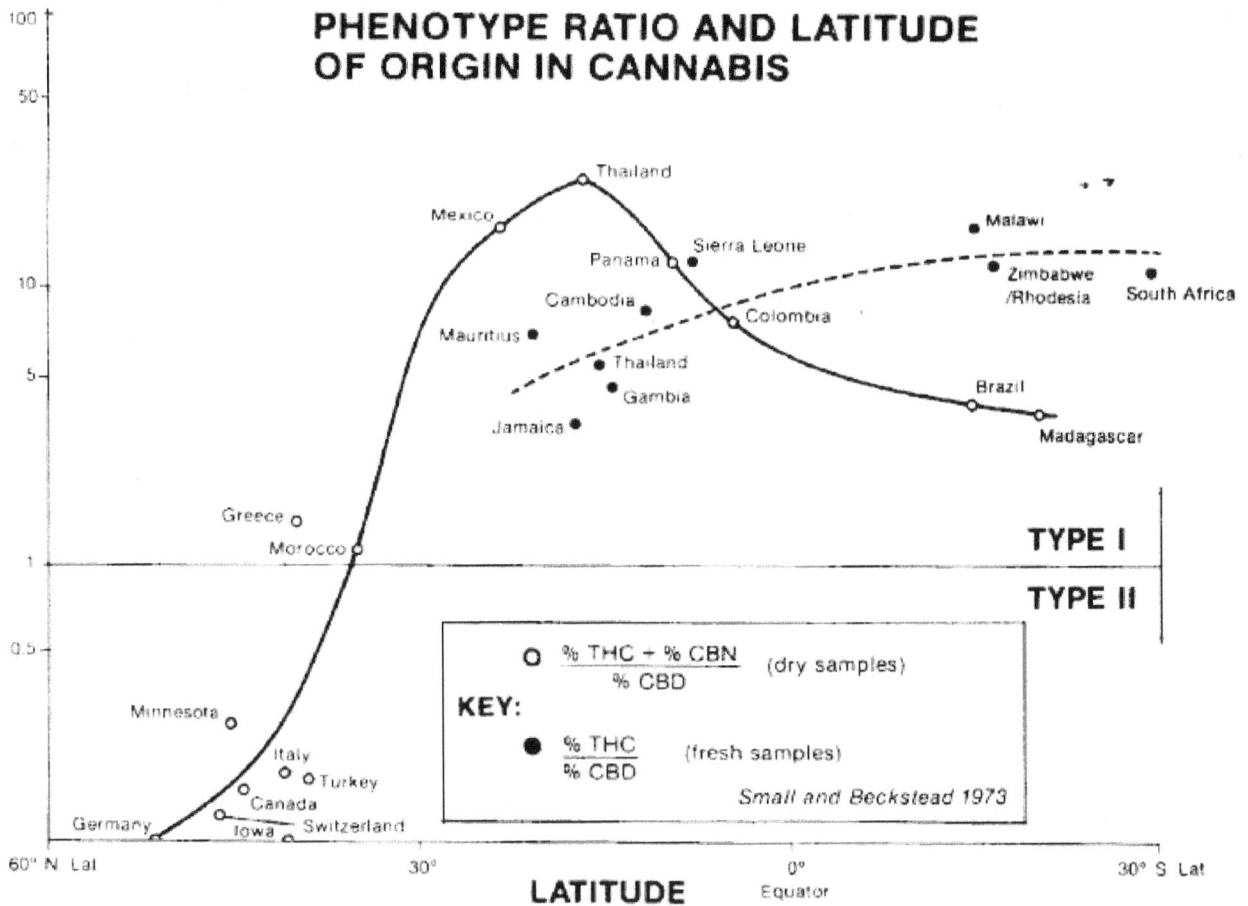

PHENOTYPE RATIO AND LATITUDE OF ORIGIN IN CANNABIS

Las semillas fácilmente desarticuladas no estarán pre-sentes en el Cannabis cosechado, ya que ya se habrán dispersado. La próxima generación estará compuesta en gran medida de individuos cultivados a partir de semillas persistentes. Además, bajo el ojo protector del hombre, la resistencia de las semillas a los controles bióticos, como los herbívoros que se alimentan de semillas, no es de tal importancia.

Combinando los parámetros del tipo de semilla con la psicoactividad (AL contenido de THC), Small pudo definir dos subespecies y cuatro variedades de la especie Cannabis sativa L. de la siguiente manera. Los criterios de subespecie se cumplen antes de la determinación de la variedad.

Clave para Subespecies y Variedades de Cannabis sativa L.
I-Plantas de capacidad intoxicante limitada, CIERRE que comprende menos del 0,3% (peso seco) de las hojas superi-ores y más jóvenes, y generalmente comprende menos de la mitad de los cannabinoides en la resina. Las plantas se cultivan por fibra o aceite, o crecen silvestres en regiones donde se ha producido dicho cultivo. Si lo anterior es cierto la subespecie sativa

los frutos la-Maduros son relativamente grandes, rara vez menos de 3,8 milímetros (1/8 pulgada) de largo, tienden a ser persistentes, carecen de una zona contráctil basal, y no están moteados o jaspeados, el perianto está en gran parte desprendido.
Si lo anterior es cierto la variedad sativa. 1 b - Los frutos maduros son relativamente pequeños, general-mente menos de 3.8 milímetros (1/8 pulgada) de lar-go, fácilmente desarticulados del pedicelo, tienen una zona más o menos definida, corta y constreñida hacia la base, tienden a ser moteados o jaspeados en apari-encia debido a las áreas pigmentadas irregulares del perianto en gran parte persistente y adnato (unido).
Si lo anterior es cierto la variedad es spontanea,
2-Plantas con considerable capacidad intoxicante, -THC, que comprende más de la mitad de los can-nabinoides en la resina. Las plantas se cultivan por propiedades in-tóxicas, o crecen silvestres en regiones donde se ha producido dicho cultivo.
Si lo anterior es cierto, la subespecie es
2a-Las frutas maduras son relativamente grandes, rara vez menos de 3.8 milímetros (1/8 pulgada) de largo, tienden

para ser persistentes, Jack una zona constricta basal, no son moteadas o jaspeadas; el peri-anth está en gran parte desprendido.

Si lo anterior es cierto, la variedad es indica. 2b-Las frutas maduras son relativamente pequeñas, generalmente de menos de 3.8 milímetros (1/8 pulgada) de largo, fácilmente desarticuladas del pedicelo, tienen una zona más o menos definida, corta y constreñida hacia la base, tienden a ser moteadas o jaspeadas en apariencia debido a las áreas pigmentadas irregulares del perianto en gran parte persistente y adnato.

Si el ahove es cierto la variedad es hafiristanica.

En investigaciones posteriores, aunque no difiere entre CBD y CBC, Small (1978) divide aún más los fenotipos cannabinoides (quimiotipos) en las siguientes cuatro categorías:

Fenotipo I-   resina compuesta principalmente de THC-tipo "droga", con THC > 0.3%; CBD < 0.5%.

Fenotipo II-   resina compuesta de sin embargo, la mayoría de los individuos son de tipo "fibra" baja en THC, con 1.3% > THC > 0.3%; CBD > 0.5%.

Fenotipo III   Resina fenotípica compuesta principalmente de CBD-tipo "fibra" con THC < 0.3%; CBD > 0.3%.

Fenotipo IV-   resina también contiene CBGM (cana-binoid monomethyl ether), aproximadamente 0.05%.

El fenotipo I está restringido principalmente a latitudes al sur de los 30' de latitud norte; el fenotipo III se encuentra generalmente al norte de los 30 ° de latitud norte, mientras que el fenotipo II es intermedio en su ubicación y puede resultar de la hibridación entre los tipos I y III. El tipo IV aparece en el noreste de Asia.

La investigación de Small se deriva únicamente de plantas pistiladas o (inmaduras) en hijos marinos de crecimiento corto (45° latitud norte). Aquí es donde comienza la producción de cannabis y termina la re-búsqueda de Small.

Su conclusión de que existe una fuerte correlación entre los fenotipos cannabinoides con alto contenido de THC y la selección cultural de cepas potentes no tiene en cuenta que sus datos también reflejan que los individuos del fenotipo I, considerado cannabis medicinal, generalmente se cultivan al sur de los 35° de latitud norte.

Posiblemente los parámetros ambientales sean de mayor importancia.e...que la selección cultural en el establecimiento .fenotipos cannabinoides. Estudios recientes de Valle et al. indica que el cannabis cultivado con menos de 12 horas de luz al día produce al menos el doble de THC que los individuos cultivados con menos de 10 horas de luz al día; también hay variaciones en otros niveles de canna-binoid. parece lógico que constant expo eguro de las poblaciones ecuatoriales de Cannabis a al menos 12 horas de luz por día durante el final de la temporada de cultivo podría resultar en la selección natural de un fenotipo alto en THC (tipo I), independiente

de otros factores abióticos y bióticos. Small continúa diciendo que casi el 50% de las cepas del fenotipo I no maduran lo suficiente como para producir semillas viables en Ottawa (45° latitud norte) y producir poco o ningún CBN; por lo que no hay una expresión completa del quimiotipo. Además, ha habido una observación "inquietante" de que las cepas cultivadas en Ottawa producen solo el 50% del THC que las mismas cepas producen en Mississippi (35° latitud norte), esta diferencia se atribuye a las variaciones en la humedad y la temperatura, así como en la duración de la temporada. Esta observación ilustra influencias ambientales directas adicionales en la producción de THC que también podrían influir en la selección de .fenotipo.

Pequeños indicios de la investigación continua para correlacionar las características morfológicas con el quimiotipo, pero de hecho sus intereses de investigación actualmente han cambiado a Humultis. Creo que debería investigar más parámetros antes de hacer juicios taxonómicos. Las características morfológicas divergentes de las cepas de cannabis son sin duda un buen punto de partida, y son fundamentales para la diferenciación taxonómica. Al observar lo suficientemente profundo, uno podría encontrar quimiotipos para la absorción de micronutrientes, la síntesis de almidón o el contenido de cerdo que no tienen ninguna correlación con la producción o morfología de cannabinoides. De hecho, uno podría recurrir a la pretensión básica de que el Cannabis sativa es Cannabis de fibra y el Cannabis indica es Cannabis de drogas. Turner et al. (1979) que las plantas estaminadas y pistiladas de la misma cepa pueden exhibir varios quimiotipos durante varias etapas de madurez, si se aplican los criterios quimiotípicos de Waller o Small.

Cualquier clasificación es más semántica que seien-tífica y los datos pueden ser interpretados de manera diferente por varios taxónomos. Debemos recordar, sin embargo, que las características morfológicas son nuestra clave más importante para distinguir variedades, cepas o especies individuales y que la adaptación a las condiciones abióticas determina los fenotipos. Una planta de Cannabis indica Hirna-layan y una planta de Cannabis sativa Kentucky fiber cultivada bajo las mismas condiciones año tras año muestran diferencias morfológicas que sugieren que se deben definir al menos dos especies separadas.

La estatura compacta, las hojas anchas y oscuras, los entrenudos cortos, la alta producción de resina y el aroma acre del cannabis indica del Himalaya no cambian notablemente a lo largo de los años de cultivo en América del Norte. Estas características son tan fuertes que a menudo predominan en la descendencia de cruces híbridos con Cannabis Sativa.

Las presiones humanas también son muy importantes en la creación de la variación del cannabis. Como se mencionó anteriormente, algunos autores hacen una distinción entre variedades silvestres y cultivadas. El hombre ha tenido u mayor efecto sobre el Cannabis cultivado al ejercer presión genética (haciendo selecciones año tras año) para el tipo de planta que mejor sirve a su propósito. Los dos usos básicos del cannabis son la producción de resina que contiene drogas y de fibra de alta calidad, lo que resulta en los dos tipos de cannabis cultivado más a menudo observados. La selección del contenido de semillas también podría ser un factor, pero es ciertamente menor en comparación con los otros usos de la planta.

Los botánicos han hecho distinciones entre las variedades de drogas y fibras del Cannabis basadas en la morfología, la fisiología y la composición química. Las cepas de drogas son a menudo más cortas que las cepas de fibra, con extremidades muy separadas y pequeñas semillas oscuras, como exem-plificadas por variedades de Afganistán, India y Colombia, las cepas de fibra son generalmente (todas con entrenudos largos y muy pocas extremidades.

Fisiológicamente, las cepas de drogas han desarrollado una condición dioica definitiva, especialmente donde las plantas estaminadas se eliminan para promover la producción de resina en plantas pistiladas, por otro lado, las cepas de fibra han desarrollado una tendencia mono-ica que favorece incluso la maduración y la morfología sexual consistente en todo el cultivo. Bazzaz y Dusek (1971 y 1975) han mostrado diferencias en el contenido de clorofila, tasa fotosintética, tasa de transpiración y contenido de drogas de cepas de varios climas y latitudes bajo diferentes condiciones de crecimiento. Concluyen que las diversas cepas son eco-tipos, cada uno adaptado a su propio habität y latitud respectivos.

Grlic (1968) informa que se pueden observar varias etapas en la "maduración" de la resina de cannabis. En esta secuencia, el ácido cannabidiólico (CBDA) se convierte con éxito en cannabidiol (CBD), tetrahy-dro-cannabinoles (THC) y finalmente en cannabinol (CBN). Se han definido cinco etapas de maduración basadas en el progreso de este proceso fitoquímico:" inmaduro "(predominantemente CBDA)," intermedio "(CBD)," maduro "(THC) y" sobremaduro "(CBN) junto con una etapa final para especímenes dañados o muy viejos denominados "alterados"."También señala que la maduración parece más avanzada en el Cannabis de

reas tropicales (etapas maduras y demasiado maduras) que en el Cannabis de climas templados (etapas inmaduras e intermedias).

Las variaciones en los principios aromáticos de las flores de cannabis pistiladas también son características de la raza y el origen. Aunque son tan difíciles de describir como el bouquet del buen vino, los aromas y sabores característicos de los diversos.Las cepas de Cennabis de todo el mundo son muy consistentes. Algunos de estos rasgos se conservan en las poblaciones domésticas, pero muchos se pierden; por lo tanto, deben ser controlados por el medio ambiente, así como por la genética.

En este punto, la terminología de bráctea y cáliz debe aclararse. Una revisión de la literatura muestra que existe mucha confusión alrededor del nom-enclatura de las brácteas en una planta de Cannabis. El término bráctea más comúnmente se refiere a la vaina de mer-ribran-ous que rodea el óvulo, que en este documento se presenta como el cáliz pistilado o cáliz. La bráctea se usa a veces para describir la estípula (espolón de la hoja) que aparece a ambos lados del eje del pecíolo (tallo de la hoja) con el tallo. El término también ha sido usado para describir la pequeña hoja reducida que subyace a cada par de cálices, es mi convencion de que la palabra cáliz debe ser usada para des-cribir la estructura carpelu-lar de cinco partes de la flor de stami-nate o la vaina tubular fusionada de cinco partes que rodea el oval y los pistilos. La bráctea de ala es perfectamente aceptable para la pequeña hoja reducida que subyace a un par de cálices pistilados, y estípula es el término correcto para el espolón de la hoja. El cáliz im-plies que la parte de la flor es de naturaleza reproductiva, y la bráctea tiene una connotación claramente vegetativa. es lamentable que la bráctea haya sido tan mal utilizada, ya que es realmente una excelente palabra descriptiva"para una pequeña hoja reducida. Para citar en parte del Tesauro de Roget, " Bract, bractlet-foliation, foliation, leafage, . . . tallo, tallo, pecíolo,. . . stipule, . . • hoja,
. . . folleto, . . . hoja, lámina, . seedleaf, .
cáliz hoja Cáliz-saco,. bolsillo, vesícula .
pericarpio, . . cápsula . pod . ..."

Parece obvio que la bráctea describe la estructura de la hoja y el cáliz describe la estructura floral.

APÉNDICE II
Factores Ecológicos

Luz

La calidad adecuada y la cantidad de luz son muy importantes para un crecimiento vigoroso del cannabis. La luz debe estar formada por las longitudes de onda necesarias tanto para la fotosíntesis como para la inducción o inhibición de la floración. La duración de la luz también debe ser correcta para permitir una fase vegetativa y floral en el ciclo de vida. El cannabis normalmente crece en un clima templado desde el momento de la última helada en la primavera hasta mediados de otoño. Como resultado, la primera fase de su ciclo de vida es vegetativa durante los días de longitud creciente, mientras que la segunda fase es floral durante los días de longitud decreciente. Si se cultiva fuera de temporada, en otoño o invierno, cannabis producirá flores intersexuales e individuos hermafroditas.

Temperatura

Gran parte del efecto de la temperatura en Cannabis está relacionado con la tasa de transpiración de la planta. El cannabis tiene una alta tasa de transpiración y en climas cálidos es muy susceptible a marchitarse. El crecimiento de tricomas glandulares y la secreción de resina durante el clima cálido protegen contra la desecación de los tejidos, disminuyendo la tasa de transpiración a través de las superficies epidérmicas de la planta al disminuir la temperatura de la hoja. El cannabis está bien adaptado al calor, pero no es particularmente tolerante a las bajas temperaturas. Resistirá heladas ligeras cercanas a 0 ° C (32°F), pero una helada dura o una helada ligera de cualquier duración casi siempre resultará en la muerte. Las bajas temperaturas inhiben la fotosíntesis y ralentizan la tasa metabólica de las plantas; el clima frío prolongado suele ralentizar el crecimiento del cannabis. Las temperaturas frescas del suelo de otoño e invierno en un clima templado son en gran parte responsables de inhibir la germinación de las semillas de verano hasta los días cálidos de primavera.

Las diferencias de temperatura entre el aire y el suelo aparentemente tienen un efecto observable en el fenotipo del cannabis. Nelson (1944) realizó experimentos bajo cuatro condiciones de temperatura con los siguientes resultados:

H / H - Brote y Raíz: 30 ° C
Alargamiento máximo, maduración más temprana Nodos máximos, muchas flores estaminadas Área mínima de la hoja, hoja máxima abscisión Consumo máximo de agua

H / L - Brote: 30 ° C; Raíz: 15°C
Peso mínimo, muchas flores estaminadas
Peso máximo del tallo

L / H - Brote: 15 ° C; Raíz: 30° C
Femenina a staminate inversión
Tamaño máximo de hoja individual
Diámetro máximo del vástago
Peso máximo

L / L - Hollín y Raíz: 15 ° C
Femenina a staminate inversión
Superficie foliar máxima
Consumo mínimo de agua
Contenido máximo de agua de la raíz Última floración, muchas flores pistiladas
Este estudio enfatiza la importancia del suelo (suelo), así como las temperaturas del aire para el desarrollo estructural del cannabis, y sugiere cómo interactúan en la determinación del fenotipo.

Humedad

Cannabis florece en un suelo bien drenado con un suministro de agua adecuado; alcanza un gran tamaño en un hábitat irrigado, pero es atrofiado por la aridez. El agua estancada es bastante dañina para cannabis ya que las raíces se sofocan fácilmente. Por lo tanto, el suelo orgánico poroso con alto contenido de arena y pendiente moderada parece ser el más adecuado para un crecimiento adecuado siempre y cuando el agua esté fácilmente disponible.

Las diferentes condiciones de humedad influyen en el desarrollo estructural y la morfología del cannabis, dependiendo de las necesidades de agua de la planta en las diferentes fases de su ciclo de vida. Durante la germinación, la semilla debe estar en contacto continuo con el suelo húmedo durante al menos cuatro días y las semillas germinarán fácilmente en agua estancada. Secar el suelo durante la germinación casi siempre mata al embrión. En la etapa de plántula, el exceso de humedad resulta en elongación rápida de hipocotilo y epicotilo. En condiciones de alta humedad esta elongación rápida continuará, produciendo plantas con largos inter-nodos, mientras que las plantas en condiciones áridas tienen entrenudos cortos. Este rápido alargamiento también produce fibras primarias muy flácidas, causando que muchas plántulas jóvenes se caigan poco después de que los cotiledones se abran. Si las condiciones húmedas continúan, las fibras secundarias también serán suaves. En condiciones áridas tanto las fibras primarias y secundarias son más cortas y muy quebradizas en comparación. En este caso, el tallo a menudo se abrocha en el viento en lugar de doblarse. En condiciones áridas se producen más tricomas glandulares en la superficie de los cálices, hojas y tallos que en condiciones húmedas; las hojas tienden a ser más estrechas, más gruesas y más serradas que las hojas anchas y delgadas de los hábitats húmedos.

En la antesis (Floración) se produce un marcado aumento en la absorción de agua tanto en individuos estaminados como pistilados. Las necesidades de agua son altas durante la floración y la falta de humedad seguramente inhibirá la formación floral. La dehiscencia (dispersión del polen) se ve favorecida por el clima árido que también desencadena plantas pistiladas para formar tricomas glandulares en los cálices y foliolos adyacentes. Esto ayuda en el control de la transpiración y reduce las necesidades de agua. Por lo tanto, la mayor cantidad de resina se produce en un ambiente cálido y árido con ciclos de luz adecuados. Sin embargo, la producción de resina se ralentiza cuando se produce la polinización y el cáliz comienza a secarse lentamente a medida que se forma la semilla. Las condiciones áridas promueven la dispersión de las semillas, ya que se liberan más fácilmente del cáliz por agitación cuando el cáliz se seca.

Condiciones Edáficas

Las propiedades físicas, la acidez-alcalinidad (pH) y el nivel de nutrientes son las condiciones edáficas (del suelo) más importantes que afectan el crecimiento del Cannabis, las propiedades físicas importantes del suelo son el drenaje, la inclinación y el contenido orgánico. El suelo debe drenar bien para el crecimiento adecuado del cannabis, ya que las raíces son fácilmente atacadas por hongos y no toleran el agua estancada. Los suelos aluviales-arenosos y los suelos franco-arenosos son muy adecuados siempre y cuando el crecimiento adecuado de las raíces pueda tener lugar. El cannabis es una planta alta de ambientes abiertos, y un sistema radicular fibroso ampliamente disperso es necesario para soportar su masa durante el viento y la lluvia. El alto contenido orgánico ayuda al crecimiento de las raíces, aflojando y aclarando el suelo, así como reteniendo la humedad. Sin embargo, un contenido orgánico demasiado alto puede elevar el nivel de ácido del suelo más allá de un límite tolerable para el crecimiento del cannabis.

El pH del suelo es crucial para el crecimiento adecuado del cannabis. Un rango de 6.5 a 7.5 (7.0 es neutral) es el mejor. En esta gama, cannabis puede absorber adecuadamente los nutrientes y llevar a cabo sus funciones vitales. Además, en un suelo más ácido, los nutrientes están encerrados en sales ácidas y no pueden ser utilizados por la planta en crecimiento.

Los síntomas causados por una acidez inadecuada pueden causar que las plantas se rizan con follaje rizado y pocas frutas o flores. Debido a que los nutrientes están unidos en el suelo ácido, la planta puede mostrar varias deficiencias de nutrientes simultáneamente. Las condiciones altamente ácidas también limitarán el crecimiento de organismos beneficiosos del suelo, mientras que las condiciones altamente alcalinas pueden causar que las sales se acumulen en el suelo, posiblemente limitando la absorción de agua por las raíces.

Los macro y micronutrientes son importantes al crecimiento del Cannabis. El requisito de cada nutriente, su utilización por la planta, symptoms de su ausencia, y su efecto en la productividad son diferentes para cada uno de los nutrientes. Estos deben ser discutidos por separado, junto con las variaciones en los requisitos y respuestas de staminate y femeninas individuos.

El nitrógeno es el primero de los macro-nutrientes y es en gran parte responsable del crecimiento del tallo y la hoja, el tamaño general y el vigor. El nitrógeno es vital en la producción de clorofila, y por lo tanto todo el metabolismo fotosintético de la planta puede ser alterado por una deficiencia de nitrógeno. El resultado es un crecimiento lento y follaje atrofiado. Cannabis tiene un requerimiento de nitrógeno muy alto y tiende a eliminar el nitrógeno del suelo. La deficiencia de nitrógeno se caracteriza por la clorosis (pérdida de clorofila) de las hojas más viejas seguida de una clorosis gradual de toda la planta con solo el meristemo restante verde hasta el final. Una sobreabundancia de nitrógeno causa marchitamiento de la planta y, poco después, un cambio total en todos los tejidos de verde a marrón cobre. El nivel adecuado de nitrógeno da como resultado plantas uniformemente verdes con hojas grandes y tallos largos.

La producción de fibra puede incrementarse mediante la adición de nitrógeno al suelo. Los experimentos de Black and Vessel (1944) mostraron que un aumento en el rendimiento de 1.74 toneladas por acre resultó de la adición de nitrógeno a razón de cincuenta libras por acre. Este estudio también afirma que el nitrógeno es beneficioso más tarde en la vida de la planta en lugar de antes. Esto plantea un punto importante con respecto a la utilización de nutrientes, especialmente en lo que se refiere a la expresión sexual. Talley (1934) y Tibeau (1936) investigaron la utilización de nitrógeno por cannabis. Talley observó las proporciones de carbohidratos a nitrógeno en plantas estaminadas y pistiladas y encontró que las plantas estaminadas tienen una mayor proporción de carbohidratos a nitrógeno que las plantas pistiladas, aunque el contenido total de carbohidratos es muy diverso. Las plantas pistiladas, sin embargo, muestran una mayor composición porcentual de nitrógeno que las plantas estaminadas y valores muy consistentes para la proporción de carbohidratos a nitrógeno en el momento de la floración. Él atribuye esta diferencia a los hábitos de crecimiento variables de las plantas estaminadas y pistiladas. La planta estaminada entra en senescencia justo después de la floración, incapaz de volver a un estado vigoroso después de la dehiscencia inicial del polen, mientras que la planta pistilada continúa floreciendo durante hasta tres meses. La planta estaminada no tiene necesidad de mantener su nivel de nitrógeno, pero la planta pistilada debe continuar utilizando nitrógeno para formar el follaje asociado con sus órganos florecientes. Otra explicación proviene del trabajo de Tibeau, quien demostró que una sobreabundancia de nitrógeno en el momento de la diferenciación floral resultó en casi todos los pistilos plantas mientras an.la ausencia de nitrógeno resultó en casi todas las plantas estaminadas. Puede ser que el nivel de nitrógeno del suelo, a través de alguna vía metabólica, influya en la diferenciación floral. Un suelo excesivamente rico en nitrógeno durante toda la vida de la planta produjo plantas de hoja verde oscuro que no sobrevivieron para florecer.

Black (1945), sin embargo, niega el efecto de cualquier macro-nutriente sobre la expresión sexual en Cannabis; sus resultados mostraron poco cambio en la proporción de sexo con varios tratamientos de nutrientes.

El fósforo es requerido por el Cannabis por su vigor general y es especialmente necesario en el momento de la floración, ya que está asociado con el metabolismo del azúcar, una fuente de energía para el crecimiento, y la producción de resina y semillas. Esto parece contrario a los hallazgos de Black and Vessel (1944) que informan que la aplicación de fósforo para aumentar la producción parece más efectiva al principio de la temporada, con una efectividad decreciente a medida que avanza la temporada. Los rendimientos en su experimento, sin embargo, se midieron por la producción de fibra, eliminando cualquier necesidad de que la planta florezca; esto podría explicar la discrepancia.

La deficiencia de fósforo afecta primero a las hojas más maduras, lo que resulta en hojas oscuras, de color verde opaco con un borde bajo rizado. Las venas en la superficie abaxial de las hojas pueden mostrar un tinte púrpura junto con los pecíolos y las puntas del tallo. Esto se debe a una sobreabundancia de antocianina. Sin embargo, esta condición se encuentra en muchos individuos no deficientes en fósforo y puede estar relacionada con factores genéticos y ambientales.

El potasio tiene el papel más sutil de los macro-nutrientes en la nutrición de las plantas. Aunque se necesita en conjunto con los otros macro-nutrientes en todas las etapas de desarrollo, es más necesario en el momento de la floración y está involucrado en el metabolismo de muchos activadores asociados con la floración. Los signos de deficiencia de potasio son el crecimiento atrofiado junto con el amarillamiento de las hojas más viejas, seguido de necrosis caracterizada por manchas oscuras y bordes rizados de color gris cobre. El efecto del potasio en la producción de cannabis está relacionado con la presencia de cantidades adecuadas de nitrógeno y fósforo. Tibeau (1936) demostró que las plantas con un suministro adecuado de nitrógeno y fósforo crecían muy vigorosamente cuando se les daban cantidades excesivas de potasio. También señaló que las plantas se recuperaron de la inanición de potasio rápidamente, pero nunca alcanzaron el tamaño de las plantas con un suministro continuo.

Los micronutrientes son importantes para Cannabis, como lo son para todas las plantas, y se pueden observar muchas relaciones específicas entre los micronutrientes y el crecimiento adecuado del Cannabis. El hierro es utilizado por la planta en la síntesis de enzimas que son enlaces esenciales en las vías fotosintéticas y respiratorias. Una deficiencia se caracteriza por la condición clorótica de las hojas en las puntas meristemáticas de las extremidades, en lugar de hojas más viejas. Esto se debe a que el hierro no es muy soluble y es menos fácilmente translocado dentro de los tejidos de las plantas que los compuestos de nitrógeno. Las deficiencias de calcio también aparecen en las regiones meristemáticas, causando tallos débiles y quebradizos y la muerte de los meristemas apicales. Este efecto sobre el tejido meristemático resulta de la interferencia con la síntesis de pectato de calcio necesario como enlace en las láminas medias de las células que se multiplican. El magnesio es una parte integral de la clorofila y su ausencia causa, en las hojas más viejas, manchas blancas grisáceas o amarillamiento de los tejidos adyacentes a las venas seguido de clorosis de toda la hoja; las hojas jóvenes son de color verde oscuro. El azufre es utilizado por las plantas para construir proteínas; una deficiencia aparece como una clorosis general de la planta, comenzando con las hojas más jóvenes.

La escasez de boro produce una hinchazón de la sección basal del tallo seguida de división y pudrición. Una clorosis general de las hojas seguida de un giro a bronce o naranja bronce, acompañada de una hinchazón en las puntas de las raíces laterales, generalmente indica una deficiencia de cloro. Las deficiencias de zinc resultan en hojas muy pequeñas rizadas con tejido amarillento cerca de las venas. Los tallos son alargados con solo el racimo superior de hojas que poseen brotes axiales viables. La escasez de manganeso y molibdeno resulta en clorosis del tejido entre las venas principales en las hojas cerca del tallo de la planta, extendiéndose a las puntas del tallo, donde las hojas a menudo se tuercen. El cobre también es esencial para el crecimiento saludable y vigoroso del cannabis; las deficiencias pueden resultar en tallos quebradizos y fáciles de romper.

Viento

Cannabis es una planta polinizada por el viento y depende de las corrientes de aire para garantizar la finalización del ciclo de vida al dispersar el polen y golpear las semillas maduras al suelo. El polen puede viajar en el viento hasta 200 millas (Sack, 1949). La forma más común de transmitir información genética de una población de cannabis a otra es a través del polen soplado por el viento. Un sistema radicular fibroso y un tallo alto y flexible permiten al cannabis soportar vientos relativamente fuertes. El viento tiende a aumentar el flujo transpiracional al aumentar la evaporación de los tejidos epidérmicos. Los tricomas pueden ayudar a la planta cortando la circulación del aire adyacente a la epidermis del tallo y el tejido de la hoja. La exposición constante a las brisas fortalece las fibras en el tallo, mientras que las plantas cultivadas en aire estancado tienden a ser débiles y se inclinan bajo su propio peso,

Controles Bióticos

Varios animales herbívoros (que comen plantas) se alimentan de Cannabis. Los pequeños roedores y aves comen las semillas y los brotes, mientras que los conejos y animales de pastoreo como los ciervos comen plántulas más grandes. Los insectos chupadores y masticadores, como insectos, saltamontes y áfidos, se alimentan de Cannabis. Después de las plantas pistiladas comienzan a secretar resina, los insectos parecen cazar solo en las hojas más grandes y no en las cimas en flor. Tal vez la resina es desagradable o dificulta la succión de los jugos, lo que sugiere un valor de secreción de resina. Los ácaros y las moscas blancas son los ocupantes comunes de las plantas de cannabis y son bastante dañinos. La alta humedad a veces fomenta las infecciones por hongos de la raíz, el tallo y la hoja, aunque las resinas parecen contener compuestos antibióticos que inhiben el crecimiento de hongos, especialmente en los racimos de floración. Las plantas son atacadas fácilmente por los insectos cuando se acercan a la senescencia y la secreción de resina cesa.

Dispersión

Los agentes naturales en la dispersión de semillas de cannabis incluyen agua, viento y animales. El agua afecta la dispersión de las semillas de muchas maneras. Como humedad dentro de la planta, determina qué tan rápido se secará el cáliz para liberar la semilla. La lluvia ayuda a eliminar físicamente la semilla del cáliz, y los ríos lavan las semillas a nuevas áreas donde pueden descansar en ricas arenas aluviales adecuadas para su germinación y crecimiento. El viento actúa golpeando las semillas al suelo y llevándolas a distancias cortas, así como soplando polen a largas distancias. Los animales comúnmente ayudan en la dispersión de semillas de Cannabis al ingerirlas en un lugar y excretarlas en otra área. La transferencia endozoica (interna) de semillas por parte de las aves está relacionada con el área de distribución del ave, el tiempo de retención en el cuerpo y la resistencia de la semilla a la digestión. Algunas semillas se benefician al pasar a través de un animal por una disminución en el tiempo de germinación y por el contenido nutricional de los excrementos que contienen la semilla germinante. La mayoría de las semillas no pasan por el tracto digestivo en condiciones viables, sufriendo de agrietamiento y digestión. Darwin (1881) informa que las semillas de cannabis han germinado de 12 a 21 horas después de pasar por los estómagos de varias aves, y Ridley (1930) ha observado semillas de Cannabis en el contenido estomacal de la urraca europea. Las semillas también pueden adherirse a un animal de alguna manera, tal vez entre sus dedos o en una oreja, pero esto es menos probable. El hombre también ayuda a la dispersión llevando semillas en sus viajes y proporcionando desechos nitrogenados adecuados para el crecimiento del Cannabis. Todos estos factores pueden ser agentes que conducen a la migración del Cannabis de una zona a otra.

Carrera

Como se discutió anteriormente, Cannabis es considerado un género monotípico por algunos investigadores que creen que la variación anatómica en Cannabis no es una base para distinguir varias especies del género Cannabis, sino más bien, las variedades de una especie: Cannabis sativa L. Los tipos polimorfos de Cannabis evolucionan a partir de un equilibrio entre:

respuesta fenotípica de una población de Cannabis a factores bióticos y abióticos en el hábitat que la rodea y, b) la respuesta genotípica basada en la adaptación a su entorno de origen. En la India, la única diferenciación entre las variedades de cannabis es entre los tipos "silvestres" y "cultivados". Ambos producen fibra y resina, pero dado que la planta se cultiva allí principalmente para el uso de drogas, los tipos "cultivados" tienen un contenido de THC bastante alto. Chopra y Chopra (1957) escriben que "incluso la planta que crece bajo diferentes condiciones climáticas en el vasto subcontinente indopakistaní muestra notables variaciones en apariencia; esas variaciones al principio pueden dar la impresión de especies separadas."Muchos investigadores han notado la plasticidad del cannabis con ejemplos de plantas indias y europeas. Las plantas indias, cuando se plantaron en Inglaterra y Francia, fueron indistinguibles de la variedad nativa europea después de varias generaciones. Por el contrario, las variedades europeas de fibra, plantadas en Egipto para suministrar cordaje, pronto aparecieron bastante similares a la variedad local, y el contenido de fármaco de la resina aumentó.

Muchos factores abióticos naturales como la luz solar, la temperatura, la humedad y las condiciones edáficas afectan tanto a la morfología fenotípica estacional del cannabis como a su evolución. La respuesta evolutiva influye en la naturaleza genotípica de la población y, por lo tanto, en la morfología de las generaciones venideras. Por ejemplo, compare las variedades de Colombia (0° a 10 ° de latitud norte) con las variedades de México (15° a 21° de latitud norte). Dado que las estaciones de crecimiento son más cortas más lejos del ecuador, una variedad mexicana, para florecer y reproducirse antes de los días más fríos de otoño o invierno, necesita completar su ciclo de vida en cinco a seis meses, mientras que una variedad colombiana puede tardar hasta siete u ocho meses. Esto es principalmente una adaptación a diferentes ciclos de luz.

Comunidad

Como miembro de las comunidades vegetales, cannabis ejerce presiones sobre sí mismo y sobre las especies vegetales circundantes. El efecto principal proviene de sus requerimientos de nutrientes muy altos; pocos de estos nutrientes se reciclan para otras especies y se dice que despojan el suelo. Proporciona sombra y refugio para las plantas más pequeñas. Muchas plantas producen herbicidas en sus hojas, pero se desconoce si los terpenos producidos por cannabis son venenosos para otras plantas y si esto se usa para obtener una ventaja competitiva. Los insectos a menudo prefieren otra vegetación al cannabis, posiblemente debido a la impalatabilidad de las resinas.

Cannabis exhibe una gran plasticidad, floreciendo en casi todas partes del mundo, y esta plasticidad probablemente podría mantenerlo un paso por delante de otras especies de plantas en el esquema evolutivo

APÉNDICE III
Determinación del Sexo

Hay dos teorías básicas sobre cómo se determina el sexo en *Cannabis*. La teoría epigámica (no genética) sostiene que el sexo está determinado por estímulos fisiológicos en alguna etapa después de la fertilización. Esto se basa en el estudio de la inversión del sexo en condiciones ambientales cambiantes. La teoría alternativa es que el sexo en *Cannabis* se puede explicar simplemente en términos de herencia sexual del tipo XY. Dado que los cromosomas X e Y no difieren lo suficiente en tamaño para distinguirlos fácilmente por observación directa, hay más tentación de considerar la determinación del sexo epigámico. Sin embargo, el análisis genético de poliploides indica que el modo XY de determinación del sexo tiene lugar en *Cannabis* hasta cierto punto.

La investigación de Warmke y Davidson (1943) y Zhatov (1979) involucró cepas poliploides de *Cannabis*. Warmke y Davidson (1943) descubrieron que la proporción de sexos para los cruces diploides (2n) casi se aproxima a 1-a-l, pero la proporción de sexos para los cruces tetraploides (4n) es de aproximadamente 7,5 plantas pistiladas y pistiladas-hermafroditas por cada planta estaminada. Se forma una nueva clase de sexo, XXXY, y se produce un cambio en la proporción de sexos de la generación de tetraploides Fj. Existen dos posibles explicaciones para el alto número de plantas pistiladas en cruces tetraploides:

1 - La nueva clase XXXY es pistilada o hermafrodita pistilada y no se distingue fácilmente del tipo XXXX.

2 - La planta pistilada, en lugar de la planta estaminada, es heterogamética XY. En este caso, XXXY y XXYY se agruparían y aparecerían como pistilos o pistilos-hermafroditas, siendo el tipo XXXX el estaminado. Sin embargo, McPhee (1925) encontró buena evidencia genética de que la hembra no es heterogamética en *Cannabis*. Warmke y Davidson confirmaron estos resultados autofecundando una planta pistilada parcialmente hermafrodita; las crías eran predominantemente pistiladas. Parece, por lo tanto, que la Segunda teoría para explicar el exceso de mujeres es poco probable: si la primera teoría es correcta, hay dos clases de Fj. descendencia pistilada tetraploide, XXXX y XXXY.

Plantas pistiladas tetraploides (XXXX) cuando se cruzan a estaminados diploides (XY). casi 100% de individuos pistilados y pistilados-hermafroditas. En 31 cruces de plantas pistiladas tetraploides Fj (XXXX y XXXY) con plantas estaminadas diploides, 2 resultaron en un 98% de descendencia pistilada y hermafrodita y 29 resultaron en un 75% de descendencia pistilada y hermafrodita. Parece de estos resultados que los individuos XX, XXX y XXXX son pistilados, los individuos XXXY y XXY son pistilados-hermafroditas; y los individuos XY, XXY y XXYY son estaminados.

Zhatov (1979) también encontró que en las poblaciones de *cannabis* tetraploide muchos tipos sexuales transicionales emergen tanto en el hábito de crecimiento como en la proporción de flores estaminadas y pistiladas. Dado que el complemento genético se duplica, las generaciones posteriores de tetraploides exhiben más tipos sexuales intermedios que los diploides. Determinó que los individuos XXXX son pistilados, los individuos XXXY son hermafroditas pistilados, los individuos XXYY son monoicos, los individuos XYYY son hermafroditas estaminados y los individuos YYYY son estaminados. Sin embargo, a nivel diploide es más difícil explicar la aparición de cepas monoicas y hermafroditas. Las cepas monoicas engendran descendencia monoica en la gran mayoría de los casos. Una determinación estrictamente XY del sexo no explica las cepas monoicas. La monoicidad podría ser controlada por otro gen o conjunto de genes, separados de la determinación básica XY del sexo. El hermafrodismo en cepas dioicas es muy probablemente controlado por un número de genes para aspectos separados de la inducción floral.

El enfoque epigámico rechaza cualquier posibilidad de que el sexo esté determinado por la genética, mientras que el enfoque genético es incompatible con cualquier control ambiental del sexo y la aparición de cepas monoicas. Parece que debemos incorporar ambas teorías para llegar a una comprensión viable de la expresión sexual en *Cannabis*.

La acomodación más lógica es considerar las características sexuales iniciales del *Cannabis*, como el dimorfismo sexual de las plantas pre-florales y la diferenciación primordial, a ser determinada por un tipo XY de herencia genética. Aunque se determina la forma sexual inicial, la producción final de órganos florales está influenciada por otros genes y por condiciones ambientales que pueden anular la expresión del tipo sexual heredado. El efecto del medio ambiente podría cambiar la composición química de la planta; por ejemplo, las proporciones de carbohidratos a nitrógeno y las fluctuaciones en los niveles metabólicos en el citoplasma podrían alterar o enmascarar la interpretaciones químicas de los rasgos sexuales heredados por mensajeros dentro del citoplasma. Muchas cepas de drogas tropicales de África y el sudeste asiático se vuelven hermafroditas en climas templados. Esto es probablemente una reacción a un entorno introducido.

APÉNDICE IV
Tricomas Glandulares y No Glandulares

Tricomas glandulares son más abundantes y producir más resina en la inflorescencia femenina que en la staminate, para el embrión en crecimiento está en necesidad de protección, mientras que las anteras derramó su polen y expirar. La mayoría de los investigadores coinciden en que la resina secretada por los tricomas glandulares contiene los componentes psicoactivos del *cannabis*. Sin embargo, investigaciones recientes de Fujita et al. (1967) señala la tapa en forma de disco de las células en el tricoma como la ubicación del THC psicoactivo, y no la resina real secretada por estas células.

Los tricomas glandulares se dividen en tres tipos: bulbosos, sésiles capitados y acechados capitados. Los tres se caracterizan por un disco secretor de 1 a 13 células soportadas por una capa de células de estípite por encima de una capa de células base incrustadas en la epidermis. Las células secretoras de los tricomas glandulares maduros producen un fluido resinoso que se acumula debajo de una vaina membranosa; toda esta estructura se denomina la cabeza del tricoma.

Las glándulas bulbosas son pequeñas y consisten en una porción secretora de 1 a 4 células, 1 o 2 células de pie y 1 o 2 células base. Miden de 25 a 30 micras de altura con una cabeza de 20 micras de diámetro.

Las glándulas capitadas-sésiles tienen cabezas que miden de 40 a 60 micras de diámetro, un grupo bilateralmente simétrico de 8 a 13 células de la cabeza descansa sobre un pie corto, y la glándula aparece sésil (unida al ras de la superficie). Las glándulas sésiles capitadas se parecen mucho a las glándulas sésiles, pero a menudo tienen una cabeza más grande (hasta 100 micras) y un tallo largo derivado del tejido epidérmico. Además, las capas de abscisión, donde las cabezas se rompen, están presentes en las glándulas pedregosas, tanto entre la cabeza y las células del pie como entre el pie y las células de base; estas están ausentes en los tipos bulbosos y sésiles.

La iniciación de la glándula comienza con la protrusión de una célula epidérmica individual y la división anticlinal subsiguiente (orientada perpendicular a la superficie) en plano del eje largo del cáliz o valva, que establece una simetría bilateral persistente. Sigue una división periclinal (orientada paralela a la superficie), que delimita las iniciales secretoras y de apoyo. Una segunda división periclinal separa las células de la base y del pie. Las células base permanecen dobles, pero la capa de estípite se divide perpendicularmente a la primera división, formando una capa persistente de 4 células. El disco secretor se forma primero por una división perpendicular para formar una etapa de 4 células que se agranda radialmente y continúa dividiéndose anticlinalmente, formando de 8 a 13 células. La división celular cesa y la ampliación celular duplica el diámetro de la cabeza. Una glándula bulbosa comenzaría la secreción en o antes de la etapa de cabeza de 4 células. Las glándulas capitadas continúan desarrollando una estructura secretora más compleja. A medida que comienza la secreción, una membrana se separa de la superficie superior de la cabeza de la glándula, atrapando la resina exudada y dando a la cabeza una forma esférica. Si la glándula capitada debe ser acechada, se elevará sobre las células epidérmicas alargadas, elevando la cabeza hasta 500 micras por encima de la superficie epidérmica. (Hammond and Mahlberg, 1977.)

La ultraestructura cambiante de los tricomas glandulares en desarrollo refleja el mecanismo de secreción de resina. Las iniciales de las glándulas se distinguen de las células epidérmicas por un gran

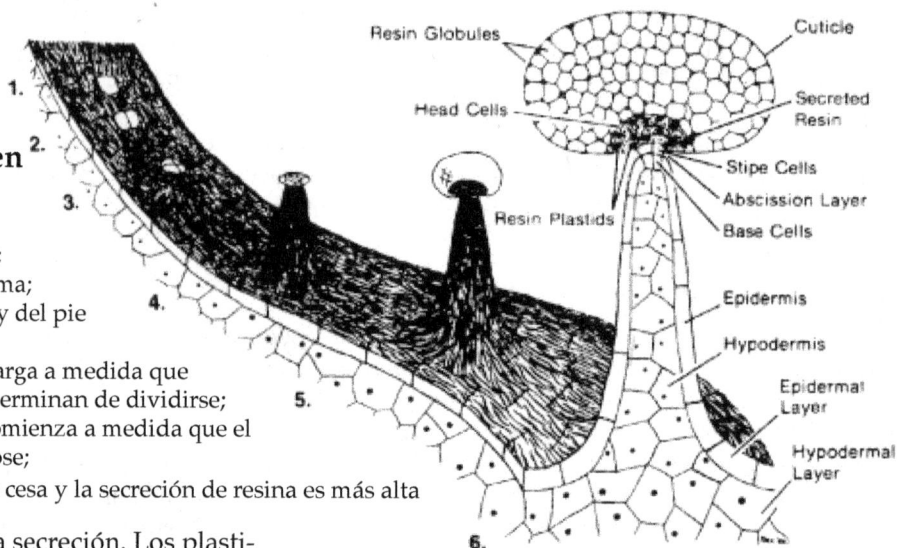

Desarrollo de capitado-acechaba en los tricomas.

1) Etapa de una sola célula;
2) División inicial del tricoma;
3) Las células de la cabeza y del pie se diferencian;
4) El tallo epidérmico se alarga a medida que las células de la cabeza terminan de dividirse;
5) La secreción de resina comienza a medida que el tallo continúa alargándose;
6) El alargamiento del tallo cesa y la secreción de resina es más alta

antes de que comience la secreción. Los plastidos en esta etapa tienen 0,01 micras de diámetro y carecen de un sistema lamelar granular. En el estadio de células 8 a l3, el citoplasma de las células secretoras es muy denso, posiblemente reflejando altos recuentos de ribosomas. Las mitocondrias y los plastidos densos y alargados son abundantes. Una vacuola central grande forma, posiblemente de la participación de ER. Porciones ramificadas y tubulares de ER proliferan a través del citoplasma. Justo antes de la secreción, un symplast (citoplasma continuo) se desarrolla entre las células de la cabeza mediante la eliminación de material de la pared celular en los sitios de plasmodesmata (poros en la pared celular) permitiendo el libre movimiento de orgánulos y resina.

La secreción comienza con la producción y extrusión de un fluido resinoso que se acumula entre las células de la cabeza y la membrana que cubre la estructura secretora. En este momento los cloroplastos en las células secretoras aumentan en número y tamaño. Los plastidos simples con estroma denso y pocas membranas desarrollan lentamente una inclusión membranosa paracristalina compleja a medida que maduran. Esta estructura paracristalina crece hasta ocupar casi toda el área del estroma y el plastido asume una forma esférica de 1,4 a 1,6 micras de diámetro. Los plastidos en las células del pie y de la base aparecen como cloroplastos típicos ligeramente alargados. El líquido resinoso aparece en la periferia de los plastidos jóvenes, y aumenta a medida que los plastidos maduran. Ninguna membrana rodea el fluido y se acumula en glóbulos que pueden contener otros productos secretores atraídos y atrapados a medida que migran a través del citoplasma a la superficie celular.

La cavidad secretora se forma por una ruptura de la capa media de la pared celular secretora externa, diferenciando las células de la cabeza y una membrana separada de cutículas y células epidérmicas. La extrusión se produce directamente a través de las paredes celulares de la cabeza y el mem celular-las branas y la resina parecen formar cuerpos esféricos de diferentes tamaños (de 4 a 5 micras y de 0,1 a 0,3 micras de diámetro) con cubiertas en forma de membrana después de la extrusión. (Hammond and Mahlberg, 1978.)

El aceite esencial de *Cannabis*, extraído de la resina y las estructuras asociadas, contiene al menos 103 hidrocarburos monoterpenos y sesquiterpenos junto con cetonas, alcoholes y ésteres (Turner et al., 1980). Muchos de estos terpenos son aromáticos y pueden influir en el sabor y el aroma de la resina de cannabis.

Los tricomas no glandulares son unicelulares y se encuentran en todas las partes de la planta, excepto en las raíces y pelos radiculares. Surgen como extensiones de células epidérmicas y se alargan de diez a veinte veces su espesor original, hasta un milímetro. En apariencia son largas, huecas y claras; se estrechan hasta una punta afilada, con el citoplasma y el núcleo restringidos a la base. El cristal de carbonato de calcio, de hasta 75 micras de diámetro, se encuentra dentro de la base de los tricomas, y la superficie exterior del tricoma está cubierta con muchas protuberancias afiladas o verrugosas. Se presentan tanto los tipos largo-delgado como corto-hinchado. Los tricomas están orientados de modo que sus puntos están todos dirigidos hacia arriba hacia el ápice del cáliz. Además de proporcionar protección física a los tejidos epidérmicos, los tricomas no glandulares también pueden proporcionar protección contra la desecación al reducir la libre circulación de la atmósfera contra los tejidos epidérmicos. Los tricomas también actúan como un elemento disuasorio para el ataque de insectos.

APÉNDICE V
Biosíntesis de Cannabinoides

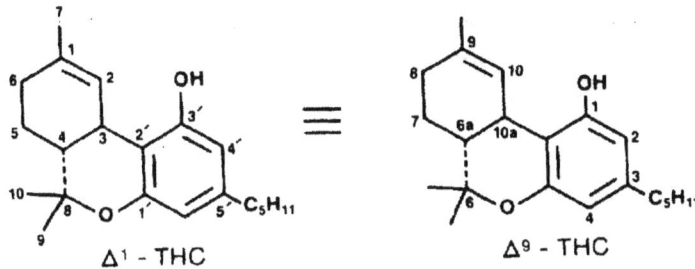

Δ^1 - THC

$\equiv$

Δ^9 - THC

En este texto, las formas A1 y A6 del THC son idénticas a las formas A9 o A8 del THC citadas en otra literatura. La notación diferente resulta de la adopción de diferentes sistemas de numeración por varios autores. Aunque ambos sistemas son técnicamente correctos, el sistema de numeración monoterpenoide se ha adoptado porque es más representativo de los terpenos involucrados en la biosíntesis de cannabinoides y es el sistema utilizado por Robert Mechoulam que elucidó la estructura del THC.

La biosíntesis de cannabinoides sigue siendo un área activa de investigación. Dado que se sabe que existen 61 cannabinoides diferentes, el esquema que se muestra aquí es una imagen simplificada: la realidad se complica por la probabilidad de que diferentes cepas de cannabis tengan diferentes vías. La vía a continuación fue propuesta por Mechoulam en 1970, y se muestra para los compuestos de pentilo (cinco carbonos). Existen vías similares para los compuestos de propilo (tres carbonos) y metilo (uno-carbonos).

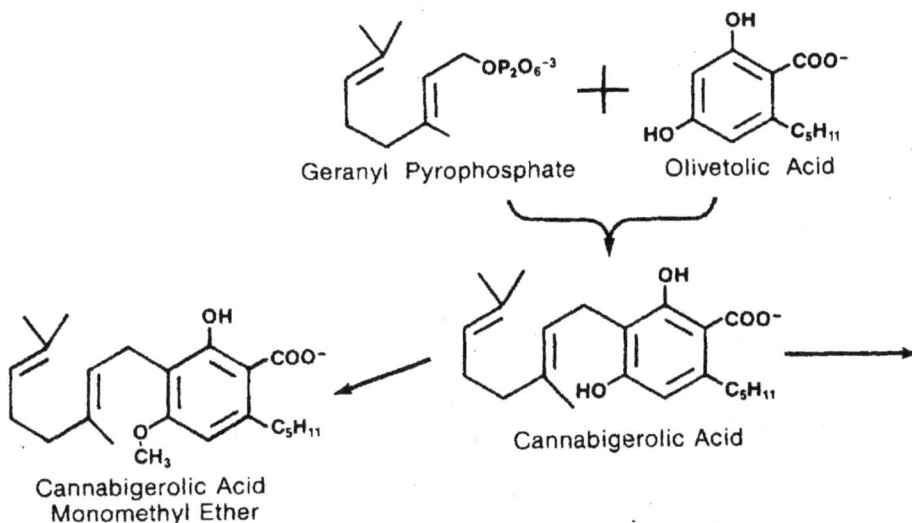

Geranyl Pyrophosphate   +   Olivetolic Acid

Cannabigerolic Acid

Cannabigerolic Acid
Monomethyl Ether

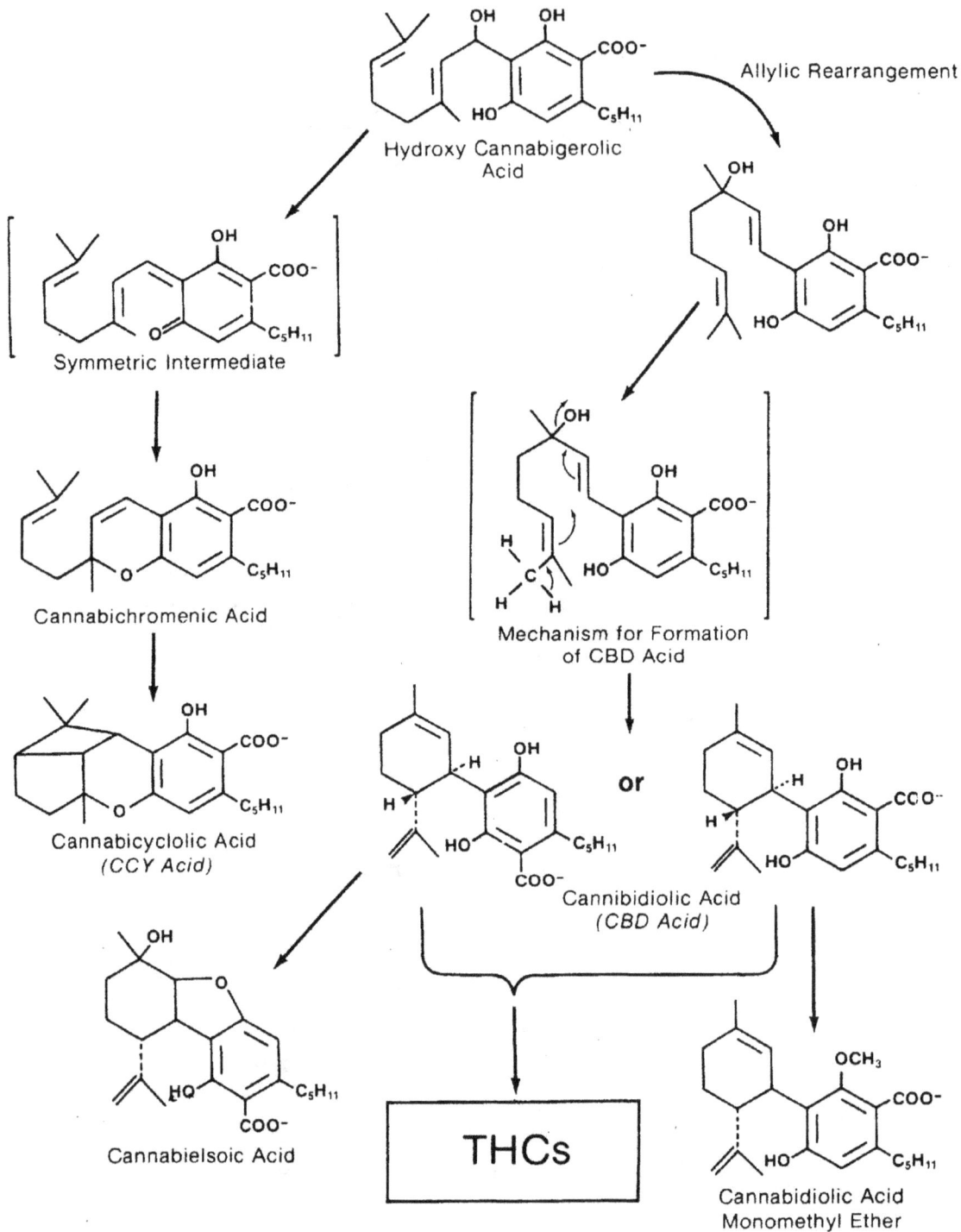

Hydroxy Cannabigerolic Acid

Allylic Rearrangement

Symmetric Intermediate

Cannabichromenic Acid

Cannabicyclolic Acid
(CCY Acid)

Mechanism for Formation
of CBD Acid

or

Cannibidiolic Acid
(CBD Acid)

Cannabielsoic Acid

THCs

Cannabidiolic Acid
Monomethyl Ether

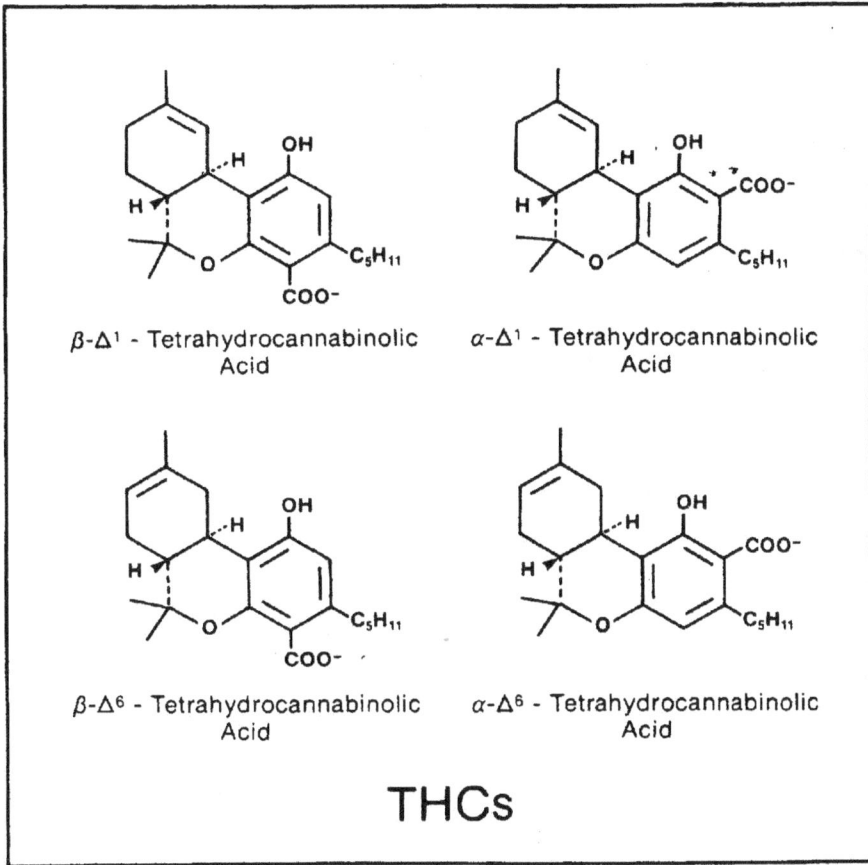

β-Δ¹ - Tetrahydrocannabinolic
Acid

α-Δ¹ - Tetrahydrocannabinolic
Acid

β-Δ⁶ - Tetrahydrocannabinolic
Acid

α-Δ⁶ - Tetrahydrocannabinolic
Acid

THCs

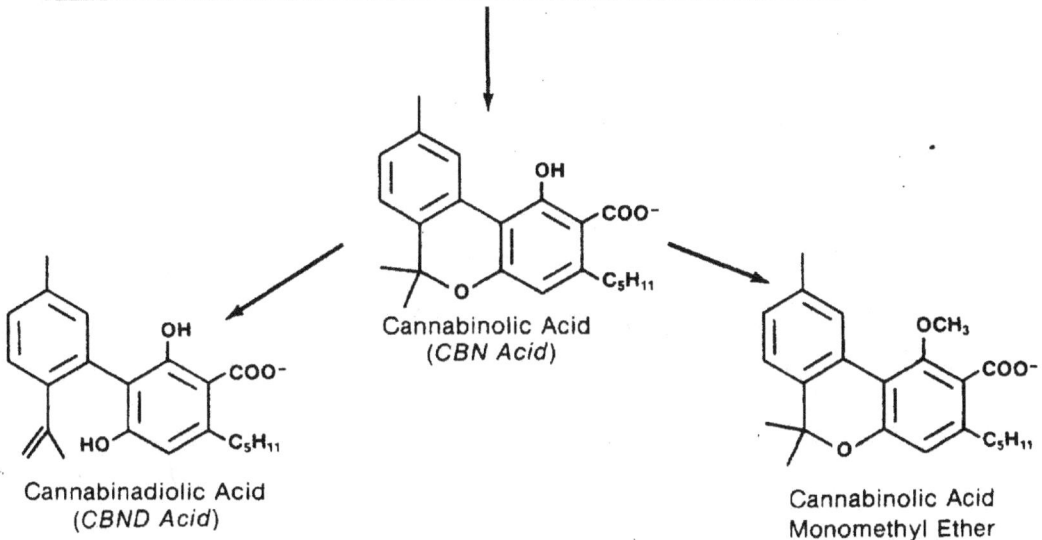

Cannabinolic Acid
(*CBN Acid*)

Cannabinadiolic Acid
(*CBND Acid*)

Cannabinolic Acid
Monomethyl Ether

APÉNDICE VI
Crecimiento y Floracion

Duración del día y crecimiento
del Cannabis
Los fotoperiodos largos
promueven
el crecimiento vegetativo más
rápido.
(adaptado de McPhee)

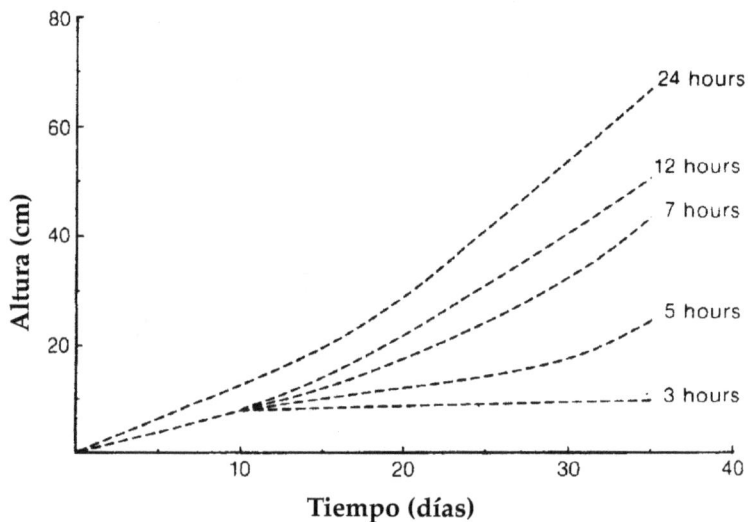

Duración del día y floración
en Cannabis
Períodos fotográficos más
largos inhiben
El inicio de la floración.
(adaptado de McPhee)

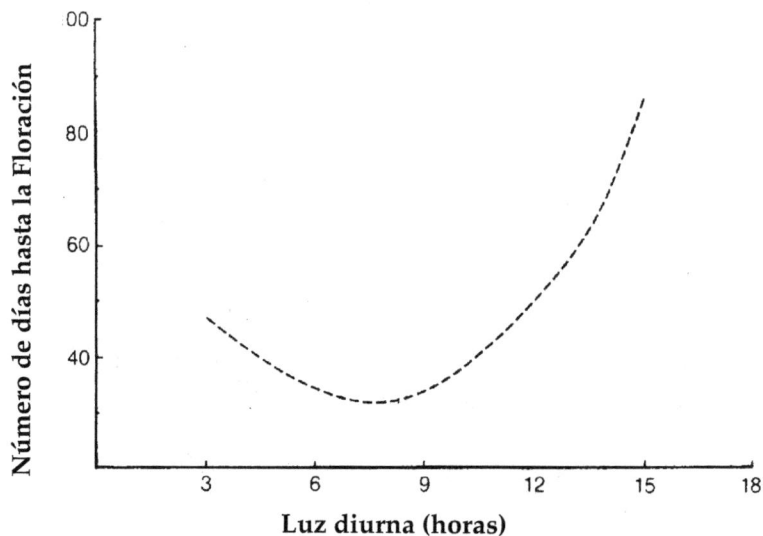

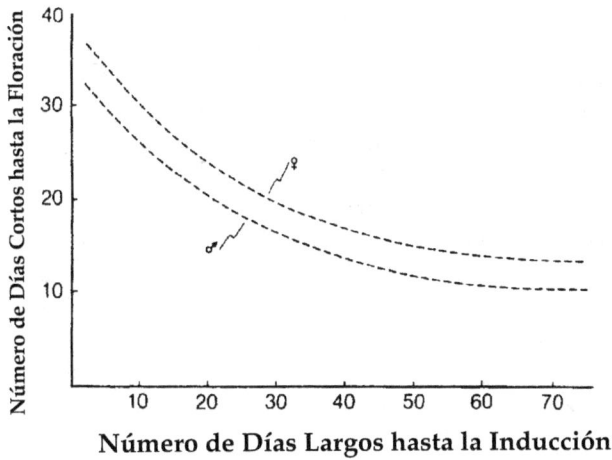

Inductive time until flowering
In Cannabis
The older the plant is the more
easily it is induced to flower.
(adapted from Heslop-Harrison)

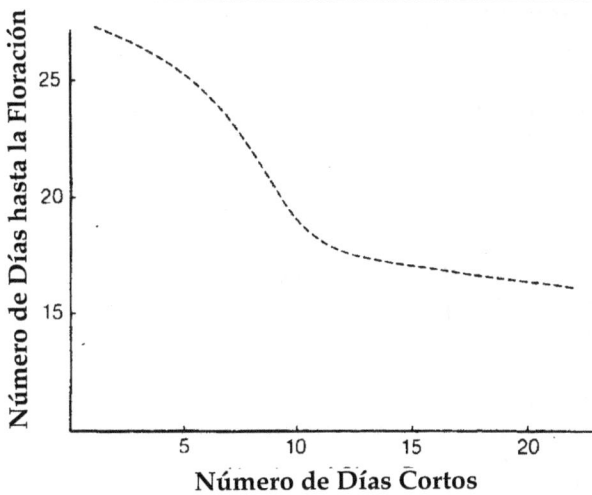

Efecto del número de cortos
Días de floración de Cannabis.
Cuanto mayor sea el número de
Fotoperíodos inductivos cuanto
antes florezca la planta.
(adaptado de Heslop-Harrison)

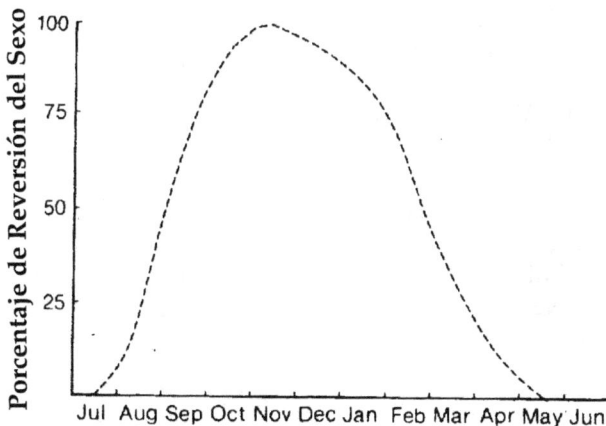

Inversión de sexo y fecha de
plantación En Cannabis.
Las plantas comenzaron en los días
cortos de invierno tienen el mayor
porcentaje de reversión del sexo.
(adaptado de Schaffner)

Glosario

La literatura científica contiene, como elemento notable en su vocabulario, una serie de términos técnicos. Si al científico se le negara el permiso para usar estos términos, no podría expresar sus pensamientos estrictamente científicos en absoluto; al usarlos cada vez más libremente, llega a expresarse con mayor y mayor facilidad y seguridad.
-
                  R. G. Collingwood
-

Los términos en este glosario se definen para su uso en la botánica del Cannabis. Muchos de ellos tienen significados más generales o específicos en otros campos.

ABA-abscísico

abaxial-orientado lejos del meristemo del tallo;   superficie inferior
cannabinoides accesorios-cannabinoides (CBC, CBD, CBN) que probablemente interactúan con los cannabinoides primarios (THCs) para alterar su efecto pigmento accesorio-pigmento distinto del pigmento primario (clorofila) que recoge la energía solar

aclimatarse-adaptarse a las nuevas condiciones ambientales

aquenio-una semilla de cáscara dura encerrada por una cáscara delgada simple cerrada

adnato de meristemo - unido en el margen raíces

adventicias-raíces que aparecen espontáneamente de tallos y raíces viejas

alternas filotaxia-hojas aparecen solas en una espiral suelta escalonada a lo largo del tallo

aneuploide - un organismo con un conjunto desequilibrado de cromosomas (es decir, 2n—1 o 2n+l)

antesis - el tiempo de maduración de una flor

antocianina-un pigmento accesorio, generalmente rojo o púrpura

anticlinal-perpendicular a la superficie apical-punta o posición superior arborescente-similar a un árbol

asexual propagación - reproducción vegetativa por clonación, produciendo descendencia con el genotipo idéntico al del padre soltero

auxinas-una clase de hormonas vegetales

back-crossing - cruce de una descendencia con uno de los padres para reforzar un rasgo parental

bráctea - pequeño prospecto reducido en Cannabis que aparece debajo de un par de cálices bulboso tricoma - tricoma glandular pequeño sin tallo

callo - grupo indiferenciado de células, que en las condiciones adecuadas se diferenciarán para producir raíces y tallos

cáliz - estructura carpélica de cinco partes de la flor estaminada; o, vaina tubular fusionada de cinco partes que rodea el óvulo y los pistilos de la flor pistilada cambium-capa de células que se divide y diferencia en xilema y floema cannabaceae-familia a la que solo el cannabis (marihuana) y el Humulus (lúpulo) pertenecen

cannabinoide-hidrocarburo cíclico que se encuentra solo en el Cannabis, derivado de una molécula de terpeno y una molécula de ácido cíclic

cannabinoides: relación y niveles de cannabinoides principales encontrados en un individuo o cepa de cannabis en particular

Cannabis - nombre del género de marihuana o cáñamo tricoma sésil-tricoma glandular productor de resina con un tallo
capitado-acechado tricomas de resina-la producción de tricomas glandulares sin tallo

"Captan" - un fungicida comercial
carotenoide pigmento - un pigmento accesorio, generalmente de color amarillo, naranja, rojo o marrón

carrier -portadora-una planta infectada con un virus pero que no presenta síntomas debido a su alta resistencia
    CBC-cannabicromeno
    CBD-cannabidiol
    CBDV-cannabidiverol
    CBG-cannabigerol
    CBN-cannabinol
    CBNV-cannabiverol
    CBT-cannabitriol
    CCY-cannabicyclol

celular clonación -propagación asexual de nuevos individuos a partir de pequeños grupos de células individuales, a diferencia de las capas o esquejes centrípetalmente-exteriormente desde el centro

Glosario

cerebral-perteneciente a la mente o la cabeza, quimiotipo mental - un fenotipo químico específico que en el Cannabis generalmente se basa en proporciones de canna-binoides

chemovars-cultivares o razas de Cannabis definidas por su composición química particular, clorosis-coloración amarillenta de los tejidos vegetales como resultado de la descomposición de la cadena cromosómica de clorofila del complejo de proteínas de ADN en el núcleo de una célula a lo largo de la cual se encuentran los genes clon - una descendencia producida asexualmente que preserva el genotipo parental

colchicina - una sustancia química peligrosa utilizada para inducir mutaciones poliploides en plantas **cotiledones**-hojas de semilla que están presentes en el embrión y aparecen por primera vez en la germinación día crítico - día máximo que inducirá la floración

cruce-apareamiento de dos organismos cruce sobre-conmutación de piezas enteras de material genético entre dos cromosomas cristaloides-glóbulos cristalinos en el cultivar citoplasma-una variedad de planta que se encuentra solo en el cultivo comercial

cutícula-recubrimiento de cera vegetal en la superficie de la epidermis

cuttage-enraizamiento de un pedazo de tallo (corte) extraído de una planta madre

c itoquinmas-una clase de sustancias para el crecimiento de las plantas (hormonas)

dagga-Cannabis Africano

damping - enfermedad de hongos transmitida fuera del suelo que ataca a las plántulas y plantas jóvenes

descarboxilación-pérdida de un grupo carboxilo (COOH) de una molécula filotaxia decusada: las hojas aparecen en pares opuestos a lo largo del tallo

dehiscencia-liberación de polen de los estambres al abrir la diferenciación de las flores estaminadas - (1) proceso de mezcla de reservas genéticas heterocigotas mediante el cruce para promover la variación en la descendencia. (2) desarrollo por una planta de tejidos especializados, por ejemplo, raíces, cálices, pistilos cruz **dihíbrida**-un cruce híbrido para dos rasgos dioicos-órganos estaminados y pistilados se desarrollan en plantas separadas

diploide - la 2n o condición vegetativa donde cada célula tiene los dos conjuntos habituales de cromosomas homólogos (en Cannabis 2n = 20)

desinfectante-un tratamiento que mata los organismos de la enfermedad en el exterior de la semilla o planta

domesticado-cultivado o que aparece espontáneamente en un área cultivada rasgo

dominante-el rasgo que se expresa en el fenotipo de un par de genes heterocigotos, indicado por mayúscula, es decir, "W" es dominante; "w" es recesivo riego por goteo-sistema de riego que suministra agua a las plantas individuales en pequeñas cantidades a intervalos regulares y frecuentes

ecosistema-comunidad de organismos que viven interde-pendentemente en el ambiente físico ecotipo-una cepa de planta adaptada a un nicho específico en el ecosistema

embolia-burbuja de aire en la corriente de transpiración de un corte

endospermo - tejido nutritivo contenido en la semilla

endotecio - capa subepidérmica de la pared del saco de polen

endozoico-interno

epicotilo-tallo entre los cotiledones y el primer par de hojas verdaderas capa **epidérmica**-capa externa de tejido vegetal epigámico-no controlada por genes **epinastia**-rizado descendente de cotiledones y hojas por la noche

esenciales aceites-compuestos con fuertes aromas contenidos en las resinas secretadas de las plantas

etiolación-crecimiento de una planta en total oscuridad para aumentar las posibilidades de iniciación radicular

F1 Generación - primera generación filial, la descendencia de dos plantas Ip (parentales)

F2 - segunda generación filial, resultante de un cruce entre dos plantas Fi

F1 híbrido-heterocigoto primera generación filial

fenotipo bruto-fenotipo compuesto de un organismo condición haploide, como en los gametos, cuando cada célula tiene la mitad del número habitual de cromosomas que se encuentran en las células vegetativas; abreviado En (en Cannabis In = 10)

fertilización - la unión del material genético de el polen (En) con material genético de la óvulo (In), restaurando la condición diploide (2n)

fijo rasgo - un rasgo homocigoto

floral-grupo de flores

GA3 - ácido giberélico

gameto-célula sexual haploide (In) del óvulo o polen, capaz de iniciar la formación de un nuevo individuo al combinarse con otro gameto " del sexo opuesto

ganja-palabra india para marihuana derivada de raci mos florales pistilados de gen de Cannabis-elemento del plasma germinal que controla la transmisión de una interacción genética característica hereditaria - el control de un rasgo por dos o más **genes**

génico-transferencia de pares génicos para rasgos separados juntos en **grupos** asociados en lugar de clasificar de forma independiente

genotipo-combinación de genes presentes en los cromosomas en el núcleo de cada célula, que a través de influencias ambientales determina el fenotipo exteriormente observable

germinal plasma -material genético contenido en semillas o polen

giberelina - una clase de la hormona del crecimiento vegetal que rodea-la eliminación de una tira de corteza o trituración del tallo de una planta para restringir el flujo de agua, nutrientes y productos vegetales

tricoma glandular-pelo de la planta que tiene una función secretora

GLC-cromatografía gaseosa-líquida globoides-gotas de aceite o resina en el citoplasma

gootee - antiguo invernadero de la técnica de capas de aire chino-una estructura que ofrece algún control ambiental para promover el crecimiento de la planta morfología bruta-forma de crecimiento general de un organismo

herbivoría-alimentándose de plantas por animales hermafrodita-un individuo de una cepa dioica de predominantemente un sexo que desarrolla órganos florales del otro sexo heteroblástico-de diversas formas

heterocigoto-la condición cuando los dos genes para un rasgo no son los mismos en cada miembro de un par de cromosomas homólogos; individuos heterocigotos para un rasgo se indican por una notación " Aa " o " aA " y no son verdaderos-cromosomas homólogos de cría-miembros del mismo par de cromosomas

homólogos-compuestos químicos de estructura similar

homocigoto-la condición que existe cuando los genes para un rasgo son los mismos en ambos cromosomas de un par homólogo; individuos homocigotos para un rasgo se indican por " AA " o " aa " y son verdaderos-reproducción

hormonas-plantas o sustancias de crecimiento son sustancias químicas producidas por las plantas en cantidades muy pequeñas que*" controlan el crecimiento y desarrollo de la planta-cinco o más clases de hormonas son reconocidas y parecen interactuar en casi todas las fases de desarrollo híbrido-un individuo heterocigoto resultante del cruce de dos cepas separadas

híbrido vigor - aumento del vigor en la descendencia resultante de la hibridación de dos grupos genéticos hibridación-proceso de mezcla de diferentes grupos genéticos mediante el cruce para producir descendencia de características parentales combinadas

hipocotilo-sección del tallo que surge del embrión debajo de la capa hipodérmica de cotiledones-capa media del tejido vegetal

IAA-ácido indoleacético, una auxina in vitro - "en vidrio", fuera del organismo **incompleta dominancia** - ninguno de los genes de un par es dominante

indexación-detección de un portador de virus mediante injertos de tejidos o **inyección** de fluidos vasculares en un clon no infectado

inductivo fotoperiodo - longitud del día necesaria para inducir la floración

inflorescencia-grupo de flores crecimiento intrusivo-crecimiento a través de un medio iso-diamétrico - que tiene diámetros iguales

kif-Palabra marroquí para hachís y Cannabis

laticifer - órgano secretor que contiene capas de látex-desarrollo de raíces en un tallo (capa) mientras todavía está unido y apoyado nutricionalmente por la planta madre lixiviación-lavado de la hoja del suelo-eliminación de hojas

bonificación-endurecimiento del tallo por la formación de lignina, un polímero duro

limbing-eliminación de miembros inferiores

lipofílico-un entorno químico en el que los componentes fatlike son fácilmente solubles lumina-espacios internos de la célula encerrados por las paredes celulares

Glosario

manicuring-removing leaves from floral clusters marihuana - droga producida ilegalmente Cannabis, originalmente una palabra española megaspore-seed

meiosis-reducción de la división de una célula diploide (2n) dando como resultado dos células hijas haploides (In) como en la formación de polen y óvulos

meristemo-área de división y crecimiento celular, es decir, punta de brote, punta de raíz y cambium meristem poda-eliminación de punta de brote para limitar la altura y promover la ramificación metilo-un grupo de 1 carbono micra-una millonésima parte de un metro (/j) microspora-polen mil-una milésima parte de una pulgada

mitosis-división de una célula diploide (2n) que resulta en dos células hijas diploides (2n) como en el crecimiento vegetativo normal

monoico - staminate y femeninas órganos se desarrollan en la misma planta

monohíbrido cruce-un cruce híbrido para solo uno rasgo

mutación-un cambio heredable en un gen

necrosis-muerte y decoloración del tejido nitrificación-conversión por los organismos del suelo del **nitrógeno** atmosférico a una forma que puede ser utilizada por la planta nucellus - tejido dentro del óvulo

ontogenia-curso del desarrollo orgánulos-estructuras dentro de una sola célula óvulo-sección de la flor femenina que contiene el haploide (In) gameto que formará una semilla sobre fertilización

Pi Generación- primera generación parental, los padres se cruzaron para formar Fj o Fj-partenocarpia descendencia híbrida-la producción de semillas sin fertilización

patógeno-un organismo que causa una enfermedad específica pedicelo - punto de unión del cáliz estaminado o pistilado

pentil grupo- a 5-carbono

perianto-capa exterior de la semilla, mostrando el color y el patrón de la semilla

pericarpio - cubierta protectora exterior de la semilla o cáscara periclinal-paralelo al perispermo superficial-región nutritiva del pH de la semilla - una medida de acidez-alcalinidad: 1 es más ácido, 14 es más alcalino y 7 es fenotipo neutro-características externamente medibles de un organismo determinadas por la interacción del genotipo individual con el

ambiente floema - tejido vascular de la raíz, el tallo y la hoja a través del cual se translocan el agua y los productos vegetales biosintéticos como azúcares, carbohidratos y sustancias de crecimiento fotosíntesis fotosíntesis - formación de carbohidratos por plantas verdes a partir de la luz solar, CO2 y filotaxia H20-el patrón de crecimiento y la forma de las hojas a lo largo de un tallo

phytotron-un área interior con amplios controles ambientales para el crecimiento experimental de plantas

pistilo - órganos femeninos pareados para la recepción de polen compuesto de un estigma fusionado y estilo pistilo-hembra

plasmodesmata-poros en las paredes celulares entre las células adyacentes

polinización-polen de un estambre que aterriza en el pistilo de una flor

polyembryony - la presencia de más de un embrión en un óvulo

polihíbrida cruz - una cruz híbrida para más de un rasgo

polimerización-unión de pequeñas moléculas en una cadena o red polimorfa-**poliploide** de diversas formas - la condición de múltiples conjuntos de cromosomas dentro de una célula (por ejemplo, 3n o 4n)

primordios-pequeños brotes (generalmente florales) que aparecen por primera vez detrás de las estípulas a lo largo del tallo principal y las extremidades

propil grupo- a 3-carbono

protector - un tratamiento a largo plazo para matar organismos de enfermedades presentes en el suelo alrededor de la semilla o planta de protoplastos - contenido de la celda

poda-eliminación de tejidos vivos como meri-tallos o pequeñas extremidades de las **plantas**

psicoactivo-que afecta a la conciencia o psique

pura raza - un individuo homocigoto resultante de la endogamia de una cepa

radícula-punta de la raíz embrionaria

rasgo recesivo - el rasgo que no se expresa en el fenotipo de los heterocigotos par de genes, pero sólo se expresa en un homocigoto recesivo par de genes

radícula-punta de la raíz embrionaria

rasgo recesivo - el rasgo que no se expresa en el fenotipo de los heterocigotos par de genes, pero sólo se expresa en un homocigoto recesivo par de genes

recombinación-formación en la descendencia de nuevos pares de genes diferentes de los pares encontrados en cualquiera de los padres

rejuvenecimiento-crecimiento en una planta madura, florecida de tal manera que el nuevo crecimiento es juvenil, extremidades preflorales

retting-la descomposición de los tejidos y la capa epidérmica que unen las fibras en haces para que las fibras individuales se liberen

roguing-eliminación de plantas indeseables de una población

salvaje-maleza, escapado, naturalizado, o indígena

scion-punta del vástago del vástago utilizada en una

selección de injertos: elección de descendientes favorables como padres para las generaciones

senescencia-la declinación hacia la muerte del organismo

sessile-unido rasante con el sexo superficial limitado-un rasgo expresado por solamente un acoplamiento del sexo del sexo-genes que ocurren en los cromosomas del sexo

sexual propagación-reproducción por recombinación de material genético de dos padres a través de la unión de dos gametos

sinsemilla-la frase sin semilla es española, originaria de México, y significa literalmente "sin semilla" ; la palabra inglesa sinsemilla significa marihuana pistilada madura cultivada mediante la eliminación de plantas masculinas para evitar la polinización atmósfera del

suelo-porción gaseosa del suelo solución del

suelo-porción líquida del suelo

somática-perteneciente al cuerpo físico tejido

sporógeno, - tejido relacionado con el desarrollo de esporas (polen)

sport-**planta** o porción de una planta que lleva y expresa una mutación espontánea estambre - órganos masculinos productores de polen que constan de dos partes: estamenoia antera y filamento-preocupación excesiva y prematura por parte de un cultivador que las plantas estaminadas podrían polinizar el precioso estambre de cultivo sinsemilla-macho, que posee estambres estípula-bractlet

reducido a ambos lados del pecíolo en el tallo y subtendiendo cada tallo de cáliz - sección del tallo con raíces unidas utilizadas en un injerto

stomate-pore en la superficie epidérmica de una planta que permite el intercambio de aire y vapor de agua

strain- una línea de descendencia derivada de antepasados comunes

subtienda - encuentra a continuación

symplast-citoplasma continuo compartido por varias células

simplástica crecimiento acompañado por el crecimiento de los tejidos circundantes

raíces sistémicas-raíces que aparecen a lo largo del sistema radicular en desarrollo originadas en el embrión

tapetum-capa nutritiva interna del saco de polen pared

terpeno - molécula orgánica de fuerte aroma

testa-cubierta que rodea el embrión de la semilla

tetraheclral-agrupados en cuatro o con cuatro lados

tetralocular-que tiene cuatro secciones como en un tetraploide antera-que tiene cuatro conjuntos de cromosomas (4n) en contraste con la condición diploide habitual (2n)

THC- tetrahidrocannabinol

THCV - tetrahidrocannabiverol

TLC - cromatografía de capa delgada

top mulching-preparación de la superficie del suelo con compost u otro material orgánico para suministrar nutrientes, agregar espacio en las raíces y reducir la pérdida de agua por evaporación

traza-área pequeña de tejido vascular que conecta dos porciones similares del sistema vascular, como el xilema del tallo y el xilema de la hoja

trellising-método de alteración de la forma y el tamaño a través de la restricción física del crecimiento (es decir, atar la planta a un marco de alambre)

tricoma-pelo de la planta

triploide-tener tres conjuntos de cromosomas (3n) en contraste con la condición diploide habitual (2n) verdadero-reproducción-homocigoto para el rasgo o rasgos particulares

vacuola-espacio dentro de una célula separada del citoplasma

verticilada filotaxia-aparecen tres o más miembros por nodo

xilema-tejido vascular de las raíces, tallos y hojas a través del cual el agua y los nutrientes fluyen hacia arriba desde las raíces

Bibliografía

Adams, R., Hunt, M., and Clark, J. H. 1940. Estructura del cannabidiol, un producto aislado del extracto de marihuana de Minnesota wild hemp. I. *Journal of the American Chemical Society* 62: 196-200.

Adams, R., Pease, D. C, and Clark, J. H. 1940. Isolation of cannabidiol and quebrachitol from red oil of Minnesota wild hemp. *Journal of the American Chemical Society* 62: 2194.

Adams, R., Baker, B. R., and Wearn, R. B. 1940. Estructura del cannabinol. III. Síntesis de canna-binol, l-hidroxi-3-n-amil-6,6,9-trimetil-6-di-benzopiran. *Journal of the American Chemical Society* 62: 2204-7.

Adams, R., and Baker, B. R. 1940. Estructura del cannabinol. IV. Síntesis de dos isómeros adicionales que contienen un residuo resorcinal. *Journal of the American Chemical Society* 62: 2208-14.

Adams, R., Wolff, H., Cain, C. K., and Clark, J. H. 1940. Estructura del cannabidiol. V. Posición de los dobles enlaces alicíclicos. *Journal of the American Chemical Society* 62: 2215-19.

Adams, R., Pease, D. C, Cain, C. K., and Clark, J. H. 1940. Estructura del cannabidiol. VI. Iso-merización del cannabidiol a tetrahidrocannabinol, un producto fisiológicamente activo. Conversión de cannabidiol a cannabinol. *Journal of the American Chemical Society* 62: 2402-5.

Adams, R., Cain, C. K., McPhee, W. D., and Wearn, R. B. 1941. Estructura del cannabidiol. XII. Iso-merización a tetrahidrocannabinoles. *Journal of the American Chemical Society* 63: 2209-13.

Aguar, O. 1971. Examen de extractos de cannabis para componentes alcaloides. Scientific Research on Cannabis ST / SOA / SER S / 28, U. N. Documents.

Aldrich, M. R. 1977. El consumo de cannabis tántrico en la India. *Journal of Psychedelic Drugs* 9 (3): 227-33.

Allwardt, H., Babcock, A., Segelman, B., and Cross, M. 1972. Estudios fotoquímicos de constituyentes de marihuana (Cannabis). *Journal of Pharmaceutical Sciences* 61(12): 1994-96.

Anderson, L. C. 1974. A study of systematic wood anatomy in Cannabis. *Harvard Botanical Museum Leaflets,* Harvard University 24 (2): 29-36.

Arpino, P. J., and Krier, P. 1980. Análisis de LC / MS en estudios forenses. Análisis del extracto de hojas de Cannabis. *Journal of Chromatographic Science* 18:104.

Aye, U. 1978. Indian hemp eradication campaign in Burma and the characterization of Burmese hemp type by thin-layer chromatography. Un informe de caso. *Forensic Sciences International* 12: 145-49.

Bailey, K. 1978. Formación de olivetol durante la cromatografía de gases de cannabinoides. *Journal of Chromatography* 160: 288-90.

Bailey, K. 1979. The value of the Duquenois test for Cannabis-a survey. *Journal of Forensic Sciences* 24: 817-41.

Bailey, L. H. 1942. *The standard cyclopedia of horticulture* (en inglés). Nueva York: Macmillan Publishing, pp. 377-84.

Bailey, L. H -, and Bailey, E. Z. 1976. *Hortus tercero.* Nueva York: Macmillan Publishing, pp. 217-18.

Baker, P. B., and Fowler, R. 1978. Aspectos analíticos de la química del Cannabis. *Proceedings of the Analytical Division Chemical Society.* p 347-49.

Baker, R., and Phillips, D. J. 1962. Obtención de stock libre de patógenos por cultivo de punta de disparo. *Phytopathology* 5: 1242-44.

Ballard, C. W. 1915. Notes on the histology of an American Cannabis (en inglés). *The Journal of the American Pharmaceutical Association* 4: 1299-1307.

Bazzaz, F. A., and Dusek, D. 1971. Fotosíntesis, respiración, transpiración y contenido de THC A9 de poblaciones tropicales y templadas de Cannabis sativa. *American Journal of Botany* 58: 462.

Bazzaz, F. A., Dusek, D., Seigler, D. S., and Haney, A. W. 1975. Photosynthesis and cannabinoid content of template and tropical populations of Cannabis sativa. *Biochemical Systematics and Ecology* 3: 15-18.

Bercht, C. A. L., and Salemink, C. A. 1969. Sobre los principios básicos del Cannabis. Scientific Research on Cannabis ST / SOA / SER S / 21, U. N. Documents.

Bercht, C. A. L., Kiippers, F. J, E. M., Lousberg, R. J. J. Ch., and Salemink, C. A. 1971. Volatile constituents of Cannabis sativa L. Scientific Research on Cannabis ST / SOA / SER S / 46, U. N. Documents.

Bercht, C. A. L., Lousberg, R. J. J. Ch., Kiippers, F. J. E. M., and Salemink, C. A. 1973. Análisis del llamado aceite de hachís verde. Scientific Research on Cannabis ST / SOA / SER S / 46, UN. Documento.

Bercht, C. A. L., Lousberg, R. J. J. Ch., Kiippers, F. J. E. M., and Salemink, C. A. 1973. L-(+) - isoleucina betaína en semillas de cannabis. *Phyto-chemistry* 12: 2457-59.

Bercht, C. A. L., Lousberg, R. J. J. Ch., Kiippers, J. E. M., Salemink, C. A., Vree, T. B., and Van Rossum, J. M. 1973. VII. Identification of can-nabinol methyl ether from hashish. *Journal of Chromatography* 81: 163-66.

Bercht, C. A. L., Lousberg, R. J. J. Ch., Kiippers, F. J. E. M., and Salemink, C. A. 1974. Canna-bicitran: un nuevo diether tetracíclico natural del Cannabis sativa libanés. *Phyto-chemistry* 13: 619-21.

Bercht, C. A. L., Dongen, J. P. C, Muan, H. W., Lousberg, R. J. J. Ch., and Kiippers, F. J. E. M. 1976. Cannabispirone y cannabispirenone, dos espiro-compuestos naturales. *Tetrahedron* 32: 2939-43.

Bercht, C. A. L., Samrah, H. M., Lousberg, R. J. J. Ch., Theuns, H., and Salemink, C. A. 1976. Aislamiento de vomifoliol y dihidrovomifoliol del Cannabis. *Phytochemistry* 15: 830-31.

Bercht, C. A. L., see also Kiippers et al.

Bernier, G. 1970. *Aspectos celulares y moleculares de la inducción floral.* Don Mills, Ont., Canadá: Longman Group Ltd. p 25-26, 68, 206, 474, 478-79.

Bessey, E. A. 1928. Efecto de la edad del polen sobre el sexo del cáñamo. *American Journal of Botany* 15: 405-30.

Beutler, J. A., and der Marderosiam, A. H. 1978. Chemotaxonomy of Cannabis. I. Cruce entre Cannabis sativa y C. ruderalis, con análisis de contenido de cannabinoides. *Economic Botany* 32 (4): 387-94.

Billets, S., El-Feraly, F. S" Fetterman, P. S., and Turner, C. E. 1976, Constituents of Cannabis sativa L. XII—mass spectral fragmentation patterns for some cannabinoid acids as their TMS derivatives. *Organic Mass Spectrometry* 11: 741-51.

Black ,C. A. * 1§45. Efecto de los fertilizantes comerciales sobre la expresión sexual del cáñamo. *Botanical Gazette* 107: 114-20.

Black, C. A., and Vessel, A. J. 1944. The response of hemp to fertilizers in Iowa (en inglés). *Proceedings-Soil Science Society of America*, pp. 179-84.

Boeren, E. G., Elsohly, M. A., Turner, C. E., and Salemink, C. A. 1977. B-Cannabispiranol: un nuevo fenol no cannabinoide de Cannabis sativa L. *Experientia* 33: 848.

Boeren, E. G., Elsohly, M. A., and Turner, C. E. 1979. Cannabiripsol: a novel Cannabis constituent (en inglés). *Experientia* 35: 1278-79,

Boeren, E. G., see also El-Fery et al., Elsohly et al., y Turner et al.

Borthwick, H. A., and Scully, N. J. 1954. Respuestas fotoperiódicas de cáñamo. *Botanical Gazette* 116: 14-29.

Bouquet, J. R. 1950. Cannabis. *Bulletin on Narcotics* 2: 14-30.

Bouquet, J. R. 1951. Cannabis. *Bulletin on Narcotics* 3: 22-45.

Breslavetz, L. P. 1934. Desarrollo anormal de polen en diferentes razas e injertos de cáñamo. *Genetica* 17: 154-69.

Breslavetz, L. P. 1937. Investigaciones sobre el desarrollo de la flor en el cáñamo cuyo sexo se ha cambiado bajo la influencia del fotoperiodismo. *Genetica* 19: 393-410.

Briosi, G., and Togninir F. 1894. Intorno alia ana-tomia della canapa (Cannabis sativa L.) parte prima-organi sessual. Atti delv Instituto Botan-Pav di Pavia, serie I, vol. III. Briosi, G., and Tognini, F. 1897. Intorno alia ana-tomia della canapa (Cannabis sativa L.) parte seconda-organi vegetativi. Atti dell ' Instituto Botanico di Pavia, serie n, vol. IV..

Burbank, L. 1914. Luther Burbank: *sus métodos y descubrimientos y su aplicación práctica.* vol. 8. Nueva York: Burbank Press, p. 108.

Burstein, S., Taylor, P., El-Feraly, F. S., and Turner, C. E. 1976. Prostaglandinas y Cannabis-V. Identificación del p-vinilfenol como un potente inhibidor de la síntesis de prostaglandinas. B*iochemical Pharmacology* 25: 2003-4.

Burstein, S., see also Mechoulam et al.

Caddy, B., and Fish, F. 1967. A screening technique for Indian hemp (Cannabis sativa L.). *Journal of Chromatography* 31: 584-87.

Cain, S.A. 1977. *Foundations of plant geography* (en inglés). Nueva York: Harper and Brothers, p. 415.

Carew, D. P. 1970. Un estudio cualitativo de Cannabis de varias fuentes geográficas. *Lloydia Proceedings* 33(4):493.

Ceapoiu, N. 1958. *Cinepastudiu monografic,* Re-publici Popularare Romine: Editura academie.

Chan, W. R., Magnus, K. E., and Watson, H. A. 1976. The structure of cannabitriol, E*xperientia* 32(3):283-84.

Chance, M. 1979. Global grass routes (en inglés). *High Times* 49: 83-89, hiesa, E. P., Rondina, R. V. D., and Coussio, J. D. 1973. Composición química y actividad potencial de la marihuana argentina. Journal of Pharmacy and Pharmacology 25: 953-56.

Chopra, I. C, and Chopra, R. N. 1957. The use of Cannabis drugs in India. Bulletin of Narcotics 9 (l): 4-29.

Clark, M. N., and Bohm, B. A. 1979. Variación flavonoide en Cannabis L. Botanical Journal of the Linnean Society 79: 249-57.

Clarke, R. C. 1977. The botany and ecology of Cannabis (en inglés). Ben Lomond, CA: Pods Press.

Claussen, U., and Korte, F. 1966. Herkunft, Wir-kung und Synthese der Inhaltsstoffe des Has-chisch. Die Naturwissenschaften 53(21): 541-46.

Claussen, U., Spulak, F. von, and Korte, F. 1966. Zur chemischen Klassifizierung von Pflanzen-XXXI, Haschisch-X, Cannabichromen, ein neuer Haschisch-Inhaltsstoff. Tetrahedron 22:1477-79.

Claussen, U., Spulak, F. von, and Korte, F. 1966. Haschisch XIV zur Kenntnis der Inhaltsstoffe des Haschisch. Tetrahedron 24:1021-23.

Claussen, U., and Korte, F. 1968. Haschisch XVI. Phenolische Inhaltsstoffe der Hanfpflanze und ihre Umwandlung zu Haschisch-Inhaltsstoffen. Liebigs Annals of Chemistry 713: 166-74.

Coffman, C. B., and Gentner, W. A. 1974. Cannabis sativa L.: efecto del tiempo de secado y la temperatura sobre el perfil cannabinoide del tejido foliar almacenado. Bulletin on Narcotics 26 (l): 67-70.

Coffman, C. B., and Gentner, W. A. 1975. Perfil de cannabinoides y absorción elemental de Cannabis sativa L. como influenciado por las características del suelo. Agronomy Journal 67: 491-97.

Coffman, C. B., and Gentner, W. A. 1980. Respuestas bioquímicas y morfológicas de Cannabis sativa L. a aplicaciones postemergentes de paraquat. Agronomy Journal 72: 535-37.

Coutts, R. T., and Jones, G. R. 1978. A comparative analysis of Cannabis material. Journal of Forensic Sciences 15: 291-302.

Crombie, L., and Ponsford, R. 1968a. Synthesis of hashish cannabinoids by terpenic cyclisation. Chemical Communications 15: 894-95.

Crombie, L., and Ponsford, R. 19686. Componentes de hachís. Producción fotoquímica de can-nabicyclol a partir de cannabicromeno. Tetrahedron Letters 55: 5771-72.

Crombie, L., and Crombie, W. L. 1975a. Cannabinoid bis-homologues miniaturised synthesis and GLC study. Phytochemistry 14: 213-20.

Crombie, L., and Crombie, W. L. 1975b. Cannabinoid formation in Cannabis sativa injerted inter-racially, and with two Humulus species. Phytochemistry 14: 409-12.

Crombie, L., Crombie, W. L., and Jamieson, S. V. 1979. Isolation of cannabispiradienone and cannabidihydrophenantrene, Biosynthetic relationships between the spirans and dihydro-stilbenes of Thailand Cannabis. Tetrahedron Letters 7:661-64. Servicio de Investigación de Cultivadores,

Cultivators Research Service. 1976. Metodología para el cultivo controlado de Cannabis en interiores sativa. New York: Cultivators Research Service.

Darwin, C. R. 1873. El origen de las especies por medio de la selección natural. Londres: J. Murray, pp 326-27

Darwin, C. R. 1881. El poder del movimiento en las plantas. Nueva York: Da Capo Press, pp 250, 307, 444.

Datta, S. C. 1965. A handbook of systematic botany (en inglés). Nueva York: Asia Publishing House.

Davalos, S., Boucher, F., Fournier, G,, and Paris, M. 1977. Análisis de una población de Cannabis sativa L. originaria de México y cultivada en Francia. Experientia 32 (12): 1562-63.

Davalos, S. G., Fournier, G., Boucher, F., and Paris, M. 1977. Contribution a l'etude de la marihuana Mexicaine. Etudes preliminaries: can-nabinoides et huile essentielle. Journal Pharma-cie Belique 32 (l): 89-99.

Davis, G. L. 1966. Embriología sistemática de las angiospermas. New York: John Wiley and Sons.

Davis, P. H., and Haywood, V. H. 1963. Principles of angiosperm taxonomy (en inglés). Princeton, NJ: D. Van Nostrand.

Davis, T. W. M., Farmilo, C. G., and Osadchuk, M. 1963. Identification and origin determinations of Cannabis by gas and paper chromatography. Analytical Chemistry 35 (6): 751.

Dayanandan, D., and Kaufman, P. B. 1976. Tri-chomes de Cannabis sativa L. (cannabaceae). American Journal of Botany 63 (5): 578-91.

Dimock, A. W. 1962. Obtención de stock libre de patógenos mediante técnicas de corte cultivadas. Fitopatología b .1239-41.

Doorenbos, N. J., Fetterman, P. S., Quimby, M. W., and Turner, C. E. 1971a. Cultivation, extraction and analysis of Cannabis sativa L. Annals New York Academy of Sciences 191:3-14.

Doorenbos, N. J., Fetterman, P. S., Quimby, M. W., and Turner, C. E. 19716. Informe al comité de problemas de drogodependencia. National Academy of Sciences, Division of Medical Sciences, National Research Council, vol. 2.

Doorenbos, N. J. * see also Fetterman et al., Masoud et al., Quimby et al., Slatkin et al., y Snellen etal.

Downs, J. R. 1975. Ambientes controlados para la investigación vegetal. New York: Columbia University Press.

Drake, B. 1970. *The cultivators handbook of marijuana.* Eugene,"OR: Agrarian Reform Company.

Drake, W. D., Jr. 1971. *The Connoisseur's Handbook of Marijuana.* San Francisco: Straight Arrow Books.

Drake, W. D., Jr. 1974. *The International Cultivators Handbook.* Berkeley: Wingbow Press.

Drake, W. D., Jr. 1979. *Marijuana: the Cultivators Handbook.* Berkeley: Wingbow Press.

Eames, A. J. 1961. *Morphology of the Angiosperms.* New York: McGraw-Hill. p. 141.

Edes, R. T. 1893. *Cannabis indica. Boston Medical and Surgical Journal* 129(11):273.

El-Feraly, F. S., and Turner, C. E. 1975. Alkaloids of *Cannabis sativa* leaves. *Phytochemistry* 14: 2304.

El-Feraly, F. S., Elsohly, M. A., and Turner, C. E. 1977. Anisaldehyde as a spray reagent for can-nabinoids and their methyl ethers. *Acta Phar-maceutica Jugoslavica.* 27:43-46

El-Feraly, F. S., Elsohly, M. A., Boeren, E. G., Turner, C. E., Ottersen, T., and Aasen, A. 1977. Crystal and molecular structure of cannabispiran and its correlation to dehydrocannabispiran, two novel *Cannabis* constituents. *Tetrahedron* 33:2373-78.

El-Feraly, F. S., *see also* Billets et al., Burstein et al., El-sohly et al., and Ottersen et al.

Elsohly, M. A, and Turner, C. E. 1976a. A review of nitrogen containing compounds of *Cannabis sativa* L. *Pharmaceutisch Weekblad* 111(43): 1069-75.

Elsohly, M. A., and Turner, C. E. 1976b. Anhydro-canna-bisativine: a new alkaloid isolated from *Cannabis sativa* L. *Scientific Research on* Cannabis ST/SOA/SER S/53, U.N. Documents.

Elsohly, M. A., and Turner, C. E. 1977. Screening of *Cannabis* grown from seed of various geographical origins for the alkaloids hordenine, cannabisativine and anhydrocannabisativine. *Scientific Research on* Cannabis ST/SOA/SER S/54, U.N. Documents.

Elsohly, M. A, El-Feraly, F. S., and Turner, C. E. 1977. Isolation and characterization of (+)-cannabitriol and (—)-10-ethoxy-9-hydroxy-j^P^^-tetrahydro-cannabinol: two new cannabi-noids from *Cannabis sativa* L. extract. *Lloydia* 40(3):275-80.

Elsohly, M. A, Turner, C. E., Phoebe, C. H., Jr., Knapp, J. E., Schiff, P. L., and Slatkin, D. J. 1977. Anhydrocanna-bisativine, a new alkaloid from *Cannabis sativa* L. *Experiencia* 15(9): 1127-28.

Elsohly, M. A., Turner, C. E., Phoebe, C. H., Jr., Knapp, J. E., Schiff, P. L., and Slatkin, D. J. 1977. Anhydrocan-nabisativine, a new alkaloid de Cannabis Sativa L. *Journal of Pharmaceutical Sciences* 67(1):124.

Elsohly, M. A., Boeren, E. G., and Turner, C. E. 1978. Constituyentes de Cannabis sativa L. Un método mejorado para la síntesis de dl-cannabicromeno. *Journal of Heterocyclic Chemistry* 15: 699-700.

Elsohly, M. A., see also Boeren et al., El-Feraly et al., and Turner, C. E. et al.

Emboden, W. A., Jr. 1972. *Plantas Narcóticas.* Nueva York: Macmillan.

Emboden, W. A., Jr. 1974. Cannabis-un género politípico. *Economic Botany* 28 (3): 304-10.

Emboden, W. A. 1977. A taxonomy for Cannabis (carta al editor). *Taxon* 26 (1): 110.

Esau, K. 1953. *Anatomía de las plantas.* New York: John Wiley and Sons. p. 155.

Faber, C. E. 1974. *A guide to growing Cannabis under fluorescents* (en inglés). San Rafael, CA: Flash Post Express Company.

Fahn, A. 1974. *Anatomía de las plantas.* Elmsford, NY: Pergamon Press, pp. 99-114.

Fairbairn, J. W. 1972. The trichomes and glands of Cannabis sativa L. *Bulletin on Narcotics* 24(4): 29-33.

Fairbairn, J. W., Liebmann, J. A., and Simic, S. 1971. El contenido de tetra-hydro-cannabinol de la hoja de cannabis. *Journal of Pharmacy and Pharmacology* 23: 558-59.

Fairbairn, J. W., and Liebmann, J. A. 1973. La extracción y estimación de los cannabinoides en Cannabis sativa L. y sus productos. *Journal of Pharmaceutical Pharmacology* 25: 150-55.

Fairbairn, J. W., and Liebmann, J. A. 1974. El contenido de cannabinoides del Cannabis sativa L. cultivado en Inglaterra. *Journal of Pharmaceutical Pharmacology* 26: 413-19.

Fairbairn, J. W., see also Rowan et al.

Farmilo, C. G. 1961. A review of some recent results on chemical analysis of Cannabis. Scientific Research on Cannabis ST / SOA / SER S / 4, U. N. Documents.

Farmilo, C. G. 1962. Estudios sobre el análisis químico de la marihuana, biogénesis, cromatografía de papel, cromatografía de gases y país de origen. Scientific Research on Cannabis ST / SOA / SER S / 7, U. N. Documents.

Farnsworth, N. R. 1969. Pharmacognosy and chemistry of Cannabis sativa (en inglés). *Journal of the American Pharmaceutical Association* NS9 (8): 410-14.

Farnsworth, N. R., see also Kubena et al.

de Faubert Maunder, M. J. 1969. Cromatografía simple de los componentes del cannabis. *Journal of Pharmaceutical Pharmacology* 21: 334-35.

Bibliografía

de Faubert Maunder, M. J. 1970. A comparative evaluation of the A9-tetrahydrocannabinol content of Cannabis plants. *Journal of the Association of Public Analysis* 8: 42-47.

de Faubert Maunder, M. J. 1974. Preservación de cromatogramas de capa delgada de Cannabis. Journal of Chromatography 100:196-99. ↑Fenselau, C, y Hermann, G. 1972. Identificación de fitoesteroles en extracto de aceite rojo de Cannabis. *Journal of Forensic Sciences* 17: 309-12.

Fetterman, P. S., Doorenbos, N. J., Keith, E. S., and Quimby, M. 1971. A simple gas liquid chromatography procedure for determination of cannabinoidic acids in Cannabis sativa L. *Experientia* 27(8):988-90.

Fetterman, P. S., Keith, E. S., Waller, C. W., Guerrero, O., Doorenbos, N. J., and Quimby, M. W. 1971. Mississippi-grown Cannabis sativa L.: preliminary observations on chemical definition of phenotype and variations in tetrahydrocannabinol content versus age, sex, and plant part. *Journal of Pharmaceutical Sciences* 60 (8): 1246-49.

Fetterman, P. S., and Turner, C. E. 1972. Constituents of Cannabis sativa L. I: propyl homologs of cannabinoids from an Indian variant. *Journal of Pharmaceutical Sciences* 61 (9): 1476-77.

Fetterman, P. S., Hadley, K., and Turner, C. E. 1973. Constituents of Cannabis sativa L. VI: propyl homologs in samples of known geographical origin. *Journal of Pharmaceutical Sciences* 62 (10): 1739-41.

Field, B. I., and Arndt, R. R. 1980. Cannabinoid compounds in South African Cannabis sativa L. *Journal of Pharmaceutical Pharmacology* 32: 21-24.

Fleming, D. 1974. Una guía completa para cultivar marihuana. San Diego, CA: *Sundance Press.*

Fonseka, K" Widman, M., and Agurel, S. 1976. Separación cromatográfica de cannabinoides y sus derivados monooxi genados. *Journal of Chromatography* 120 (2): 343-48.

Fowler, R., Gilhooley, R. A., and Baker, P. B. 1979. Cromatografía de capa delgada de cannabinoides. *Journal of Chromatography* 171: 509-11.

Fowler, R., see also Baker et al.

Frank, M., and Rosenthal, E. 1974. *La guía para cultivadores de marihuana de interior y exterior de la más alta calidad.* San Francisco: Level Press.

Frank, M., and Rosenthal, E. 1978. *Marijuana grower's guide*-deluxe edition (en inglés). Berkeley, CA: Y / O Press.

Frazier, J. 1974. *Los agricultores de marihuana-cultos y culturas de cáñamo.* New Orleans: Solar Age Press.

Frey, K. J., ed. 1966. *Fitomejoramiento.* Ames, LA: Iowa State University Press,

Fritz, G., Weimann, L. J., and Dirner, Z. 1964. A pharmacological study of fibrous Cannabi-naceae grown for industrial purposes in Hungary. Scientific Research on Cannabis ST / SO A / SER S / ll, U. N. Documents.

Fujita, M., Shimomura, H., Kuriyama, E., and Shigehiro, M. 1967. Estudios sobre Cannabis. II. Examen del narcótico y s us componentes relacionados en hemps, drogas cruBe y órganos vegetales por cromatografía gas-líquido y cromatografía de capa delgada. Tokyo College of Pharmacy 17: 99.

Fujita, M., see also Shimomura et al.

Galoch, E. 1978. El control hormonal de la diferenciación sexual en plantas dioicas de cáñamo (Cannabis sativa). I. The influence of plant growth regulators on sex expression in male and female plants. Acta Societatis Botanicorum Poloniae 47 (1-2): 153-62.

Galoch, E. 1980a. El control hormonal de la diferenciación sexual en plantas dioicas de cáñamo (Cannabis sativa). II. El efecto de reguladores de crecimiento sobre el desarrollo de extirpados puntas del tallo cultivadas in vitro. *Acta Physiologiae Plan-tarum* II(l): 3-7.

Galoch, E. 19806. El control hormonal de la diferenciación sexual en plantas dioicas de cáñamo (Cannabis sativa). III. El nivel de fitohormonas en plantas machos y hembras en las diferentes etapas de su desarrollo. *Acta Physiologiae Plantarum* II (l): 31-39.

Gainage, J. R., and Zerkin, E. L. 1969. *A comprehensive guide to the English-language literature on Cannabis* (en inglés). Madison, Wl: Stash Press.

Ganesan, M., Natesan, S., and Ranganathan, V. 1979. Método espectrofotométrico para la determinación del Paraquat. *Analyst* 104: 258-61.

Gaoni, Y., and Mechoulam, R. 1966. Hashish-VII: the isomerization of cannabidiol to tetrahydrocannabinols. *Tetrahedron* 22:1481-88.

Gaoni, Y., and Mechoulam, R. 1971. The isolation and structure of A1-tetrahydrocannabinol and other neutral cannabinoids from hashish. *Journal of the American Chemical Society* 93 (1): 217-24.

Gellert, M., Novak, I., Szell, M., and Szendrei, K. 1974. Componentes glucosídicos de Cannabis sativa L. I. Flavinoides. Scientific Research on Cannabis ST / SOA / SER S / 50, U. N. Documents.

Grant, V. 1975. *Genetics of flowering plants* (en inglés). New York: Columbia University Press.

Grlic, L. 1964. Un estudio de algunas características químicas de la resina de Cannabis cultivado experimentalmente de diversos orígenes. Scientific Research on Cannabis ST / SOA / SER S/10, U. N. Documents.

Bibliografía

Grlic, L. 1965. A * estudio de los espectros infrarrojos de la resina de cannabis. Scientific Research on Cannabis ST / SOA / SER S / 14, U. N. Documents.

Grlic, L. 1970a. A combined spectrophotometric differentiation of samples of Cannabis. *Bulletin on Narcotics* 20 (3): 25-29.

Grlic, L. 19706. Cromatografía simple de capa delgada de cannabinoides por medio de láminas de gel de sílice tratadas con aminas. *Journal of Chromatography* 8: 562-64.

Grlic, L., Andrec, A. 1961. El contenido de fracción ácida en resina de cannabis de diferentes edades y procedencias. *Experientia* 17: 325-26,

Grlic, L., and Tomic, N. 1963. Examen de la resina de cannabis mediante la prueba de cloruro férrico. Scientific Research on Cannabis ST / SOA / SER S / 8, U. N. Documents.

Grlic, L., see also Radosevic et al.

Groce, J. W " and Jones, L. A. 1973. Contenido de carbohidratos y ciclitol del Cannabis. *Journal of Agricultural Food Chemistry* 21 (2): 211-14.

Haden-Guest, A. 1976. Jardin. *High Times* 15: 59-63, 108-11.

Hammond, C. T., and Mahlberg, P. G. 1973. Morphology of glandular hails of Cannabis sativa from scanning electron microscopy, *American Journal of Botany* 60(6):524-28.

Hammond, C. T., and Mahlberg, P. G. 1977. Morfogénesis de pelos glandulares capitados de Cannabis sativa (Cannabaceae). *American Journal of Botany* 64 (8): 1023-31.

Hammond, C. T., and Mahlberg, P. G. 1978. Desarrollo ultraestructural de pelos glandulares capitados de Cannabis sativa L. (Cannabaceae). *American Journal of Botany* 65 (2): 140-51.

Haney, A., and Kutscheid, B. B. 1973. Quantitative variation in the chemical constituents of marihuana from stands of naturalized Cannabis sativa L. in East-Central Illinois. *Economic Botany* 27: 193-203.

Hanus, L. 1975. El estado actual del conocimiento en la química de sustancias de Cannabis sativa L. III. Sustancias terpenoides. *Acta Uni-versitatis Palackianae Olomucensis Facultatis Medicae* 73: 233-44.

Hanus, L., and Krejci, Z. 1974a. The present state of knowledge in the chemistry of substances of Cannabis sativa L. I. Substances of cannabinoid type. *Acta Universitatis Palackianae Olomucensis Facultatis Medicae* 71: 239-51.

Hanus, L., and Krejci, Z. 19746. The present state of knovfleMge in the chemistry of substances of Cannabis sativa L. II. Metabolites of cannabinoid substances. *Acta Universitatis Palackianae Olomucensis Facultatis Medicae* 71: 253-64.

Hanus, L., and Krejci, Z. 1975. Aislamiento de dos nuevos ácidos cannabinoides de Cannabis sativa L. de origen checoslovaco. *Acta Universitatis Palackianae Olomucensis Facultatis Medicae* 74: 161-66.

Hare, H. A., Caspari, C, Jr., and Rusby, H. H. 1909. *El dispensatorio estándar nacional*. New York: Lea and Febiger. p 373-76; 618-19.

Harvey, D. J. 1976. Characterization of the butyl homologues of A1-tetrahydrocannabinol, canna-binol and cannabidiol in samples of Cannabis by combined gas chromatography and mass spectrometry. *Journal of Pharmaceutical Pharmacology* 28: 280-85.

Haustveit, G., and Wold, J. K. 1973. Algunos carbohidratos de bajo peso molecular presentes en Cannabis sativa L. *Investigación de carbohidratos* 29: 325-29.

Hemphill, J. K., Turner, J. C, and Mahlberg, P. G. 1978. Estudios sobre el crecimiento y la composición cannabinoide del callo derivado de diferentes cepas de Cannabis sativa. *Lloydia* 41 (5): 453-62.

Hemphill, J. K., Turner, J. C, and Mahlberg, P. G. 1980. Contenido de cannabinoides de órganos individuales de plantas de diferentes cepas geográficas de Cannabis sativa L. *Lloydia* 43 (l): 112-22.

Hendriks, H., Malingre, Theo, M., Batterman, S., and Bos, R. 1975. Hidrocarburos mono-y sesquiterpénicos del aceite esencial de Cannabis sativa. *Phytochemistry* 14: 814-15.

Hendriks, H., Malingre, Theo. M., Batterman, S. and Bos, R. 1977. Alcanos del aceite esencial de Cannabis sativa. *Phytochemistry* 16: 719-21.

Hendriks, H., Malingre, Theo. M., Batterman, S., and Bos, R. 1978. El aceite esencial de Cannabis sativa L. *Pharmaceutisch Weekblad* 133:413-24.

Heslop-Harrison, J. 1960. Efectos supresores del 2-tiouracilo en la diferenciación y floración en Cannabis sativa. *Science* 132: 143-44.

Heslop-Harrison, J. 1962. Efecto del 2-tiouracilo en la diferenciación celular y morfogénesis foliar en Cannabis sativa. *Annals of Botany* N. S. 26 (103): 375-87.

Heslop-Harrison, J, 1964. Expresión sexual en plantas con flores, meristemas y diferenciación. Brook-haven Symposia in Biology, Office of Technical Services 16:112.

Heslop-Harrison, J., and Heslop-Harrison, Y. 1969. Cannabis sativa L. en Evans, L. T., *La inducción de la floración. Ithaca,* NY: Cornell University Press, p. 205.

Heslop-Harrison, Y., and Woods, I. 1959. Variación merística y de otro tipo inducida por la temperatura en Cannabis sativa. Linnean Society of London 56: 290-93.

Hillestad, A., and Wold, J. K. 1977. Glicoproteínas hidrosolubles de Cannabis sativa (Sudáfrica). *Phytochemistry* 16: 1947-51.

Hillestad, A., Wold, J. K., and Engen, T. 1977. Glicoproteínas hidrosolubles de Cannabis sativa (Tailandia). *Phytochemistry* 16: 1953-56.

Hillestad, A., Wold, J. K., and Paulsen, B. S. 1977. Estudios estructurales de glicoproteínas solubles en agua de Cannabis sativa L. *Investigación de carbohidratos* 57: 135-44.

Hirata, K. 1927. Determinación del sexo en cáñamo (Cannabis sativa L.). *Journal of Genetics* 19: 65-79.

Hively, R. L., Mosher, W. A., and Hoffman, F. W. 1966. Isolation of trans-A6-tetrahydrocannabinol from marijuana. *Journal of the American Chemical Society* 88: 1832-33.

Holley, J. H., Hadley, K. W., and Turner, C. E. 1975. Constituyentes de Cannabis sativa L. IV. Cannabidiol y cannabicromeno en muestras de origen geográfico conocido. *Journal of Pharmaceutical Sciences* 64 (5): 892-95.

Holley, J. H., see also Turner, C, E. et al.

Hood, L. V. S., Dames, M. E., and Barry, G. T. 1973. Volátiles del espacio de la cabeza de la marihuana. *Nature* 242: 402-3.

Hoye, D. 1973. *Alquimia del cannabis.* Berkeley, CA: Y / O Press.

Hughes, R. B " and Kessler, R. R. 1979. Mayor seguridad y especificidad en la identificación cromatográfica de capa delgada de marihuana. *Journal of Forensic Sciences* 24: 842-46.

Hutchinson, J. 1967. *The genera of flowering plants*, vol. 2. Oxford: Clarendon Press.

Indian hemp and drug commission report 1894. Calcuta, India. Irving, D. 1978. *Guía para el cultivo de marihuana en el, Is Británicas.* Londres: Hassle Free Press.

Jacobsen, P. 1957. Los cromosomas sexuales en Humulus. *Hereditas* 43: 357-70.

James, J. 1964. *Crea nuevas flores y plantas.* New York: Doubleday.

Janischewsky 1924. *Cannabis ruderalis.* Proceedings Saratov II(2):14-15.

Jenkins, R. W., and Patterson, D. A. 1973. The relationship between chemical composition and geographical origin of Cannabis. *Ciencia Forense* 2: 59-66,

Joyce, C, R. B., and Curry, S. H. 1970. *The botany and chemistry of Cannabis* (en inglés). Londres: J. y A. Churchill,

Kaldewey, H " and Vardar, Y. 1972. *Regulación hormonal en el crecimiento y desarrollo de las plantas.* Deerfield Beach, FL: Verlag Chemie. p. 324,

Kane, V. V., and Razdan, R. K. 1969. Hachís II: reacción de resorcinoles sustituidos con citral en presencia de piridina-un mecanismo propuesto. *Tetrahedron Letters* 7: 591-94.

Kanter, S.L., Musumeci, M. R. y Hollister, L. L 1979. Quantitative determination of A9-tetra-hydrocannabinol and A9-tetrahydrocannabinolic acid in marihuana by high-pressure liquid chromatography. *Journal of Chromatography* 171: 504-8.

Karlsen, J., Exler, Th. J. N., and Svendsen, A. Baerheim. 1969. Análisis cromatográfico de capa delgada de Cannabis. Scientific Research on Cannabis ST / SOA / SER S / 20, * J?N. Documentos.

Karniol, I. G., and Carlin, E. A. 1972. El contenido de (-) A'-rrans-tetrahidrocannabinol (A ' - THC) no explica toda la actividad biológica de algunas muestras de marihuana brasileñas. *Journal of Pharmacy and Pharmacology* 24: 833-35.

Kechatov, E. A. 1959. Chemical and biological evaluation of the resin of hemp grown for seed in the central districts of the European part of the U. S. S. R. Bulletin on Narcotics 11:5-9.

Kerr, H. C. 1877. Report of the cultivation of, and trade in, ganja in Bengal, in Papers Relating to the Consumption of Ganja and Other Drugs in India. Calcuta, pp 94-154.

Kimura, M., and Okamoto, K. 1970. Distribution of tetrahydrocannabinol^ acid in fresh wild Cannabis. *Experientia* 26 (15): 819-20.

Kirby, R. H. 1963. *Fibras vegetales.* New York: Interscience Publishers.

Korte, F., and Sieper, H. 1964. Zur Chemischen Klassifizierung von Pflanzen XXIV, Untersu-chung von Haschisch-inhaltsstoffen durch Durm-schicht chromatographie. *Journal of Chromatography* 13: 90-98.

Korte, F., Sieper, H., and Tira, S. 1965. Nuevos resultados en componentes específicos de hachís. *Bulletin on Narcotics* 17 (l): 35-43.

Kozlowski, T. T. 1973. *Desprendimiento de partes de plantas.* Nueva York: Academic Press, pp 85-143.

Krejci, Z. 1967. Micro-método de cromatografía de capa delgada adaptado para el análisis de Cannabis. Scientific Research on Cannabis ST / SOA / SER S / 16, U. N. Documents.

Kubena, R. K., Barry, H. III., Segelman, A. B., Theiner, M., and Farnsworth, N. R. 1972. Bio evaluación lógica y química de una muestra de 43 años de extracto fluido de Cannabis. *Journal of Pharmaceutical Sciences* 61 (l): 145-46.

Kiippers, F. J. E. M., Lousberg, R. J. J. Ch., Bercht, C. A. L., Salemink, C. A., Terlouw, J. K., Heerma, W., and Laven, A. 1973. Cannabis VIII-Pirólisis del cannabidiol. Elucidación de la estructura del producto pirolítico principal. *Tetrahedron* 29: 2797-802.

Kiippers, F. J. E. M., see also Bercht et al.

Kushima, H., Shoyama, Y., and Nishioka, I. 1980. Cannabis XII. Variaciones en el contenido de cannabinoides en varias cepas de Cannabis sativa L. con edad de la hoja, estación y sexo. *Chemical Pharmacology Bulletin* 28 (2): 594-98.

Laskowska, R. 196f. Influencia de la edad del polen y los estigmas en la determinación del sexo en el cáñamo. *Nature* 192:147.

Latta, R. P., and Eaton, B. J. 1975. Fluctuación estacional en el contenido de cannabinoides de la marihuana Kansas. *Economic Botany* 29: 153-63.

Ledbetter, M. C, and Krikorian, A. D. 1975, Tri-chomes of Cannabis sativa as viewed with scanning electron microscope. *Phytomorphology* 25: 166-76.

Lerner, M. 1963. Marihuana tetrahidrocannabinol and related compounds. Scientific Research on Cannabis ST / SOA / SER S / 9, U. N. Documents.

Lerner, P. 1969. La determinación precisa de tetra-hidrocannabinol en marihuana y hachís. *Bulletin on Narcotics* 21 (3):39.

Levin, D. A. 1973. El papel de los tricomas en la defensa de las plantas. *The Quarterly Review of Biology* 48 (1): 3-15.

Levin, D. A. 1979. La naturaleza de las especies vegetales. *Science* 204: 381-84.

Lewis, G. S., and Turner, C. E. 1978. Constituyentes de Cannabis sativa L. XIII: Estabilidad de la forma de dosificación preparada mediante impregnación sintética (—)A9-rrans-tetrahidrocannabinol en material vegetal de cannabis placebo. *Journal of Pharmaceutical Sciences* 67 (6): 877.

Lewis, Glenda L., véase también Turner, C. E. et al.

Lewis, W, H. 1980. *Poliploides, relevancia biológica*. New York: Plenum Press.

Lotter, H. L., Abraham, D. J., Turner, C. E., Knapp, J. E., Schiff, P. L., Jr., and Slatkin, D. J. 1975. Cannabisativine, un nuevo alcaloide de Cannabis sativa L. root. *Tetrahedron Letters* 33: 2815-18.

Mahlberg, P. G., see Hammond et al., Hemphill et al., and Turner, J.c. et al.

Malingre, Theo, M., Hendriks, H., Batterman, S., Bos, R., and Visser, J. 1975. El aceite esencial de Cannabis sativa. *Planta Medica* 28: 56-61.

Mariani, C. D. 1951. *La Canapa, biblioteca di cul-tura*. Milano, Italia: Antonio Vallardi.

Martin, L., Smith, D., and Farmilo, C-G. 1961. Aceite esencial de Cannabis sativa fresco y su uso en la identificación. *Nature* 191 (4790): 774-76.

Masada, Y. 1972. *Análisis de aceites esenciales por cromatografía de gases y espectrometría de masas*. New York: John Wiley and Sons. p 226-33.

Masoud, A. N., Doorenbos, N. J., and Quimby, M. W. 1973. Mississippi-grown Cannabis sativa L. IV: Effects of gibberellic acid and indole-acetic acW* *Journal of Pharmaceutical Sciences* 62(2):313-18.

McPhee, H. C. 1924a. Meiotic cytokinesis of Cannabis. *Botanical Gazette* 78: 335-41.

McPhee, H. C. 19246. La influencia del medio ambiente en el sexo en el cáñamo, Cannabis sativa L. *Journal of Agricultural Research* 28 (11): 1067-80.

McPhee, H. C. 1925. La genética del sexo en el cáñamo. *Journal of Agricultural Research* 31 (10): 935-42.

Mechoulam, R. 1970. Química de la marihuana. *Science* 168 (3936): 1159-66.

Mechoulam, R. 1973. Química y actividad cannábica. *Ciencia e Cultura* 25 (8): 742-47.

Mechoulam, R., McCallum, N. K., and Burstein, S. 1976. Avances recientes en la química y bioquímica del Cannabis. *Chemical Reviews* 76 (1): 75-112.

Mechoulam, R., McCallum, N. K., Levy, S., Lander, N. 1976. *Cannabinoid chemistry: an overview in Marijuana: chemistry, biochemistry and cellular effects*, ed. Gabrial G. Nahas. New York: Springer-Verlag. p 3-13.

Mechoulam, R., and Carlini, E. A. 1978. Hacia las drogas derivadas del Cannabis. *Naturwissenschaf-ten* 65: 174-79.

Melikian, A. O., and Forrest, I. S. 1973. Dansyl derivatives of A9 and A*-tetrahydrocannabinols. *Journal of Pharmaceutical Sciences* 62 (6): 1025-26.

Menzel, M. Y. 1964. Cromosomas meióticos del cáñamo monoico de Kentucky (Cannabis sativa). *Bulletin of the Torrey Botanical Club* 91 (3): 193-205.

Merlin, M. D. 1972. *El hombre y la marihuana*. Cranbury, NJ: Associated University Presses.

Mikuriya, T. H. 1967. Cultivo de Kif en las montañas del Rif. Economic *Botany* 21: 230-34.

Miller, C. G. 1970. The genera of the Cannabacea in the Southeastern United States. *Journal of the Arnold Arboretum* 51.185-96.

Mobarak, Z., Bieniek, D., and Korte, F. 1974a. Studies on noncannabinoids of hashish I. *Chem-osphere* 3: 5.

Mobarak, Z., Bieniek, D., and Korte, F. 19746. Studies on noncannabinoids of hashish II. *Chemosphere* 6: 265-70.

Mobarak, Z., Zaki, N., and Bieniek, D. 1974. Algunos aspectos cromatográficos del análisis de hachís. I. *Forensic Science* 4: 161-69.

Mobarak, Z., Bieniek, D., and Korte, F. 1978. Algunos aspectos cromatográficos del análisis de hachís. II. *Forensic Science* 11: 189-93.

Mole, L. M., and Turner, C. E. 1974. Phytochemi-cal screening of Cannabis sativa L, I: Constituents of an Indian variant. *Journal of Pharmaceutical Sciences* 63 (1): 154-56.

Mole, L. M., see also Turner, C. E. et al.

Moutschen, S., and Govaentz, J. 1953. Acción de los rayos gamma sobre semillas de Cannabis sativa L. *Nature* 172:350.

Narayanaswami, K., Golani, H. C, Bami, H. S., and Dva, R. D. 1978. *Estabilidad del Cannabis sativa L.*

Neal, M. C. 1965. *Gardens of Hawaii,* Special Publication 50. Honolulu: Bishop Museum Press.

Nelson, C. H. 1944. Respuestas de crecimiento del cáñamo a temperaturas diferenciales del suelo y del aire. *Plant Physiology* 19: 294-307.

Neumeyer, J. L., and Shagoury, R. A. 1971. Química y farmacología de la marihuana. *Journal of Pharmaceutical Sciences* 60 (10): l433-57.

Nigam, M. C " Handa, K. L., Nigam, I. C, and Levi, L. 1965. Essential oils and their constituents XXIX. The essential oil of marihuana: composition of genuine Indian Cannabis sativa L. *Canadian Journal of Chemistry* 43:3372-76.

Novotny, M. M. L., Low, C. E" and Raymond, A. 1976. Análisis de muestras de marihuana de diferentes orígenes mediante cromatografía gas-líquido de alta resolución para aplicaciones forenses. *Analytical Chemistry* 48(1): 24-29.

Oakum, P. 1977. *Cultivo de marihuana en Nueva Inglaterra (y otros climas fríos).* Ashville, YO: Cobblesmith.

Obata, Y., and Ishikawa, Y. 1960. Estudios sobre los componentes de la planta de cáñamo (Cannabis sativa L.) Parte I. Fracción de fenol volátil. *Bulletin of the Agricultural Chemical Society of Japan* 24 (7): 667-69.

Obata, Y " Ishikawa, Y., and Kitazawa, R. 1960. Estudios sobre los componentes de la planta de cáñamo (Cannabis sativa L.) Parte II. Aislamiento e identificación de piperidina y varios aminoácidos en la planta de cáñamo. *Bulletin of the Agricultural Chemical Society of Japan* 24 (7): 670-72.

Obata, Y., and Ishikawa, Y. 1966. Estudios sobre los componentes de la planta de cáñamo (Cannabis sativa L.) Parte HI. Aislamiento de un compuesto Gibbs-positivo de cáñamo japonés. *Agricultural and Biological Chemistry* 30 (6): 619-20.

Ohlsson, A., Abou-chaar, A. S., Nilsson, I. M., Olofsson, K., and Sandberg, F. 1971, Cannabi-noid constituents of male and female Cannabis sativa. *Bulletin on Narcotics* 23 (l): 29-32.

Ottersen, T., Aasen, A., El-Feraly, F. S., and Turner, C. E. 1976. X-ray structure of cannabis-piran: a novel Cannabis constituent (en inglés). Journal of the Chemical Society, *Chemical Communications*, pp. 580-81.

Ottersen, T., Rosenqvist, E., Turner, C. E, y El-Feraly, F. S. 1977a. The crystal and molecular structure of cannabinol. *Acta Chemica Scan-dinavica* B31 (9): 781-87.

Ottersen, T,, Rosenqvist, E., Turner, C. E., and El-Feraly, F, S, 19776. The crystal and molecular structure of cannabidiol. *Acta Chemica Scan-dinavica* B31 (9): 807-12.

Paris, M., Boucher, F., and Cosson, L. 1975. El componentes del polen de Cannabis sativa. *Economic Botany* 29: 245-53.

Paris, M., see also Davalos et al.

Parsa, A-1949. *Flore del Iran*, vol. 4. Teherán, Irán: Imprimerie Mazaheru.

Partridge, W. L. 1975. *Cannabis y grupos culturales en un municipio colombiano, en Cannabis y cultura por Vera Rubin.* La Haya: Mouton. pp, 147-72.

Pasquale, A. de. 1974. Ultraestructura de las glándulas de Cannabis sativa. *Pumta Medica* 25: 238-48.

Pasquale, A. de, Tumino, G., and Pasquale, R, C. de. 1974. Micromorphology of the epidermic surfaces of female plants of Cannabis sativa L. *Bulletin on Narcotics* 26(4):27-40.

Pasquale, A. de, Tumino, G., Ragusa, S., and Moschonas, D. 1979. Efecto del tratamiento con colchicina sobre los cannabinoides producidos por las inflorescencias femeninas de Cannabis sativa L. II *Farmaco-ed. sc.* 34:841-53.

Patterson, D. A., and Stevens, A. M. 1970. Identificación del Cannabis. *Journal of Pharmaceutical Pharmacology* 22: 391-92.

Patterson, D. A., see also Jenkins et al.

Patwardhan, G. M., Pundlik, M. D., and Meghal, S. K. 1978. Detección cromatográfica gaseosa de resinas en semillas de Cannabis. Indian *Journal of Pharmaceutical Sciences*, p. 166.

Petcoff, D. G., Strain, S. M " Brown, W. R., and Ribi, E. 1971. Marihuana: Identificación de cannabinoides por cromatografía centrífuga. *Science* 173: 824-26.

Phatak, H. C, Lundsgaard, T., Verina, V. S., and Singh, S. 1975, Mycoplasma-like bodies associated with Cannabis phyllody. *Phytopathology* 83: 281-84.

Phillips, R., Turk, R. F "Manno, J" Jain, N., and Forney, R. B, 1970. Estacional variation in canna-binolic content of Indiana marihuana. *Journal of Forensic Sciences* 15 (2): 191-200.

Poddar, M. K., and Ghosh, J. J. 1973, Identification of Indian Cannabis. Investigación Científica-sobre el Cannabis ST / SOA / SER S / 41, Documentos de la ONU,

Polunin, O. 1969. *Flores de Europa.* London: Oxford University Press.

Porter, C. L. 1967. *Taxonomy of flowering plants* (en inglés). San Francisco: Freeman, p. 338.

Prain, M. D. 1904, On the morphology, teratology and diclinism of the flowers of Cannabis. Scientific Memoirs by Officers of the Medical and Sanitary Departments of the Government of India, no, 12: 51-92,

Pritchard, F. J. 1916. Cambio de sexo en cáñamo. *Journal of Heredity* 7: 325-29.

Quimby, M. M., Doorenbos, N. J., Turner, C. E., and Masoud, A. 1973. Mississippi-grown marihuana-Carina bis sativa cultivo y observado variaciones morfológicas. *Botánica Económica* 27:117-27

Radosevic, A., Kupinic, M., and Grlic, L. 1962. Actividad antibiótica de varios tipos de Cannabis resina. Investigación Científica en Cannabis ST / SO A/ SER S / 6, U. N. Documents.

Ram, M. 1960. La aparición de endospermo haustorium en Cannabis sativa L. *Anales de Botánica.* N. S. 24 (93): 80.

Ram, H. Y. M., and Nath, R. 1964. The morphology and embryology of Cannabis sativa Linn. *Phytomorphology* 14: 414.

Ram, H. Y. M., and Jaiswal, V. S. 1970. Inducción de flores femeninas en plantas masculinas de Cannabis sativa L. por ácido 2-cloroetanofosfónico. *Experientia* 26 (2): 214-16.

Ram, H. Y. M., and Sett, R. 1979. Reversión sexual en las plantas femeninas de Cannabis sativa por cobalt ion. Proceedings-Indian *Academy of Sciences* 88B (II)(4): 303-8.

Rasmussen, K. E., Rasmussen, S., and Svendsen, A. B. 1972. Una nueva técnica para la detección de cannabinoides en micro cantidades de Cannabis mediante cromatografía gas-líquido e inyección de muestras sólidas. Scientific Research on Cannabis ST / SOA / SER S / 33, U. N. Documents.

Rasmussen, K. E., Rasmussen, S., and Svendsen, A. B. 1972. Determinación cuantitativa de cannabinoides en micro cantidades de Cannabis mediante cromatografía gas-líquido e inyección de muestras sólidas. Scientific Research on Cannabis ST / SOA / SER S / 35, U. N. Documents.

Rasmussen, K. E., and Svendsen, A. B. 1973. La relación CBD / THC en varias hojas de una planta de cannabis que contiene CBD y THC como los principales cannabinoides. Scientific Research on Cannabis ST / SOA / SER S / 40, U. N. Documents.

Razdan, R. K., Puttick, A. J., Zitko, B. A., and Handrick, G. R. 1972. Hachís VI: Conversión de (- ^^- tetrahidrocannabinol a (- y-A1^ - tetrahidrocannabinol. Stability of (—j-A1 - and (—)-A'(^-tetrahydrocannabinols, *Experientia* 28: 121-22.

Razdan, R. K., see also Kane et al.

Renfrew, J. M., 1973. *Paleoethnobotany,* Nueva York: Columbia University Press, pp 161-63.

Richardson, J., and Woods, A. 1976. *Flores de marihuana Sinsemilla.* Berkeley: And / Or Press.

Ridley, H. N. 1930. *La dispersión de las plantas en todo el mundo.* Ashford, Kent: L. Reeve, p. 457.

Rowan, M. G., and Fairbairn, J, W. 1977. Canna-binoid patterns in seedlings of Cannabis sativa L. and their use in the determination of chemical race. *Journal of Pharmaceutical Pharmacology* 29 (8): 491-94.

Rybicka, H., and Engelbrecht, L. 1974. Zeatina en la fruta de Cannabis. *Phytochemistry* 13: 282-83.

Rydberg, P. A. 1952. *Flora of the prairies and plains of central North America.* New York: New York Botanical Garden.

Sa, L. M., Mansur, E., Aucelio, J. G., and Valle, J. R. 1978. Contenido de cannabinoides de muestras de marihuana confiscadas en Sao Paulo, Brasil. Reviews of Brazilian Biology 38 (4): 863-64.

Sack, S. S., 1949. Hasta dónde se puede diseminar el polen transportado por el viento. *The Journal of Allergy* 20: 453.

Samrah, H. 1970. Un estudio preliminar de la presencia de componentes de cannabis en las diversas partes de la planta. Scientific Research on Cannabis ST / SOA / SER S / 26, U. N. Documents.

Samrah, H. 1970. A preliminary investigation on the possible presence of alkaloid substances in Cannabis. Scientific Research on Cannabis ST / SOA / SER S / 27, U. N. Documents.

Samrah, H., Lousberg, R. J, J, Ch., Bercht, C. A., Ludwig and Salemink, C. A. 1972. On the presence of basic indole components in Cannabis sativa L. Scientific Research on Cannabis ST/SOA/SER S/34, U. N. Documents.

Sax, K. 1962. Aspectos del envejecimiento en plantas. *Annual Review of Plant Physiology* 13: 489-501.

Sayre, L, E. 1915. El cultivo de plantas medicinales con observación referente al Cannabis. Journal of American *Pharmaceutical Association* 4: 1303.

Schaffner, J, H, 1919. Reversión completa del sexo en el Cannabis. *Science NS* vol. L (1291): 311-12.

Schaffner, J. H. 1921. Influencia del medio ambiente en la expresión sexual en el cáñamo. *Botanical Gazette* 71: 197-219.

Schaffner, J. H. 1923. La influencia de la longitud relativa de la luz del día en la reversión del sexo en el cáñamo. *Ecology* 4(4): 323.

Schaffner, J. H. 1928. Más experimentos en rejuvenecimientos repetidos en el cáñamo y su relación con el problema general del sexo. *American Journal of Botany* 15: 77-85.

Schaffner, J. H. 1931. La curva de fluctuación de la inversión sexual en plantas de cáñamo estaminadas inducida por fotoperiodicidad. *American Journal of Botany* 18: 324-30.

Schou, J., and Nielsen, E. 1970. Cannabinols in various United Nations samples and Cannabis sativa grown in Denmark under varying conditions. Scientific Research on Cannabis ST / SO A / SER S / 22, U. N. Documents.

Schultes, R. E. 1970. Random thoughts and queries on the botany of Cannabis, en *The botany and chemistry of Cannabis*, eds. Joyce, C. R. B., and Curry, S. H. London: J, and A. Churchill.

Schultes, R. E. 1973. El hombre y la marihuana. Natural History 82(7): 58-63, 80-82.

Schultes, R. E., and Hofmann, A. 1973. *The botany and chemistry of hallucinogens* (en inglés). Springfield, IL: Charles C. Thomas.

Schultes, R. E., and Hofmann, A. 1979. *Plantas de los dioses.* New York: McGraw-Hill.

Schultes, R. E., Klein, W. M., Plowman, T., y Lockwood, T. E. 1974, *Cannabis: an example of taxonomic neglect.* Folletos del Museo Botánico. Harvard University, 23 (9): 337-64.

Selgnij 1979. Sol, tierra, semillas y alma. *Blotter* 4: 14-23.

Shani, A., and Mechoulam, R, 1970. Un nuevo tipo de cannabinoide. Synthesis of cannbielsoic acid by a novel photo-oxidative cyclisation. *Chemical Communications* 5: 273-74.

Shani, A., and Mechoulam, R. 1971. Reacciones fotoquímicas del cannabidiol: ciclización a A1-tetrahidrocannabinol y otras transformaciones. *Tetrahedron* 27: 601-6.

Shani, A., and Mechoulam, R. 1974. Ácidos cannabielsoicos-aislamiento y síntesis por una nueva ciclización oxidativa. *Tetrahedron* 39: 2437-46.

Shimomura, H., Shigehiro, M., Kuriyana, E., and Fujita, M. 1967. *Estudios sobre Cannabis. I. Caracteres microscópicos de su morfología interna y espodograma.* Tokyo College of Pharmacy 17: 232-42, 277-78.

Shinogi, M., and Mori, I. 1978a. The study of the trace element in organisms by neutron activation analysis: II. The elemental distribution in each part of cultivated Cannabis. *Yakugaku Zasshi* 98 (5): 569-76.

Shinogi, M., and Mori, I. 19786. Multielemental determination in Cannabis leaves by instrumental neutron analysis: a comparison of Cannabis of various geographical origin in Japan. *Yakugaku Zasshi* 98 (11): 1466-71.

Shirnin, L. V. 1977. New areas of distribution for species of the genus Ascochyta Lib. *Mikol Fitopatol* ll (6): 474-75.

Shoji, K. 1977. Riego por goteo. *Scientific American* 237 (5): 62-68.

Shoyama, Y., Yagi, M., Nishioka, I., and Yamauchi, T. 1975. Biosynthesis of cannabinoid acids, *Phytochemistry* 14:2189-92.

Shoyama, Y., Hirano, H., and Nishioka, I. 1977. Cannabis XI. Síntesis de ácido cannabigerorcinólico-carboxil-14C, ácido cannabigerovarínico-carftoxyj-14 C, ácido cannabidivarínico-car6oxi / - 14C y ácido dl-cannabichrome-varínico-carbojcyJ-14 C. *Diario de Compuestos Marcados y Radiofármacos* 14(6):835-42.

Shoyama, Y., see also Yamauchi et al.

Shucka, D. D., and Pathak, V. N. 1967. Un nuevo especies de Ascochyta en Cannabis sativa L. *Sydowia* 21: 277-78. Sinnott, E. W. 1970. *Morfogénesis vegetal.* Nuevo York: McGraw Hill. p 221, 317, 399, 430.

Sironval, C. 1961. *Giberelins, cell division, and plant flowering, in Plant growth regulation.* Ames, IA: Iowa State University Press, p. 526.

Slatkin, D. J., Doorenbos, N. J., Harris, L. S -, Masoud, A. N, Quimby, M. W., and Schiff, P., Jr. 1971. Componentes químicos de la raíz de Cannabis sativa L. *Journal of Pharmaceutical Sciences* 60 (12): 1891-92.

Slatkin, D. J., Knapp, J. E., and Schiff, P. L., Jr. 1975. Esteroides de raíz de Cannabis sativa. *Phytochemistry* 14: 580-81.

Slatkin, D. J., see also Elsohly et al., y Lotter et al.

Slonov, L. Kh. 1974. Cambios en el contenido de ácido nucleico en las hojas de plantas de cáñamo estaminadas y pistiladas en función de las condiciones de nutrición y la humedad del suelo. *Soviet Plant Physiology* 21: 717-20.

Small, E. 1972. Infertilidad y uniformidad cromosómica en Cannabis, *Canadian Journal of Botany* 50: 1947-48.

Small, E. 1974. Variación morfológica de aquenios de Cannabis. *Canadian Journal of Botany* 53: 978-87.

Small, E. 1975a. American law and the species problems in Cannabis; science and semantics. *Bulletin on Narcotics* 27 (3): 1-17.

Small, E. 1978. A numerical and nomenclatural analysis of morphogeographic taxa of Humulus. *Systematic Botany* 3 (l): 37-76.

Small, E. 1979. *The species problem in Cannabis science and semantics,* 2 vols. Toronto: Corpus.

Small, E. 1980. The relationships of lops cultivars and wild variants of Humulus lupulus. *Canadian Journal of Botany* 58 (6): 676-86.

Small, E., and Beckstead, H. D. 1973a. Fenotipos cannabinoides en Cannabis sativa. *Nature* 245: 147-48.

Small, E., and Beckstead, H. D. 1973ft. Fenotipos cannabinoides comunes en 350 existencias de Cannabis. *Lloydia* 36(2):144-65.

Small, E., Beckstead, H. D., and Chan, A. 1975. The evolution of cannabinoid phenotypes in Cannabis. *Economic Botany* 29 (3): 219-32.

Small, E., and Cronquist, A. 1976, A practical and natural taxonomy for Cannabis. *Taxon* 25 (4): 405-35.

Smith, R. M., and Kempfurt, K. D. 1977. A' = 3,4-c / s-tetrahidrocannabinol en Cannabis sativa. *Phytochemistry* 16: 1088-89.

Smith, R. N., Jones, L. V., Brennan, J. S., and Vaughan, C. G. 1977. Identificación de hexade-canamida en la resina de cannabis. *Journal of Pharmaceutical Pharmacology* 29: 126-27.

Snellen, H., Doorenttos, W. J., and Quimby, M. W. 1970. Cultivado en Mississippi. Cannabis sativa L. A9 - Contenido de THC frente a la edad en una variedad mexicana. *Lloydia Proceedings* 33 (4): 492-93.

Soroka, V. P. 1979. Correlación dependencia entre el número de pelos glandulares y el contenido de cannabinoides del cáñamo. *Biologica Nauki* (Moscú) 12:99.

Spulak, F. von, Claussen, U., Fehlhaber, H. W., and Korte, F. 1968. Haschisch-XIX Canna-bidiolcanbonsaure-tetra-hidrocannabitriol-ester, ein neuer Haschisch-inhaltsstoff. *Tetrahedron* 24: 5379-83.

St. Angelo, A. J., Ory, R. L., and Hansen, H. J. 1969. Purification of acid protinase from Cannabis sativa L. *Phytochemistry* 8: 1873-77.

Stahl, E., Dumont, E., Jork, H., Kraus, L., Rozui-nek, K. E., and Schorn, P. J. 1973. *Análisis de fármacos por cromatografía y microscopía, un complemento práctico de las farmacopeas.* Ann Arbor, MI: Ann Arbor Ciencia Editores, pp 3-24; 126-31;220-26.

Starks, M. 1977. *Potencia de la marihuana.* Berkeley, CA: YAnd/ Or Press.

Stearn, W. T. 1970. *The Cannabis plant: botanical characteristics, en The botany and chemistry of Cannabis,* eds. Joyce, C. R. B., and Curry, S. H. London: J. and A. Churchill.

Stearn, W. T. 1974, *Typification of Cannabis sativa L.* Botanical Museum Leaflets, Harvard University 23(9): 325-36.

Stevens, M. 1973. *How to grow marijuana indoor under lights*, Seattle, WA: Sun Magic Publishing (en inglés).

Stevens, M. 1979. *Cómo cultivar la mejor marihuana en interior.* Seattle, WA: Sun Magic Publishing.

Stevens, R. 1967. La química de los componentes del lúpulo. *Chemical Reviews* 67: 19-71.

Stout, G. L. 1962. Mantenimiento del stock libre de patógenos. *Phytopathology* 5: 1255-58.

Strbmberg, L. E. 1971. Componentes menores de la resina de cannabis I. Su separación por cromatografía de gases, estabilidad térmica y propiedades protolíticas. *Journal of Chromatography* 63: 391-96.

Stromberg, L. E. 1972a. Componentes menores de la resina de cannabis II. Separación por cromatografía de gases, espectros de masa y pesos moleculares de algunos componentes con tiempos de retención más cortos que el cannabidiol. *Journal of Chromatography* 68: 248-52.

Stromberg, L. E. 1972b. Componentes menores del Cannabis resiruIH. Comparative gas chromatographic analysis of hashish. *Journal of Chromatography* 68: 253-58.

Stromberg, L. E. 1976. Componentes secundarios de la resina de cannabis VI. Datos espectrométricos de masas y tiempos de retención de los componentes por cromatografía de gases eluido después de cannabinol. *Journal of Chromatography* 121 (2): 313-22.

Suckow, R. F. 1978. Un enfoque electroquímico para el análisis de algunos cannabinoides. St. Johns ' University, 80 pp. Dissertation *Abstracts International* 39 (4): 3286-B.

Superweed,, M. J. 1969. *El cultivador de Cannabis completo.* San Francisco: Stone Kingdom Syndicate.

Superweed, M. J. 1970. *Super grass growers guide* (en inglés). San Rafael, CA: Sindicato del Reino de Piedra.

Talley, P. J. 1934. Proporciones de carbohidratos y nitrógeno con respecto a la expresión sexual del cáñamo. *Plant Physiology* 9: 731-47.

Tewari, S. N., and Sharma, J. D. 1979. Reacciones de color específicas para la detección e identificación de microquantities de preparados de Cannabis. *Pharmazie* 34 (3): 54.

Tibeau, Hermana M. E. 1936, Factor de tiempo en la utilización de nutrientes minerales por el cáñamo. *Plant Physiology* 11: 7 31-47.

Trease, G. E., and Evans, W. C. 1966. *Un libro de texto de farmacognosia.* Londres: Bailliere, Tindall and Cassell. p 368-71, 732-34.

Turk, R. F., Forney, R. B., King, L. J., and Ramachandran, S. 1969. A method for extraction and chromatographic isolation, purification and identification of tetrahydrocannabinol and other compounds from marihuana. *Journal of Forensic Sciences* 14 (3): 385-88.

Turk, R. F., Dharir, H. I., and Forney, R. B. 1969. Un método químico simple para identificar la marihuana. *Journal of Forensic Sciences* 14 (3): 389-92.

Turk, R. F., Manno, J. E., Naresh, C. J., and Forney, R. B. 1971. The identification, isolation, and preservation of A9-tetra-hydrocannabinol (A9-THC). *Journal of Pharmaceutical Pharmacology* 25: 190-95.

Turk, R. F., véase también Phillips et al.

Turner, C. E. 1974. Sustancias activas en la marihuana. *Archivos de Investigacion Medica* 5 (1): 135-40.

Turner, C. E., and Hadley, K. 1973. Constituyentes de Cannabis sativa L. II: Ausencia de cannabidiol en una variante africana. *Journal of Pharmaceutical Sciences* 62 (2): 251-54.

Turner, C. E., and Hadley, K. W. 1973. Constituents of Cannabis sativa L. Ill: Clear and discrete separation of cannabidiol and cannabi-chromene. *Journal of Pharmaceutical Sciences* 62 (7): 1083-86.

Turner, C. E" Hadley, K. W., Fetterman, P. S., Doorenbos, N: J., Quimby, M. W., and Waller, C. 1973. Constituents of Cannabis sativa L. IV: Stability of cannabinoids in stored plant material. *Journal of Pharmaceutical Sciences* 62 (10): 1601-5.

Turner, C. E., Hadley, K. W., and Fetterman, P. S. 1973. Constituents of Cannabis sativa L. VI: Propyl homologs in samples of known geographical origin. *Journal of Pharmaceutical Sciences* 62 (10): 1739-41.

Turner, C. E., Hadley, K. W. Henry, J., and Mole, L. M. 1974. Constituents of Cannabis sativa L. VII: Use of silyl derivatives in routine analysis. *Journal of Pharmaceutical Sciences* 63 (12): 1872-76.

Turner, C. E., Hadley, K. W., Holley, H. J., Billets, S., and Mole, L. M., Jr. 1975. Constituents of Cannabis sativa L. VIII: Possible biological application of a new method to separate canna-bidiol and cannabicromene. *Journal of Pharmaceutical Sciences* 64 (5): 810-14.

Turner, C. E., and Henry, J. T. 1975. Constituents of Cannabis sativa L. IX: Stability of synthetic and naturally occurring cannabinoids in chloroform. *Journal of Pharmaceutical Sciences* 64 (2): 357-69.

Turner, C. E., Fetterman, P. S., Hadley, K. W., and Urbanek, J. E. 1975. Constituyentes de Cannabis sativa L, X: Perfil cannabinoide de una variante mexicana y su posible correlación con la actividad farmacológica. *Acta Pharmaceutia Jugoslavia* 25: 7-16.

Turner, C. E., Cheng, P. C, Torres, L. M., and Elsohly, M. A. 1978. Detección y análisis de paraquat en muestras de marihuana confiscadas. *Bulletin on Narcotics* 30 (4): 47-56.

Turner, C. E., Elsohly, M. A., Cheng, F. P., and Torres, L. M. 1978. Marihuana y paraquat. *Journal of the American Medical Association* 240 (17): 1857.

Turner, C. E., Elsohly, M. A., Cheng, P. C, and Lewis, G. S. 1979. Constituents of Cannabis sativa L. XIV: Intrinsic problems in classifying Cannabis based on a single cannabinoid analysis. *Journal of Natural Products* 42 (3): 317-19.

Turner, C. E., Cheng, P. C, Lewis, G. S. Russell, M. H., and Sharma, G. K. 1979. Constituents of Cannabis sativa L. XV: Botanical and chemical profile of Indian variants. *Pldnta Medica* 37: 217-25.

Turner, C. E., and Elsohly, M. A. 1979. Constituents of Cannabis sativa L. XVI: A possible decomposition pathway of A9-tetrahydrocannabinol to cannabinol. *Journal of Heterocyclic Chemistry* 16:1667-68.

Turner, C. E., Elsohly, M. A., and Boeren, E. G. 1980. Constituents of Cannabis sativa L. XVII. A review of the natural" constituents. *Lloydia* 43(2): 169-234.

Turner, C. E., see also Billets et al., Boeren et al., Borstein et al., Doorenbos et al., El-Feraly et al., Elsohly et al., Fetterman et al., Holley et al., Lewis et al., Mole et al., Ottersen et al., y

Turner, J. C, Hemphill, J. K., and Mahlberg, P. G. 1977. Distribución de las glándulas y con cannabinoides tienda de campaña en clones de Cannabis sativa L. American *Journal of Botany* 64 (6): 687-93.

Turner, J. C, Hemphill, J. K., and Mahlberg, P. G. 1978. Determinación cuantitativa del cannabinoids individuales de los tricomas glandulares de Puede nabis sativa L. (Cannabaceae).<47nen'carc *Journal of Botany* 65(10): 1103-6.

Turner, J.C., see also Hemphill et al.

Tutin, T. A., and Heywood, V. H. 1964. *Flora Europea*, vol. 1, Cambridge: Cambridge University Press.

United Nations Secretariat 1971. Métodos para la identificación del Cannabis - I. Investigación científica sobre el Cannabis ST / SOA / SER S / l / add. 1.

United Nations Secretariat 1960. Métodos para la identificación del Cannabis-II. Investigación científica sobre el Cannabis ST/SO A/SER S/2.

United Nations Secretariat 1960. Los métodos para la identificación del Cannabis utilizado por las autoridades de los Estados Unidos de América. Investigación Científica sobre el Cannabis ST / SOA / SER S / 3.

United Nations Secretariat 1961. Métodos para la identificación del Cannabis-III. Investigación científica sobre el Cannabis ST/SOA/SER S/5.

Valle, J. R., Lapa, A. J., and Barros, G. G. 1968. Actividad farmacológica del Cannabis según el sexo de la planta. *Journal of Pharmaceutical Pharmacology* 20: 798-99.

Valle, J. R., Vieira, J. E. V., Aucelio, J. G., and Valio, I. F. M. 1978. Influencia del fotoperiodo -m sobre el contenido de cannabinoides en Cannabis sativa L. *Bulletin on Narcotics* 30 (l): 67-68.

Vanstone, F. H. 1959. Equipment for mist propagation developed at the N. I. A. E. *Annals of Applied Biology* 47(3):627-31.

Vaughan, J. G. 1970. *La estructura y utilización de las semillas oleaginosas*. New York: Barnes and Noble, p. 23.

Veliky, I. A., and Genest, K. 1970. Suspension culture of Cannabis sativa L. *Lloydia Proceedings* 33 (4): 493.

Veliky, I. A., and Genest, K. 1972. Crecimiento.y metabolitos de cultivos de suspensión de células de Cannabis sativa. *Lloydia* 35 (4): 450-56.

Vieira, J. E. V., Abreu, L. G., and Valle, J. R. 1967. Sobre la farmacología del aceite de semilla de cáñamo. Medicina Et *Pharmacologica Experimentalis.* Basel 16: 219-24.

Vieira, J. E. V., Valio, I. F., and Valle, J. R. 1973. Actividad de las plantas de Cannabis cultivadas en Sao Paulo a partir de semillas originarias de Sudáfrica, Tailandia y Paraguay. *Ciencia y Cultura* 25: 741.

Vieira, J. E. V., Nicolau, A. J, G., and Valle, J. R. 1977. Crecimiento vegetativo de Cannabis sativa y presencia de cannabinoids. *Bulletin on Narcotics* 29 (3): 75-76. -

Bibliografía

Vieira, J. E. V., see also Valle et al.

Vree, T. B., Breimer, D. D., Grinneken, C. A. M. Van, and Rossum, J. M. Van. 1971. Identification in hashish of tetra-hydrocannabinol, canna-bidiol and cannabinol analogues with a methyl side-chain. *Journal of Pharmaceutical Pharmacology* 24: 7-12.

Wallace, D. G., Brown, R. H., and Boulter, D. 1973. The amino acid sequence of Cannabis sativa cytochrome-c. *Phytochemistry* 12: 2617-22.

Wallis, T. E. 1967. *Textbook of pharmacognosy* (en inglés). Londres: J. y A. Churchill, páginas 22-27, 303-7.

Warmke, H. E. 1942. Polyploidy investigations. ■ Carnegie Institution of Washington Yearbook 41:186-89.

Warmke, H. E., and Davidson, H. 1943. Polyploidy investigations. *Carnegie Institution of Washington Yearbook* 42: 135-39.

Warmke, H. E., and Davidson, H. 1944. Polyploidy investigations. *Carnegie Institution of Washington Yearbook* 43: 153-57.

Washington, G. 1931. *The writings of George Washington* (en inglés). 33. U. S. Government Printing Office (en inglés). 2.

Westcott, C. 1971. *Plant disease handbook* (en inglés). Nueva York: Van Nostrand and Reinhold. p 595-96.

Winpe, U. 1978. Método simplificado para probar marihuana, tetrahidrocannabinol y hachís y derivados. *Forensic Science* ll(2): 165-66.

Wisset, R. 1808. *Un tratado sobre el cáñamo.* Londres: J. Harding.

Wittwer, S. H., and Robb, Wm. 1964. Enriquecimiento con dióxido de carbono de atmósferas de invernadero para la producción de cultivos alimentarios. *Economic Botany* 18: 34-56.

Wold, J. K., and Hillestad, A. 1976. Las demostraciones de galactosamina en una planta superior: Cannabis sativa. *Phytochemistry* 15: 325-26.

Yagen, B., and Mechoulam, R. 1969. Ciclizaciones e isomerizaciones estereoespecíficas de cannabichro-mene y cannabinoides relacionados. *Tetrahedron Letters* 60: 5353-56.

Yagen, B., Levy, S., Mechoulam, R., and Ben-Zvi, Z. 1977. Síntesis y formación enzimática de un C-glucorónido de A6-tetrahidrocannabinol. *Journal of the American Chemical Society* 99: 6444-46.

Yamauchi, T., Shoyama, Y., Aramaki, H., Azuma, T., and Nishioka, I. 1967. Tetrahydrocannabinolic ácido, agenwine sustancia de tetrahidrocannabinol. *Chemistry and Pharmacology Bulletin* 15 (7): 1075-76.

Yamauchi, T., Shoyama, Y., Matsuo, Y., and Nishioka, I. 1968. Cannabigerol moncmethyl ether, un nuevo componente del cáñamo. *Chemistry and Pharmacology Bulletin* 16 (6): 1164-65.

Yamauchi, T., see also Shoyama et al. Zeeuw, R. A. de, Wijsbeek, J., Breimer, D. D., Vree. T. B., Ginneken, C. A. M. van, and Rossum, J. M. van. 1972. Cannabinoides with a propyl side chain in Cannabis: Occurrence and chromatographic behavior. *Science* 175: 778-79.

Zeeuw, R. A-de, Wijsbeek, J., and Malingre, T. M. 1973. Interferencia de alconas en el análisis cromatográfico de gases de productos de Cannabis. *Revista de Farmacología Farmacéutica* 25: 21-26,

Zhatov, A. E. 1979. Cambio de los principales caracteres económicamente valiosos en el cáñamo por poliploidía. *Geneva* 15 (2): 314-19.

Zhukovskii, P. 1964. *Plantas cultivadas y sus wild relatives,* 3rd ed., Leningrad: Kolos. pp. 421-22.

Zimmerman, P. W. 1930. Requisitos de oxígeno para crecimiento radicular de esquejes en agua. Americano *Journal of Botany* 17: 842-60.

ÍNDICE

The End!